P. B. Whitehouse
J. B. Snell
J. B. Hollingsworth

DAMPFLOK AUF NEUER FAHRT

Orell Füssli Verlag Zürich

284

Aus dem Englischen übertragen von Dieter W. Portmann. Die Originalausgabe dieses Buches ist 1978 unter dem Titel *Steam for Pleasure* im Verlag Routledge & Kegan Paul Ltd., London, erschienen.

Satz: Orell Füßli Graphische Betriebe AG Zürich
Printed in Spain by Printer, industria gráfica sa
Sant Vicenç dels Horts - Barcelona
Depósito Legal B. 26919-1978
ISBN 3 280 00965 0

Inhaltsverzeichnis

Vorwort von Rogers E. M. Whitaker 6

Einleitung 14
1. Rückkehr der Dampflok 16

Nordamerika 22
2. Linien im Nordosten der USA 24
3. Linien im Osten der USA 30
4. Dampflinien im Mittleren Westen und in den Südstaaten der USA 40
5. Das Gebiet der Rocky Mountains 46
6. Kalifornien und Pazifik-Küste 60
7. Kanada 68
8. Die großen Dampflinien in Nordamerika 74

Europa 78
9. Frankreich 80
10. Die Beneluxstaaten 90
11. Westdeutschland (BRD) 98
12. Österreich 104
13. Die Schweiz 110
14. Skandinavien 120
15. Italien, Spanien und Portugal 128
16. Osteuropa 132

Grossbritannien und Irland 138
17. Die großen kleinen Eisenbahnen von Wales 140
18. Südengland 152
19. Linien im nördlichen Teil von England 164
20. Aktive Dampfmuseen und Museumsfahrten auf den Britischen Inseln 176

Die übrige Welt 184
21. Afrika 186
22. Asien 198
23. Australien, Neuseeland, Ozeanien 214
24. Südamerika – ein Epilog 222

Anhang 224
Bahnen für Dampfenthusiasten in aller Welt

Bibliographie 236
Dank 237
Index 238

Vorwort

von Rogers E. M. Whitaker

Froh, der Hast und dem geschäftigen Treiben von Haywards Heath entronnen zu sein, zieht sich das silberne Band der Landstraße gemächlich dahin, verweilt nur kurz, um sich einen Weg durch die vor ihm liegende sanfte Hügellandschaft zu suchen. Dann – mit einem Blick über seine Schulter, als ob es sich vergewissern wolle, daß niemand sein Tun beobachtet – gibt es auf eine Seite hin eine kleine Nebenstraße frei, um dann seine Reise unbeirrt fortzusetzen. So unauffällig ist diese Verzweigung, daß selbst die über ganz London glühende, bleierne Augustsonne sie nicht bemerkt. Wir jedoch folgen ihr, biegen um einen Halbkreis majestätisch hoher Bäume und sind am Ziel. Der Landsitz unseres Wiener Freundes liegt herrlich verborgen: Auf drei Seiten schirmen ihn hohe Bäume gegen die Außenwelt ab. Auf der vierten Seite, nach Süden hin, fällt das Gelände sacht zum Ärmelkanal ab und gibt einen meilenweiten Ausblick auf eine Gegend frei, die den Eindruck erweckt, als wäre sie niemals von eines Menschen Hand berührt worden: Nicht einmal der Giebel einer Darre stört das Grün und Gelb der Landschaft. Im kühlen Schatten des Vorhofes unterhalten wir uns angeregt mit unserem Freund. Plötzlich hält er seine Hand auf, und wir verstummen. Endlich! Hinter einem Dickicht im Südosten steigt eine kleine, grauweiße Rauchfahne auf, wird immer besser sichtbar, bis wir schließlich die kleine Karawane selbst erkennen können, die sich anschickt, das Wiesland unseres Freundes zu durchqueren. Es ist der Nachmittagszug der Bluebell Railway auf seinem gemütlichen, lautlosen Weg zu seinem Ziel in Horsted Keynes.

Wir – unser Freund aus Wien und alle andern, die hier versammelt sind – sind Großwildjäger, im wahrsten Sinne des Wortes Liebhaber der Jagd, die alles aufgeben in unserer tiefen Zuneigung zur Dampflokomotive, diesem Boten und Vorläufer einer Zivilisation,

Portugal: Die 2C-Lokomotive, Nr. 284, bei einem Fotohalt im Douro-Tal.

284
C.P. 284

die anscheinend alles daran setzt, ihren großen Wohltäter zu zerstören. Und vollkommen neidlos anerkennen und schätzen wir ein solches Privileg, wie es unser Freund hat, der mit der Bluebell Railway auf eigenem Grund und Boden sozusagen ein wertvolles Wildreservat besitzt. Als Jäger ist es unser Ziel, ähnlich bewundernswerte Objekte aufzuspüren – sie nicht auszurotten, sondern zu erhalten, sie nicht hinter Museumsmauern einzukerkern, sondern ihnen die Freiheit zu schenken, sie durch jene Landschaften streifen zu lassen, deren Könige sie einst waren, so als ob sie jetzt noch Könige wären. Die Beziehungen zwischen dem Menschen und seiner Katze, dem Menschen und seinem Hund, dem Menschen und seiner Dampflokomotive sind überirdischer Natur – von Gott füreinander geschaffen –, und ihr Dasein rechtfertigt sich in dem Vergnügen und der Freude, die sie bereiten. Es ist keineswegs unvernünftig anzunehmen, daß die Verehrung der Dampflokomotive dem Menschen eines der schönsten Vergnügen auf Erden bedeutet. Dieses Vergnügen beruht nicht in der Anbetung eines Götzenbildes, sondern in ehrfürchtigem Staunen vor einer Schöpfung, welche so voller Leben, Energie, Ehrgeiz und Temperament ist wie wir Menschen selbst.

Diejenigen von uns, die an jenem Nachmittag bei diesem Landhaus zusammentrafen, sind nur eine kleine Gruppe einer weltweiten Gemeinschaft, und keiner von uns fühlt sich als Alleinverantwortlicher für dieses Steckenpferd. Die Pflege und der Unterhalt dieser edlen Wildtiere erfordern die freiwillige Mitarbeit von Zehntausenden von uns, von Fachleuten und Liebhabern. Die Restaurierung der unter Altersschwäche zusammengebrochenen oder durch unermüdlichen, harten Einsatz arbeitsuntüchtig gewordenen Lokomotiven erfordert noch weit mehr Hilfe. Zur Rettung jener, die der Besitzer nicht mehr brauchen kann und deshalb auf ein Abstellgeleise geschoben hat, bedarf es der finanziellen Unterstützung großzügiger Stifter. Die Erhaltung der demnächst außer Dienst gestellten Lokomotiven der Zambesi Sawmills sei nur ein Beispiel dafür. Wer eine Rettungsmannschaft nach Kalifornien entsendet, um den in einem Lagerschuppen stehenden, jedoch einsatzbereiten 4472 *Flying Scotsman* nach Hause zu bringen, gehört zu uns; aber auch der Schuljunge, der seine Ferienwochen opfert, um am Festiniog-Umleitungsprojekt mitzuarbeiten, gehört zu uns. Tyseley, Tywyn und Tenterden, Hythe und Strathspey, Keighley und Carnforth – dies sind nur einige der vielen Denkmäler, die wir zu Ehren unserer herrlichen Dampfmaschinen errichtet haben. Die helle Flamme der Begeisterung, Erhaltenswertes zu erhalten, wurde – einem Olympischen Feuer gleich – um die ganze Welt getragen. Sogar im fernen Kuala Lumpur blieben der Nachwelt eine oder zwei Zugmaschinen der Malaysian Pacific erhalten und wurden so vor dem Schicksal bewahrt, auf den Trümmerhalden eines Schrotthändlers zu enden. Alle von uns, die Jahr für Jahr den einen oder andern Kontinent bereisen, können immer wieder von Museen, ja von ganzen noch in Betrieb stehenden Linien berichten.

Ja, wir reisen viel, manchmal von Berufes wegen, manchmal zum Vergnügen. Damals, als es noch nicht zu spät war, reisten einige von uns mit unserm Wiener Freund bis in dessen Heimat, ins nordösterreichische Gmünd, wo wir noch vor Tagesanbruch aufstanden, um bei der – manchmal aus öffentlichen Fahrplänen nicht ersichtlichen – Abfahrt einiger Schmalspur-Lokomotiven dabeizusein, welche die Schulkinder aus den Dörfern entlang der tschechischen Grenze abholten. Oder wir erklommen mit ihm die Hochschneeburg in einer Zahnradbahn, deren Lokomotive mit jeder Umdrehung ihrer Räder ein Klagelied über die Mühsal der täglichen Arbeit sang. Er begleitete uns auch auf den Dampfriesen von Vordernberg und auf den Miniaturlokomotiven der Steyrtalbahn.

Es scheint, daß die Schar der Jäger von Jahr zu Jahr größer wird. Schon seit geraumer Zeit gelang es einer Gruppe begeisterter Römer immer wieder, die Direktion der Italienischen Staatsbahnen zu überreden, Ostern mit einer beschaulichen Fahrt über Land zu feiern, in schönen, ehrwürdigen Bahnwagen, gezogen von einer möglichst großen Auswahl von verschiedenen Dampflokomotivmodellen. Der Ausflug dauert jeweils drei, vier oder fünf Tage und ist ein Beispiel für

Bluebell Railway: Die C-Lokomotive, Nr. 52, der ehemaligen South Eastern & Chatham Railway unterwegs nach Horsted Keynes.

drei grundlegende Prinzipien, für die wir eintreten. Das erste ist Kosmopolitismus; in der Reisegesellschaft befinden sich Engländer, Franzosen, Holländer, Belgier, Schweizer, Schweden, Amerikaner, Kanadier, Österreicher, Deutsche und natürlich sehr viele Italiener. Ein Babylonisches Sprachgewirr? Nein! Die linguistische Beweglichkeit ist groß genug, um alle Schranken zu überwinden. Das zweite Prinzip lautet: feiern, feiern angesichts der Wunderwerke und der Widerstandsfähigkeit dieser Oldtimer, die restauriert worden sind, um unsern Zug durch die Landschaft zu ziehen. Und *was* für eine Landschaft! Hügel und Täler, Schluchten und Pässe, Tunnel und Berge – sie alle stellen den Tatendrang unserer Lokomotiven auf die Probe. Und doch wird die Fröhlichkeit dieses Ereignisses hie und da von Trauer überschattet, dann nämlich, wenn in den Bergen Kalabriens, Lukaniens, Sardiniens oder Siziliens eine Maschine – vielleicht die letzte ihrer Art – am Ende ist und wir unser Haupt in Ehrerbietung kurz neigen. Das dritte Prinzip schließlich heißt: essen, trinken und fröhlich sein. Wie herrlich mundet ein bislang unentdeckter, nur am Ort bekannter sizilianischer oder kalabrischer Wein; wie herrlich rinnt er durch die Kehle am Ende eines schönen Tages, der uns allen eine Patina zähen, schweren Kohlenstaubes beschert hat.

Noch mehr Staub, ja buchstäblich eine ganze Rußhülle umgibt einen, wenn man in einer Wagenkomposition hinter einer C-Tenderlok der National Coal Board beispielsweise durch Northumberland herzuckelt. Noch größeren Durst leidet man nach einer hundert Meilen langen Fahrt über eine von Ochsenkarren wimmelnde Landstraße in Zentralindien; wir sind auf dem Weg zu einer ehemals privaten Eisenbahn, die einst einem Nizam oder einem Maharadscha gehört hat: ein Schienenweg mit einer Spurweite von nur 61 cm, darauf Lokomotiven in der Größe eines Shetland-Ponys, welche – o Wunder aller Wunder! – einen Salonwagen mitführen, dessen Personal jederzeit in der Lage ist, verschiedene erfrischende Getränke zu servieren. Oder man steht – mit einer Wasserflasche am Gürtel – an einem glühendheißen Tag auf der Plattform einer brasilianischen Rangierlokomotive, welche mit Hilfe eines Seilzugs die steile Strecke zum kargen Hochland westlich von Santos erklimmt. Und das mitten auf der wichtigen Haupteisenbahnlinie nach São Paulo hinauf.

Ein Tag kann wirklich sehr lang sein: aufstehen um vier Uhr früh in unserem komfortablen Hotel etwas außerhalb von Sapporo, auf der nördlichsten Insel Japans. Die Straßenbahn, die uns zum Bahnhof bringt, wirbelt den 15 cm hoch liegenden Schnee rundherum

Ein konzentrierter Augenschein im Fairlie-Doppelführerstand der Festiniog Railway.

auf. Bei Tagesanbruch sind wir bereits 75 km weiter nördlich und erklimmen einen Bergabhang, wo wir auf eine Überlandstraßenbahn umsteigen, deren Wagen praktisch nur aus Holz bestehen. Eine Stunde später – uns dünkt, das gestrige Nachtmahl liege schon eine Ewigkeit zurück – stehen wir im Hochland auf der Hauptstraße einer Bergwerksstadt, welche sich so tief in ein enges Tal hineinduckt, daß in der Tat keine Gefahr besteht, die Morgensonne könnte jemals ihre warmen Strahlen dahinein verlieren. Die vollständig mit Dampf betriebene Eisenbahn hier gehört zum riesigen Industriekonzern Mitsubishi, und Kohle ist der Grund für ihre Existenz. Da alle japanischen Kinder schulpflichtig sind, muß der erste Kohlenzug des Tages – 62 Wagen – die Schüler in zwei unbeleuchteten Wagen aus Holz aus der Stadt zu ihren Schulen fahren. Der Leiter dieser Eisenbahn, der gegenüber der Außenwelt nichts von der Existenz dieses Zuges verrät, hat uns zu einer Fahrt eingeladen. Er spricht Englisch – wir sind die ersten englisch sprechenden Besucher, die er je empfangen hat –, und zur Feier unseres Besuches läßt er aus einem nahen Restaurant große Schüsseln mit Suppe herbringen. Diese Suppe scheint über wiederbelebende Zauberkräfte zu verfügen – kein Wunder: die Außentemperatur beträgt –14 °Celsius.

Ein andermal fahren wir mit einem Extrazug der Railway Preservation Society of Ireland (Gesellschaft zur Erhaltung der Eisenbahnen in Irland) von Belfast nach Dublin und weiter nach Athlone. Die Lokomotive, die dem Zug vorausfährt, ist die ehrwürdige *Slieve Gullion.* Die *Slieve Gullion* und ihre Begleitlok strahlen und funkeln derart, daß man ohne weiteres erkennen kann, wie lange ihre Arbeitstage schon vorbei sind. Dasselbe gilt für die beiden Speisewagen, die auf der Kehrschleife eines stillgelegten Landbahnhofes westlich von Dublin aufgestellt sind und mit einem Imbiß auf uns warten.

Eher farb- und geschmacklos hingegen sind jene Fertigmahlzeiten, mit denen wir uns an jenem Tag begnügen müssen, an dem wir einen Auswandererzug aufspüren wollen, welcher ganze Familien aus einem Teil Javas, in dem große Arbeitslosigkeit herrscht, zu neuen Heimstätten in Sumatra bringt. Die Eisenbahnfahrpläne in Indonesien bleiben sehr oft dem Zufall überlassen, und so kämpfen wir uns unermüdlich über die Landstraße weiter, neben welcher das sagenhafte Gefährt auftauchen soll. Drei lange Stunden vergehen, und dann ist es plötzlich soweit: zwei – ja, nur zwei! – hölzerne Eisenbahnwagen, gezogen von einer schmächtigen, äußerst verlotterten 2B, deren Dampfkessel den Geist jeden Moment aufgeben kann. Die Lokomotive schafft kaum vier bis fünf Meilen durch die topfebene Landschaft, dann bleibt sie völlig außer Atem stehen. Die Fotografen unter uns haben nun alle Zeit der Welt, in Ruhe ihre Aufnahmen zu machen, bis die Maschine wieder unter Dampf steht. Die Eisenbahnlinie, die aus den Ebenen Süd-Javas nach Norden in die Berge führt, ist größtenteils verrottet. Jedoch von Ambarawa aus – einer Station ungefähr in der Größenordnung von Reading oder Banbury, deren Lage einem beinahe den Atem raubt – steht unserer Jagdpartie eine nur mit Holz «gefütterte» Zahnradlokomotive mit einem einzigen Wagen zu einer steilen Bergfahrt zur Verfügung. Auch in Sumatra kann eine Gruppe wie wir eine derartige Zahnradlokomotive heuern, welche – erst vor ein paar Jahren von japanischen Herstellern erbaut – gut und gern ihr eigenes Volumen an Holzscheitern verschlingt, um das vielleicht aus drei Wagen bestehende Züglein von Padang nach Bukrit Tinggri zu ziehen; dieser Ausflug in die Bergwelt Sumatras läßt einen sogar die sehr teure Flugreise nach Indonesien vergessen. Lärm und Ungestüm ist wahrscheinlich die beste Bezeichnung für diese Reise im Schneckentempo. Die Dampfvergnügungen Thailands sind uns im letzten Moment entgangen, doch hatten Abenteurer, die sich bis weit nach Süden in die Stadt Ban Hat Yai vorgewagt hatten, entdeckt, daß Holz noch immer der am meisten verwendete, beinahe fossil zu nennende Treibstoff der Lokomotiven in jenen Gegenden ist.

Jener Weltenbummler, der auf seiner Reise rund um die Erde durch Sibirien fahren möchte, kommt heute zu spät. Das überwältigende Schauspiel der P-36 – einst die ideale Ausrede für eine ewig lange Reise vom

Railway Preservation Society of Ireland: Die alte GNR-2B-Lok *Slieve Gullion* und die alte CIE-C-Lok, Nr. 186, in Cobb Junction.

Gelben Meer nach Moskau – bietet sich dem Zuschauer nicht mehr. Diesel- und elektrische Lokomotiven haben jenen triumphalen Vertreter des Dampfzeitalters abgelöst. Doch östlich des Vorhangs, den Rußland zwischen sich selbst und uns gezogen hat, gibt es noch viele Erinnerungen an das, was einst alltäglich gewesen ist. In Polen, wo die Schmalspurbahnen wie Pilze nach einem kräftigen Landregen aus dem Boden schossen (sich genau so rasch vermehrten wie in Indien vor seiner Unabhängigkeit), werden Fahrpläne veröffentlicht (und zwar so geheim, als wären's Staatsgeheimnisse), die sich bemühen, die Betriebsamkeit des vielfältigen und wirren Komplexes von Schmalspurbahnen wiederzugeben. Man kann nicht von einem Eisenbahn«netz» sprechen, denn dies würde annehmen lassen, daß es Verbindungen und Knotenpunkte gibt, die in Wirklichkeit gar nicht vorhanden sind. Ein Charterbus oder vielleicht vorsichtshalber eine Pistole, die man einem unwilligen Regierungsbeamten unter die Nase hält, sind oft die einzigen Möglichkeiten, weiterzukommen. In den ländlichen Gegenden Polens verrinnt die Zeit langsam, und ebenso langsam sind die polnischen Schmalspurlokomotiven. Und es bedarf großer Arbeit, um in den Hotels, die den Besuchern aus dem Westen vorbehalten sind, ein dürftig zubereitetes Essen nachlässig serviert zu bekommen. Von dem zu leben, was der Boden hervorbringt – so, wie es auch eine gut organisierte Invasionsarmee können muß –, gehört mit zu unserm Sport, dem wir verfallen sind.

Neben Polen gibt es auch in Ostdeutschland eine ganze Reihe von kleinen Eisenbahnen, die einst dem Königreich Sachsen gehörten und zu den schönsten der Welt zählen. Welch ein Paradies königlicher Verschwendung muß Sachsen einmal gewesen sein! Mit einer schlicht entwaffnenden Unbeschwertheit und scheinbaren Sinnlosigkeit schlängeln sich die Linien (Spurweite immer weniger als 1 m) durch Täler und Hügel und über hohe Brücken. Bereits ein kleiner Weiler mit weniger als hundert Einwohnern war offenbar schon Grund genug, auf außerordentlichen Umwegen eine Linie dahin zu führen. Die Behauptung ist nicht übertrieben, daß ein Reisender einst von jedem Ort Sachsens aus jeden andern Ort per Bahn erreichen konnte.

Die große Flotte deutscher (d. h. *west*deutscher) Pacifics und 1E-Lokomotiven, welche nach dem Zweiten Weltkrieg im Zuge der Wiedergutmachung an den Osten abgegeben wurden, beherrschte einst alle Landschaften Jugoslawiens. Es mutet etwas seltsam an, ihnen heute noch zu begegnen, doch überleben sie hier in weit größerer Zahl als in ihrem Ursprungsland. Frankreich verfügt leider nicht mehr über viele Dampflokomotiven. Eine Ausnahme bilden jene wenigen Linien, deren Dampfloks dank privater Mittel noch unter Dampf stehen. Vor ein paar Jahren erhaschte ich selbst den letzten Blick auf eine klassische 141R, welche eine Entlastungskomposition eines Sommerferienzuges von Perpignan nach Westen zur spanischen Grenze zog. Das Dampfzeitalter in Spanien gehört praktisch der Vergangenheit an. Dank seiner zeitlosen Sammlung von Dampflokomotiven mit Breit- und Schmalspur sowie dank seines unerschöpflichen Vorrats an *vinho verde* nimmt das Tal des Douro in Portugal im Tagebuch jedes Großwildjägers einen bedeutenden Platz ein. Anscheinend hat jedoch Portugal eine Reihe von Diesellokomotiven in Dienst gestellt, welche einem großen Vergnügen unserer Zeit ein Ende bereiten werden. Und ein Vergnügen war es wirklich! Einige Zeit, nachdem die Dampflokomotiven aus der in architektonischer Hinsicht erstaunlichen Untergrundstation São Bento im portugiesischen Porto verbannt worden waren, hatte ich das schöne Erlebnis, die Steilstrecke zwischen São Bento und der Station Campanhia in einem Zug zu bewältigen, welcher von zwei 1C2-Tenderlokomotiven gezogen und geschoben wurde. Glücklicherweise waren zwei der Dieselloks ausgefallen, die sonst den starken Freitagnachmittagverkehr bewältigen.

Hie und da hört man das Gerücht, in jenem Land, das einst mehr Dampflokomotiven als jedes andere besessen hatte, in den Vereinigten Staaten von Amerika, gäbe es keine Dampfloks mehr. Reist man aber beispielsweise in den Staat New Hampshire, so findet man dort eine Eisenbahn, die nicht nur vollständig mit Dampf betrieben wird, sondern auch allen Gesetzen der Schwerkraft spottet. Die Mount Washington Cog Railway, nun schon seit mehr als hundert Jahren in Betrieb, überwindet einen Höhenunterschied von knapp 1100 Metern mit einem Geleise von weniger als 6,4 km Länge; die Steigung beträgt also im Durchschnitt 250 ‰, in einem der steilsten Abschnitte sogar 375 ‰. Unweit davon, im Staate Vermont, hat ein Exemplar der Union Pacific, eine der unglaublich großen «Big Boy», überlebt; dies ist sehr wahrscheinlich die größte Dampflokomotive, die je gebaut worden ist, aber leider wurde dieses Exemplar in nicht mehr betriebsbereitem Zustand auf ein Nebengeleise abgeschoben. Doch lasse man sich dadurch nicht entmutigen: Man konsultiere einfach das alljährlich in Amerika herausgegebene «Steam Passenger Service Directory» (Handbuch über noch betriebene Dampfeisenbahnen in Amerika), und man wird erfahren, daß die geplante Amerikareise – vor allem in den Sommermonaten – um Wochen verlängert werden muß, wenn man alles Sehenswerte gesehen haben will.

Doch ein Überblick über sämtliche noch in Betrieb stehenden Dampflokomotiven zeigt ein Bild gnadenloser Dezimierung jener Maschinen, die uns mehr am Herzen liegen als alles andere. Wenn sich jedoch eine Fundgrube an Dampflokomotiven allmählich zu erschöpfen beginnt, so öffnet sich uns eine andere, bisher unbekannte. Berichte von Abenteuerreisenden, die weit nach Südamerika vorgedrungen sind (und Südamerika ist sehr schwierig zu bereisen, da es praktisch keine Fahrpläne gibt und die Reisebüros hartnäckig die Existenz von Bahnverbindungen auf diesem Kontinent ableugnen), erwähnen Rio Gallegos: also ein weiteres Ziel auf unserer leidenschaftlichen, endlosen Suche. Leute, die in abgelegenen Gebieten nach Öl, Erdgas und Kupfer suchen, berichten über neue, völlig unerwartete Entdeckungen. Unsere Jäger, die weiterhin in der ganzen Welt nach weitern Objekten unserer Verehrung suchen, erzählen vielleicht bald von unbekannten, unerwarteten Zivilisationen zum Beispiel in der Äußern Mongolei, die selbst eine Dampflokomotive erfunden haben, diese immer noch als ihren Bedürfnissen vollkommen genügend erachten und ihr deshalb einen Ehrenplatz in ihrem Transportwesen eingeräumt haben. Eines – hoffentlich nicht allzu fernen – Tages hören wir vielleicht, daß wieder eine Bergbahn, die irgendwo in Tibet oder sonstwo beginnt und endet, entdeckt worden ist, und daß es gelungen ist, mit Teleobjektiven zwei Lokomotiven in ihrem Unterstand auf halber Wegstrecke zu fotografieren. Ein sorgfältiges Betrachten der Namensschilder wird enthüllen, daß die Schrift auf diesen hübschen kleinen Maschinen lesbar ist. Die eine wurde *Holy Grail* getauft, die andere *Golden Fleece* (der Heilige Gral, das Goldene Vlies).

Rogers E. M. Whitaker

Rio Gallegos: Drei 1E1-Lokomotiven vor dem am nächsten beim Südpol gelegenen Lokomotivschuppen.

Einleitung

Blick aus dem Führerstand: Das Gleis im Garnedd Tunnel der Festiniog Railway.

1. Rückkehr der Dampflok

Sechs Diener zogen mich in Bann,
mein Wissen mehrten sie;
Sie heißen Was und Wo und Wann,
Warum und Wer und Wie.

Rudyard Kipling, «The Elephant's Child»

Die Autoren dieses Buches fühlen sich in Sachen Dampfeisenbahnen zwar ziemlich kompetent, was das Was, Wann, Wie, Wo und Wer anbetrifft; sie müssen aber eine gewisse Ratlosigkeit in bezug auf das Warum offen eingestehen. Sie wollen sich aber nicht einfach um dieses Problem drücken, indem sie erklären, diese Frage lasse sich nicht beantworten oder jedermann könne sie sich selbst beantworten. Ebenso mißfällt ihnen ein beliebter Trick vieler Politiker, anstelle der Kernfrage schlicht und einfach eine andere Frage zu beantworten. Deshalb haben sie sich entschlossen, die Antwort auf das Warum jenem Manne zu überlassen, der für sich – in aller Bescheidenheit – den Ruf beanspruchen kann, wohl der größte Eisenbahnreisende der Welt geworden zu sein. Kürzlich wurde in der bekannten Wochenzeitschrift «The New Yorker» sein schönes Buch «All aboard with E. M. Frimbo» veröffentlicht. Dieser Mann, Rogers E. M. Whitaker, hat die Antwort auf die Frage Warum in Worte gekleidet, die sich hervorragend als Vorwort für ein Buch eignen, welches von Dampffreuden rund um die Welt handelt. Wir müssen nun den Leser wieder aus einer Traumwelt in die Wirklichkeit zurückholen, um ihm zu erklären, nach welchen Gesichtspunkten dieses Buch aufgegliedert ist. Es will in erster Linie auf weitere Sehenswürdigkeiten hinweisen, wie sie schon im Vorwort erwähnt worden sind. Das gesamte Material ist im allgemeinen geographisch geordnet, denn dies

schien uns die einzig durchführbare Lösung zu sein. Aber genauso, wie es vier geographische Räume gibt, lassen sich auch vier ganz verschiedene Arten von Dampffreuden unterscheiden.
Zunächst einmal – und das ist ganz wichtig – gibt es fahrplanmäßige Vergnügungsfahrten. Sie bilden den Mittelpunkt dieses Buches, und wir haben versucht, sie möglichst vollständig aufzuzählen. Aus Platzgründen mußten wir die Anzahl der ausführlichen Beschreibungen auf hundert beschränken, doch sind alle andern, den Autoren bekannten Eisenbahnen zumindest im Anhang aufgeführt.
Zweitens sind die Fahrten von Museumslokomotiven mit Sonderzügen zu erwähnen, welche einige Eisenbahnverwaltungen gestatten und zum Teil sogar auf eigene Initiative durchführen. Mit Ausnahme einiger Eintagsfliegen haben wir alle Fahrten berücksichtigt.
Die dritte Art von Dampfvergnügungsfahrten wird im Gegensatz zu den beiden ersten immer seltener. Auch hier werden für die Eisenbahnliebhaber Extrafahrten durchgeführt, wobei diesen Zügen Lokomotiven vorgespannt werden, die noch planmäßig im Dienst stehen. Die interessantesten von ihnen sind hier erwähnt.
Schließlich gibt es noch das im Vorwort so hervorragend beschriebene Vergnügen, das darin besteht, Dampflokomotiven normal verkehrender Züge zu sehen und zu hören, entweder als Passagier oder als Zuschauer neben dem Geleise. Logisch gesehen gehören auch diese Dampfeisenbahnen hierher, doch werden sie in andern Büchern so umfassend aufgezählt, daß wir hier nur ein paar wenige Regionen beschreiben, in denen aber immerhin noch gegen 20000 Dampflokomotiven in Betrieb sind.

Chicago, Burlington & Quincy: Diese nun zur Burlington Northern gehörende Eisenbahn hielt mehrere Jahre lang mit der ölgeheizten 2D2-Lok, Nr. 5632, die Dampftradition im Mittleren Westen aufrecht.

Canadian National Railway: Die 2D2-Lokomotive Nr. 6218 auf Sonderfahrt. Sie hat sich heute aus dem aktiven Einsatz zurückgezogen.

Wenn Dampflokomotiven wirklich Freude und Vergnügen bereiten sollen, dann müssen sie nach Ansicht der Autoren auch tatsächlich unter Dampf stehen und nicht nur als Ausstellungsobjekte dienen. Aus diesem Grunde wurde den Denkmallokomotiven in diesem Buch kein Platz eingeräumt. Ebenso mußten all die Miniatureisenbahnen auf der Welt aus Platzgründen übergangen werden, obwohl auch sie sicherlich viel Vergnügen bereiten können.

Vergnügungsfahrten mit Dampflokomotiven gab es schon sehr früh; bereits im Jahre 1808 veranstaltete Richard Trevithick, Obersteiger einer Mine im westenglischen Cornwall, mit seiner dritten Dampflokomotive, der *Catch-me-who-can,* kurze Rundfahrten in London, ungefähr dort, wo sich heute die Euston Station befindet. Die älteste, in diesem Buch beschriebene Linie, die nur zu Vergnügungsfahrten diente, ist die Mount Washington Cog Railway, von der auch im Vorwort die Rede ist: Sie stammt aus dem Jahre 1869. Die moderne Phase, begründet auf einer nostalgischen Liebe zu Dampfeisenbahnen, beginnt erst in den dreißiger Jahren dieses Jahrhunderts.

Damals, vor fünfzig Jahren, gab es nur wenige Dampfeisenbahnen, die ausschließlich zu Vergnügungszwekken betrieben wurden. Normal-, manchmal auch Schmalspurbahnen beförderten Touristen zu landschaftlich schönen Aussichtspunkten; abgesehen von wenigen Ausnahmen waren aber die Züge selbst nie die Hauptattraktion. Erst als durch das Aufkommen des unabhängigeren und bequemeren Straßenverkehrs viele Neben- und Seitenlinien, deren Reiz vorher unbemerkt geblieben war, ihren Betrieb einstellen mußten, gelangten die Leute zur Einsicht, daß es sich an und für sich lohnte, die Eisenbahnen zu erhalten.

Die zum Verschwinden verurteilten Eisenbahnen erschlossen oft entlegene und schöne Gegenden, und ihre Züge waren dank äußerster Einfachheit oft eine wahre Augenweide. Sie waren in ihrer Art einmalig, und so ging einem ihr Ende wirklich sehr nahe.

In den dreißiger Jahren gingen die Schmalspurbahnen, welche durch die sandigen Hügel und entlang den piniengesäumten Seen Neuenglands fuhren, ihrem Ende entgegen. Insbesondere die Bridgton & Harrison Railroad in Maine – Spurweite 61 cm – sah einer eher düsteren Zukunft entgegen. Wie immer, wenn das Ende naht, versammelten sich Freunde um den Kranken, in der Hoffnung, daß Worte helfen könnten; Taten sind meistens zu kostspielig. Im Falle der B&H erfüllten Worte zwar beinahe, leider aber nicht ganz ihren Zweck. Bridgton erlebte einen großen Zustrom von Eisenbahnliebhabern, und als schließlich sechs von ihnen aus Worcester (Mass.) die Eisenbahn für 60 Dollar pro Tag mieteten, berichteten mehr als 300 Tageszeitungen darüber. Diese Geschichte wurde von Edgar T. Mead aufgeschrieben, der schon im Alter von 19 Jahren mehrere Jahre lang seine Freizeit damit verbracht hatte, für die B&H zu arbeiten, und der es dann sogar bis zu ihrem Direktor brachte. Doch nur von Wochenendausfahrten mit Eisenbahnfans konnte damals keine Eisenbahn unterhalten werden, und schließlich schlug auch für die letzte Lokomotive, eine 1B2-Tender-Baldwin aus dem Jahre 1907 mit der Nummer 7, am 7. September 1941 die Stunde. Wohl sprach man in jenen schweren Tagen davon, die Linie aufzukaufen und als Touristenattraktion zu betreiben, aber – wie Edgar T. Mead in seinem Buch *Busted and Still Running* erzählt – Geld war rar, und wer es besaß, war auch eifrig darauf bedacht, nichts zu verlieren. Und die Pläne jener Gruppe, die mit allen Mitteln die B&H zu erhalten versuchte, wurden durch den großzügigen Check des Schrotthändlers vereitelt, und damit war das Schicksal besiegelt. Oder zumindest beinahe, denn er verkaufte einen Teil des Rollmaterials und der Lokomotiven weiter. Und damit fährt heute

Großer Festtag in England: die Talyllyn Railway Preservation Society eröffnet den Betrieb.

Eine vergnügliche Dampffahrt beginnt: Die ehemalige Lokomotive Nr. 7 der Bridgton & Harrison RR startet zu einer Rundfahrt auf einer Strecke der Edaville RR.

die Edaville Railroad, die erste echte Vergnügungseisenbahn, und so mit Fug und Recht die erste, die in diesem Buch beschrieben werden sollte.
Die erste Eisenbahn, die von Liebhabern zur Restaurierung und zum Weiterbetrieb übernommen worden ist, ist die Talyllyn Railway in Wales. Die Talyllyn Railway Preservation Society (Gesellschaft zur Erhaltung der Talyllyn Railway) wurde bei einer Versammlung in Birmingham im Oktober 1950 gegründet. Über die Rettung dieser Eisenbahnkuriosität – Spurweite 686 mm, Streckenlänge 11,2 km; Lokomotiven, Rollmaterial und schmiedeeiserne Schienen sind 85 Jahre alt – wird im vierten Teil berichtet. Dieses Eisenbahnabenteuer entfachte die Begeisterung zur Erhaltung von Eisenbahnen auf der ganzen Welt.
Und seit damals wurde dieses Ziel mit immer größerem Einsatz verfolgt. Während der fünfziger Jahre ging Großbritannien mit dem guten Beispiel voran: Ganze Eisenbahnen wurden der Nachwelt erhalten, und Museumslokomotiven wurden Sonderzügen vorgespannt. Alte Lokomotiven waren schon hie und da bei verschiedenen Feierlichkeiten als Paradepferde präsentiert worden, so zum Beispiel in England bei den Umzügen zum Eisenbahnjubiläum 1875 und zur Jahrhundertfeier 1925. Ein ähnlicher Anlaß war die Baltimore & Ohio-Jahrhundertfeier 1927 in den USA. Einen weitern Schritt bedeutete 1938 der Einsatz eines Sonderzuges von King's Cross nach Cambridge; er bestand aus einer Lokomotive vom Typ Stirling 2B1 Nr. 1 und ausgewählten Wagen und wurde von der London & North Eastern Railway of England (LNER) der Railway Correspondence and Travel Society zur Verfügung gestellt.
Nach diesen Ereignissen bot sich im Jahre 1953 die nächste Gelegenheit. Die British Railways, Nachfolger der LNER, fuhren mit zwei Nachfolgern der Nr. 1, mit den Atlantics 490 und 251, zum Works Centenary von King's Cross nach Doncaster. Dies wiederum bewog Alan Pegler, den Veranstalter dieser Fahrt, zum Kauf der berühmten 2C1 *Flying Scotsman.* Und dieser Kauf war das Startzeichen für viele andere Privatleute in England, ebenfalls Dampflokomotiven aufzukaufen und so der Nachwelt zu erhalten.
Alan Pegler war – wie wir im dritten Teil noch sehen werden – auch der Hauptinitiant für die Wiedereröffnung des Urahns aller Schmalspurbahnen, der Festiniog Railway in Wales im Jahre 1955. 1960 folgte dann die Rettung der Bluebell Railway; dies war das erste Teilstück einer Normalspurlinie, welches den British Railways abgekauft und privat betrieben wurde.
Während der sechziger Jahre setzte diese Entwicklung auch in Europa ein und breitete sich in den Vereinigten Staaten aus. Für viele Aktionen in Amerika zeichnete jener biblische Kreuzritter Nelson Blount verantwortlich, der nicht nur das Steamtown Museum in Bellows Falls, Vermont, gründete, sondern auch dafür sorgte, daß nach Ellis Attwoods Tod die Edaville-Linie weiterbestehen konnte.
Gegen Ende der sechziger Jahre begannen verschiedene Haupteisenbahnlinien in mehreren Ländern Vergnügungsfahrten mit Dampflokomotiven durchzuführen. Einige taten es aus geschäftlichen Gründen und um der Public Relations willen; die meisten aber wurden durch Umstände dazu gezwungen, die sie selbst nicht ganz verstanden. Zu den ersteren gehörten unter anderem die Union Pacific, die Southern und (eine Zeitlang) die Burlington Railways in Amerika sowie einige Schweizer Bahnen, zum Beispiel die Rhätische Bahn und die Furka–Oberalp-Bahn. Zu den letzteren gehörte unter anderem die Denver & Rio Grande Western in den USA, die sich einst standhaft dagegen wehrte, mit der Silverton-Schmalspurbahn weiterzufahren (obwohl sie dann, nachdem sie dazu gezwun-

150 Jahre Eisenbahnen: In Shildon stehen die Loks zu einer Paradefahrt auf der Linie der Stockton & Darlington Railway bereit: GWR C-Tenderlok, Nr. 7752 (Birmingham Railway Museum); GWR 2C-Lok, Nr. 6960, *Raveningham Hall;* LMS 2C-Lok *George Stephenson* und NER D-Lok, Nr. 2238 (North-Eastern Locomotive Preservation Group).

gen worden war, sehr gut fuhr und deshalb auch Erfolg hatte). Ebenfalls gezwungenermaßen erklärte sich die Leitung der neuen British Railways zu solchen Fahrten bereit, welche nach der Umstellung auf Dieselbetrieb erst heftig gegen derartige Dampfausflüge auf Normalspurlinien kämpfte, dann aber nachgeben mußte, infolge der Unfähigkeit, sich zu irgendeiner bestimmten Meinung durchzuringen; so hatte sie zeitweise bis fünf verschiedene Ansichten in bezug auf ihre einzige, noch regelmäßig betriebene Dampfeisenbahn, die Vale of Rheidol Railway mit einer Spurweite von 61 cm.

Als Dampffahrten als Touristenattraktion immer beliebter wurden, führte man sie in immer mehr Ländern durch. So wird zum Beispiel heute der «Kingston Flyer» der Neuseeländischen Eisenbahnen mit 2C1-Lokomotiven gezogen; in Australien gibt es außerhalb von Melbourne den «Puffing Billy», eine Schmalspurlinie; Indonesien betreibt die offiziell geschlossene Amberawa-Zahnradbahn gegen Bezahlung, und Südafrika gibt einen farbigen Bilderband heraus, in dem die als Touristenattraktion verbliebenen, mit Dampf betriebenen Hauptlinien aufgeführt sind. Die Anzahl der Dampffreunde muß heute in die Millionen gehen. Diejenigen, die die Dampflokomotiven um ihrer selbst willen lieben, sind besonders dankbar dafür, daß sie – wieder um ihrer selbst willen – die Unterstützung des Mannes (der Frau und des Kindes) auf der Straße gefunden haben; denn nur Liebhaber allein können das zu ihrer Erhaltung notwendige Geld niemals aufbringen.

Flying Scotsman: Nr. 4472 komplett mit Doppeltender beim Aufstieg zum Shap-Paß.

Pegler's Special: Die beiden Ivatt-Atlantic-Lokomotiven der Great Northern verlassen nach der Ankunft mit dem «Plant Centenarian» aus King's Cross am 20. September 1953 mit dem leeren Zug Doncaster.

Rechts: Lokomotiven Amerikas: Die 1D1-Lokomotive, Nr. 473, «Sports Model», der Klasse K-28 der Denver & Rio Grande Western RR im Einsatz mit dem «Silverton Train».

473

Nordamerika

Mount Washington Cog Railway: Die Original-Lok *Old Peppersass* auf ihrem Podium.

2. Linien im Nordosten der USA

Es lebte einmal (denn es ist beinahe ein Märchen) ein ruhiger, aber weitblickender Mann namens Ellis D. Attwood. Er war Bauer und pflanzte Moorbeeren auf seiner 1800 Morgen großen Farm in South Craver, Massachusetts. Er war geradezu vernarrt in die kleinen Schmalspurbahnen, welche durch verschiedene Gemeinden des Nachbarstaates Maine dampften, und er war traurig, als eine nach der andern in Schwierigkeiten geriet. Wie schon in der Einleitung erwähnt, hatte es ihm die Bridgton & Harrison Railroad besonders angetan, und nach deren Betriebseinstellung im Jahre 1941 gelang es ihm, die zwei kleinen – immerhin gut 34 Tonnen wiegenden – 1B2-Tenderlokomotiven und einen Teil des Rollmaterials zu erwerben. Andere Leute hatten mit dem Gedanken gespielt, die B&H zu kaufen und mit ihr auf der gleichen Strecke Vergnügungsfahrten durchzuführen, doch war keinem von ihnen Erfolg beschieden, entweder weil ihnen die notwendigen Mittel fehlten oder – wenn die Mittel vorhanden waren – weil sie zuwenig Vertrauen in eine Idee hatten, die heute zwar alltäglich ist, damals aber noch ziemlich außergewöhnlich war.

Nach Kriegsende begann Ellis auf seinem Farmgelände eine Bahnlinie zu bauen. Zuvor hatte er noch zwei weitere 20-Tonnen-Lokomotiven der in Konkurs geratenen Monson Railroad gekauft; sie liefen unter der Bezeichnung «zwei mal sechs» (Spurweite 2 Fuss = 61 cm, Streckenlänge 6 Meilen = 9,6 km). Er legte seine etwa 8,8 km lange Strecke kreisförmig an und verlegte gemeinsam mit seinen Helfern die von ihm aus zweiter Hand erworbenen Schienen auf die Dämme zwischen den Beerenmooren. Ursprünglich wollte er diese Eisenbahn eigentlich nur als Transportmittel für sein Landgut verwenden und nur an Fest- und Feiertagen mit seinen Freunden Ausfahrten unternehmen. Dies erinnert etwas an einen Vater, der «für seinen Jungen» eine Modelleisenbahn nach Hause bringt. Doch jedermann im Umkreis von vielen Meilen, der Eisenbahnen allmählich für lustig und interessant zu halten begann, bemühte sich eifrig um eine Einladung, und unser Freund war keineswegs der Mann, solche Bitten abzuschlagen. Und so veranlaßten ihn das große Interesse der Leute und die hohen Unterhaltskosten nach kurzer Zeit, die Linie der Öffentlichkeit zugänglich zu machen; dies war die Geburtsstunde der Edaville-Linie, ja der Dampfsonderfahrten überhaupt.

Der denkwürdige Tag ist ein Montag, der 7. April 1947: Um 12 Uhr mittags wurde feierlich der letzte, vergoldete Schienennagel in die Erde getrieben. Von diesem Tag an eilte die Edaville-Bahn – und mit ihr die Bemühung zur Erhaltung der Dampfeisenbahnen auf der ganzen Welt – von Erfolg zu Erfolg. Die Anlage ist von Boston aus leicht zu erreichen und liegt in einem Gebiet, welches im berühmten Plymouth Rock und im wilden Cape Cod über beliebte Publikumsattraktionen verfügt. Unzählige Ausflügler und Touristen machen heute in Edaville Station.

Ellis D. Attwood kam 1950 auf tragische Weise bei einem Unglück mit einer Ölfeuerungsanlage auf seiner Farm ums Leben. Sein edles Denken wurde besonders

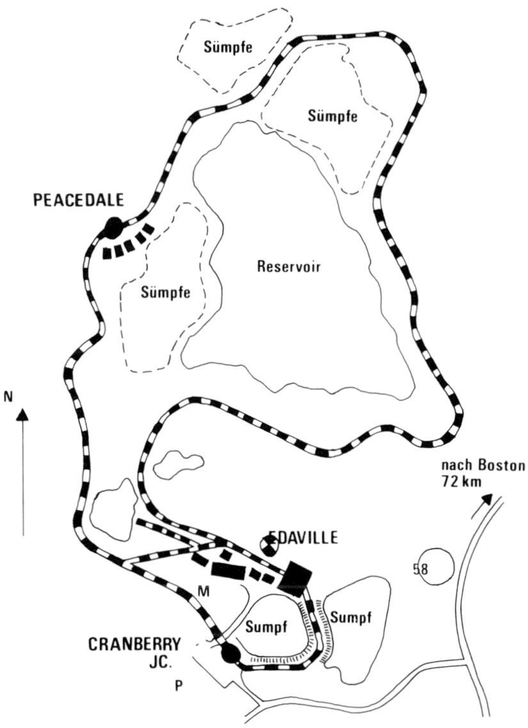

EDAVILLE RR

0 0,5 1 Meilen
0 1 km

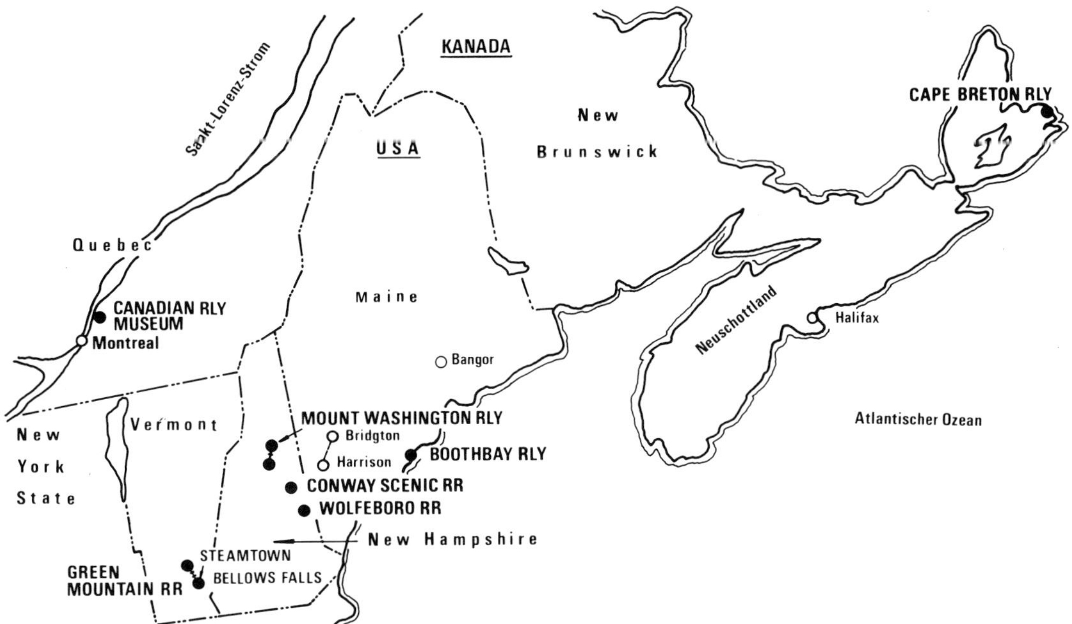

NORDÖSTLICHER TEIL DER USA, QUEBEC & NEUSCHOTTLAND

0 100 200 Meilen
0 100 200 km

Eine der zwei kleineren, fahrtüchtigen Lokomotiven in Edaville: Die Nr. 3 der ehemaligen Monson RR.

Mount Washington Nr. 8, *Tip Top:* Bemerkenswert sind der schräggestellte Dampfkessel und die Antriebsart.

dadurch in Ehren gehalten, daß die Edaville Railroad, sein großes Lebenswerk, bis auf die heutigen Tage praktisch unverändert erhalten worden ist. Anders verhält es sich indessen mit den übrigen Attraktionen dieses Ortes; sie sind weitgehend der Initiative eines andern Mannes zu verdanken, der sich um die Erhaltung der Dampfeisenbahnen verdient gemacht hat: F. Nelson Blount. Er kaufte 1954 die Edaville-Bahn. Seine Leidenschaft für Dampfeisenbahnen ging ebenfalls auf die Bridgton & Harrison Railroad zurück, mit der er als junger Mann oft gefahren war. Er war sogar ein entfernter Verwandter von Attwood, und auch er machte sein Vermögen mit einer Delikatesse, allerdings nicht mit Moorbeeren, sondern mit Muscheln. Sein Werk ist das Edaville-Museum, in welchem unter anderem eine komplette Zugskomposition der Boston & Maine Railroad 1905 mit einer 1C-Lok, ganze Wände voller Blechmodelleisenbahnen und sogar eine ganze Ladenstraße aus der Zeit um 1909 zu bewundern sind. Der Salonwagen *Rangeley* der berühmten Sandy River & Rangeley Lakes RR – die größte aller 61-cm-Schmalspurbahnen im Staat Maine – ist meistens ebenfalls im Museum ausgestellt, wird jedoch bei besondern Gelegenheiten am Ende eines Edaville-Zuges mitgeführt.

Mount Washington Cog Railway: Zwei bergwärts fahrende Züge kreuzen einen Talkurs.

Nelson Blount kam leider beim Absturz seines Privatflugzeugs im Jahre 1970 ums Leben. 1970 übernahm dann George E. Bartholomew als neuer Besitzer die Edaville-Bahn. Mr. Edaville III, wie er genannt wird, ist selbst vier Jahre älter als die Bahn, ist sozusagen mit ihr aufgewachsen und hat als Kind ihre ersten Fahrten mitgemacht. Es bestehen also kaum Zweifel daran, daß er die außergewöhnliche Tradition dieses Unternehmens aufrechterhalten und alles daran setzen wird, dass die Miniatur-Lokomotiven noch möglichst lange durch die hübsche Seenlandschaft dampfen können.
Die Verwaltung der Edaville-Bahn gibt sich keinen Illusionen darüber hin, wie die Bahn überleben kann: Sie muß einfach nach absolut geschäftlichen Prinzipien betrieben werden. Wenn sich also beispielsweise Eisenbahnfanatiker darüber beklagen, daß die Stars der Schau (Monson Nrn. 3 und 4, B&H Nrn. 7 und 8) eigentlich zuviel Make-up tragen – was sie wirklich tun –, dann lautet die Antwort nur: die Leute mögen sie so, und sie kommen zu Tausenden, währenddem Eisenbahnliebhaber nur zu Dutzenden auftauchen. Einzig auf diese Weise können die Renovations- und Reparaturarbeiten, die zur Erhaltung dieser seit über dreißig Jahren in Betrieb stehenden Museumsdamen notwendig sind, auch wirklich durchgeführt werden.
Der Fahrplan der Edaville-Bahn ist zwar ziemlich kompliziert, doch gibt es an und für sich tägliche Dampffahrten von anfangs Juni bis zum Labor Day (jeweils 1. Montag im September) sowie an den Weihnachtsfesttagen; im Frühling und Herbst ist die Bahn nur an Wochenenden in Betrieb.
Direkt hinter Edaville stoßen wir auf die erste Eisenbahn der Welt, die auf einen Berg hinaufführt; sie ist gleichzeitig die älteste in diesem Buch beschriebene Touristenbahn: die über hundert Jahre alte Zahnradbahn erklimmt den 1916 m hohen Gipfel des Mount Washington im Staate New Hampshire. Die Linie wurde 1869 eröffnet, elf Jahre nachdem die Behörden von New Hampshire die Bewilligung zum Bau erteilt hatten. Anläßlich der Debatte über die Genehmigung wurde sogar ein Zusatzantrag des Inhalts gestellt, es möge dem Initiator, Sylvester Marsh, gestattet werden, die Linie «bis auf den Mond» fortzusetzen. Diese For-

mulierung mag uns zeigen, wie utopisch es damals anmuten mußte, eine Bergbahn bauen zu wollen, deren 5,6 km lange Strecke eine durchschnittliche Steigung von 25 %, an der steilsten Stelle von sogar 37,5 % aufweist.
Marsh selbst entwarf die Pläne für die erste Lokomotive. Sie wurde offiziell auf den Namen *Hero* (Held) getauft, erhielt aber aufgrund der Ähnlichkeit ihres Dampfkessels mit einer altmodischen Pfefferdose bald den Spitznamen *Peppersass,* und dieser prangt denn auch heute noch stolz auf der Namenstafel in der Talstation. *Peppersass* wurde im Jahre 1866 fertiggebaut und sogleich für den Bau der Linie eingesetzt. Auch nachher diente sie treu weiter, bis sie 1881 von den heute noch in Betrieb stehenden Lokomotiven abgelöst wurde.
Die acht Lokomotiven der jetzigen Flotte sind alle B-B-gekuppelt und von ähnlicher Bauart. Die erste lieferten um 1875 die Manchester-Lokomotivwerke (später Alco). Die letzte wurde an Ort und Stelle vom Chefmechaniker der MWRR, Niles Lacoss, erbaut und war 1972 vollendet. Nach beinahe 20 Jahren war dies die erste neue Dampflokomotive, die in Amerika ihren Dienst aufnahm. Zwei Zylinderpaare, 22,8x25,5 cm, treiben über getrennte Kurbelwellen und Untersetzungsgetriebe die auf den zwei Achsen montierten Ritzel an. Der Dampfkessel steht leicht geneigt, um das Gefälle zu kompensieren. Ein separater Tender gehört zur Lokomotive.
Einzelne Wagen mit 48 Sitzplätzen werden von der Lok kupplungslos bergauf gestoßen und ruhen bei der Talfahrt auf dem Puffer. 4,8 der insgesamt 5,6 km der Strecke sind auf niedrigen Holzschwellen montiert; ansonsten gibt es keine besondern technischen Bauten. Der Winter in diesen Breiten ist sehr hart – das betriebseigene, zur Stromerzeugung benötigte Wasserrad ist von Oktober bis Mai eingefroren; der öffentliche Bahnbetrieb beginnt deshalb Ende Juni und hört Mitte Oktober auf. Während der Hochsaison fährt alle Stunden ein Zug; die Hin- und Rückfahrt dauert drei Stunden. Eine solche Fahrt ist äußerst interessant und reizvoll. Die Besucherzahlen sind derart, daß das Unternehmen rentiert, und zwar so gut, daß sogar neue Dampflokomotiven finanziert werden können, was in diesem Geschäft in der Tat sehr selten der Fall ist.
F. Nelson Blount ist uns bereits als ehemaliger Besitzer der Edaville-Bahn bekannt. Dieser außergewöhnliche Kreuzfahrer und Muschel-Millionär sammelte Lokomotiven in Originalgröße, wie Sie und ich vielleicht Briefmarken sammeln. Bis zu seinem Tod brachte er es auf die stattliche Zahl von 85 Lokomotiven, die ihn drei Millionen Dollar gekostet hatten. Gleichzeitig errichtete er auch ein Museum, das eine Eisenbahnverbindung nach Bellows Falls, Vermont, besaß, und gründete die Steamtown-Stiftung, welche die Sammlung besitzt und verwaltet.
Die Bahn heißt Green Mountain Railroad und ist ein Teil der alten Rutland-Linie, welche der Staat Vermont übernommen hatte, damit sie weiterbestehen konnte. Der Abschnitt von Bellows Falls nach Rutland ist an die Steamtown Foundation verpachtet; gemäß Mietvertrag können Dieselgüterzüge verkehren.
Man könnte sich vorstellen, daß die GMRR-Züge bei einer solch großen Auswahl von ein paar seltenen und außergewöhnlichen Lokomotiven gezogen würden; dies trifft aber nicht zu. Als Zugmaschinen dienen in Wirklichkeit vier schöne Pacific-Lokomotiven, die einst der Canadian Pacific Railway gehörten. Drei dieser Loks sind vom gleichen Typ; ihrer Bauart nach sind sie gleichzeitig modern und besonders für die Arbeit mit leichten Passagierzügen geeignet – für amerikanische Denkweise ein absoluter Widerspruch. So viel Vernunft ist keineswegs typisch für Dampfenthusiasten, und man darf daraus wohl schließen, daß Nelson Blount sein Werk in gute Hände gelegt hat.
Die beinahe 20 km lange Fahrt durch die schöne Landschaft des Staates Vermont zieht genügend Besucher an, damit sich tägliche Fahrten im Juli, August und in der ersten Septemberhälfte lohnen. Spitzenfrequenzen sind nochmals anfangs Oktober zu verzeichnen, wenn der Herbst das Laub mit seinen herrlichen Farben verzaubert. So hoch im Norden lohnt es sich dann bis anfangs Juni nicht mehr, Wochenendfahrten durchzuführen. An bestimmten Tagen während der Saison werden auch Sonderfahrten über längere Strekken angeboten. Die Ausstellung alter Dampflokomotiven in Steamtown gehört – wenn man diese Art von Museen liebt – sicherlich zu den schönsten der Welt. Bellows Falls ist also – wie es der *Guide Michelin* formuliert – wirklich eine Reise wert.

Green Mountain Railroad: Die ehemalige 2C1-Lokomotive, Nr. 1246, der Canadian Pacific Railway in voller Fahrt.

1246
GREEN MOUNTAIN

3. Linien im Osten der USA

Obwohl die amerikanischen Eisenbahngesellschaften schon längst auf Diesellokomotiven umgestellt haben, gibt es entlang der Ostküste eine ganze Reihe dampfbetriebener Ausflugsbahnen. Den Anwohnern des Metroliner Belts von Boston über New York und Philadelphia nach Washington steht eine reiche Auswahl zur Verfügung. Sämtliche Wochenenden eines ganzen Sommers würden nicht ausreichen, alle Bahnen zu besuchen, die an einem gewöhnlichen Wochenendausflug zu erreichen sind. Daß hier so viele Dampfeisenbahnen überlebt haben, läßt darauf schließen, daß sie der Bevölkerung ans Herz gewachsen sind. Zwar werden viele Linien von Freiwilligen mit Geldmitteln unterstützt, die sie für eine gute Sache opfern, viele andere arbeiten aber doch als rentable Geschäftsunternehmungen. Das Ihre dazu beigetragen haben natürlich auch die uneinheitliche Verwaltung der amerikanischen Eisenbahnlinien und die stets noch große Freiheit der Amerikaner, mit einem großen Teil ihres Geldes das zu tun, was sie wollen.

So zahlreich sind die Dampfeisenbahnen in dieser Region der Vereinigten Staaten, daß es ein Ding der Unmöglichkeit ist, sie vollständig und in allen Einzelheiten aufzuzählen. Aus Platzgründen mußten wir viele bekannte und wohl erwähnenswerte Linien einfach weglassen. Der *Steam Passenger Service Directory* führt zwanzig Bahnen auf, von denen wir acht ausgewählt haben und in diesem Kapitel beschreiben wollen.

Von all den Museumsbahnen der Welt gehört die Strasburg-Bahn zu den besten. Auch wenn sie in keiner Beziehung ganz zuvorderst steht, so fehlt dazu doch nicht viel. So kann sie beispielsweise nicht für sich beanspruchen, die absolut älteste überlebende Dampfeisenbahn der Welt zu sein. Die Gesellschaft, die sie betreibt, ist in der Tat sehr alt: Sie erhielt durch

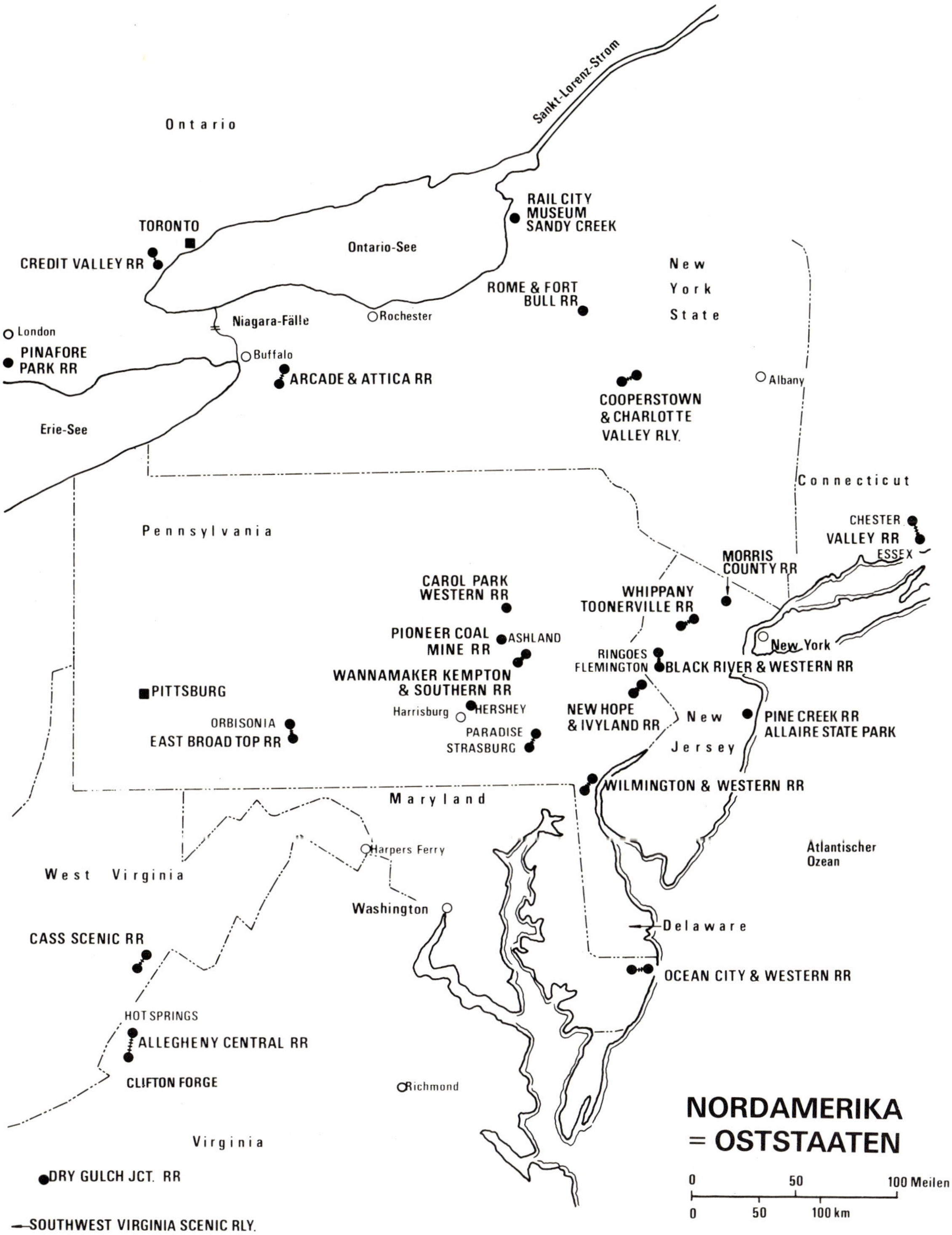

Ontario
Sankt-Lorenz-Strom
RAIL CITY MUSEUM SANDY CREEK
TORONTO
Ontario-See
CREDIT VALLEY RR
New York State
ROME & FORT BULL RR
Niagara-Fälle
Rochester
London
PINAFORE PARK RR
Buffalo
ARCADE & ATTICA RR
Albany
COOPERSTOWN & CHARLOTTE VALLEY RLY.
Erie-See
Connecticut
Pennsylvania
CHESTER
VALLEY RR
ESSEX
MORRIS COUNTY RR
CAROL PARK WESTERN RR
WHIPPANY TOONERVILLE RR
PIONEER COAL MINE RR
ASHLAND
New York
RINGOES
FLEMINGTON
BLACK RIVER & WESTERN RR
WANNAMAKER KEMPTON & SOUTHERN RR
PITTSBURG
Harrisburg
HERSHEY
NEW HOPE & IVYLAND RR
New Jersey
PINE CREEK RR ALLAIRE STATE PARK
ORBISONIA
EAST BROAD TOP RR
PARADISE
STRASBURG
WILMINGTON & WESTERN RR
Maryland
Atlantischer Ozean
Harpers Ferry
West Virginia
Washington
Delaware
CASS SCENIC RR
OCEAN CITY & WESTERN RR
HOT SPRINGS
ALLEGHENY CENTRAL RR
CLIFTON FORGE
Richmond
NORDAMERIKA = OSTSTAATEN
Virginia
0
50
100 Meilen
0
50
100 km
DRY GULCH JCT. RR
SOUTHWEST VIRGINIA SCENIC RLY.

einen Sonderbeschluß der Pennsylvanischen Regierung ihre Baugenehmigung am 9. Juni 1832. Die Festiniog Railway Company ist aber um genau zwei Wochen älter, wurde sie doch am 25. Mai des gleichen Jahres gegründet. Das genaue Datum, an welchem die Strasburg-Bahn vollendet wurde, ist zwar nicht bekannt; dennoch wurde sie vielleicht vor der Festiniog-Linie im Jahre 1836 eröffnet, da ihre Linienführung keine besondern Schwierigkeiten zu überwinden hatte. Über 120 Jahre lang, nämlich bis 1957, wurde die Strasburg-Bahn mit Erfolg, wenn auch nicht im Rampenlicht der Öffentlichkeit betrieben. Von der kleinen Stadt aus, deren Namen sie trägt, führt die Linie etwa 7,2 km weit durch schönes, hügeliges Farmgelände nach Leaman Place, 90 km westlich von Philadelphia, wo sie den Anschluß an die Hauptlinie New York–Chicago der Pennsylvania Railroad herstellt. In den zwanziger Jahren verlor sie ihre letzten Passagiere an den aufkommenden Straßenverkehr, und ungefähr zur gleichen Zeit wurde die letzte Dampflokomotive durch eine vierrädrige, mit Benzinmotor arbeitende Rangierlok ersetzt. Bis 1957 aber bewältigte sie immer noch den allerdings immer stärker zurückgehenden Güterverkehr und blieb die ganze Zeit über selbständig. In den USA gab es einst Hunderte von selbständigen Kurzstreckeneisenbahnen, und viele von ihnen existieren heute noch. Aber – und auch das ist typisch – das Glück wendete sich für die Strasburg-Linie, als ihre Geleise allmählich von Gras überwuchert wurden. Und als 1957 die eine kleine Diesellok dringend einer Überholung bedurfte und die Geleiseanlage durch Überschwemmungen stark beschädigt war, bedeutete dies schließlich das Ende der Strasburg-Bahn, und sie ersuchte offiziell um die Genehmigung zur Aufgabe ihres Betriebs.

Zu jener Zeit hatten die amerikanischen Eisenbahnlinien schon zum weitaus größten Teil auf Diesellokomotiven umgestellt, und die Eisenbahnfans begannen zu verstehen, dass sie selbst etwas unternehmen, ins Eisenbahngeschäft einsteigen und ganze Linien übernehmen mußten, wenn sie noch irgendwo eine echte Dampflokomotive in voller Fahrt bewundern wollten. H. K. Long nahm deshalb gemeinsam mit einigen Dampfenthusiasten aus der Gegend 1958 Verhandlungen mit den Eigentümern der Strasburg-Bahn auf und konnte auch gegen Jahresende den ganzen Betrieb zum Schrottpreis übernehmen. Die neuen Besitzer rechneten sich aus, daß der traditionelle Gütertransport zwar einiges Geld einbringen konnte, daß der Tourismus aber weitaus die besten Chancen bot. Mit Philadelphia und ein paar andern Großstädten in durchaus annehmbarer Fahrdistanz sahen sie gute Möglichkeiten, ein finanziell tragbares Unternehmen aufzubauen. Ein anderer Umstand kam ihnen noch weiter zu Hilfe: In der Gegend um Strasburg hatten sich Amish angesiedelt, Angehörige einer Gemeinschaft, die aus religiösen Gründen dem 20. Jahrhundert und seinen Errungenschaften, auch dem Verbrennungsmotor, mißtrauisch, ja ablehnend gegenüberstehen, zur Feldarbeit nach wie vor Pferde einspannen und in zwei- oder vierrädrigen Kutschen reisen. Dies ist natürlich für die andern Amerikaner etwas wunderlich, und so strömen sie denn zu Zehntausenden herbei, um sich die Amish näher anzusehen.

Die Renovationsarbeiten begannen sofort, und im Januar 1959 nahm die Strasburg-Linie mit der kleinen Plymouth-Diesellok und einem Wagen ihren Passagierdienst wieder auf. Im Sommer 1960 fuhren wieder die ersten Dampfzüge, gezogen von einer gut 79 Tonnen schweren C-Rangierlokomotive der Canadian National Railways. Diese schwere Maschine ruinierte die immer noch sehr baufälligen Geleise in kürzester Zeit, brachte aber dank den in riesigen Mengen herbeiströmenden Touristen so viel Geld ein, daß die neue Verwaltung sich ein Herz faßte und Geldgeber zu suchen begann, damit die Eisenbahn vollständig neu aufgebaut werden konnte. Dies geschah in den folgenden Jahren, und heute verfügt die Strasburg-Bahn auf der ganzen Strecke über gut unterhaltene Geleiseanlagen mit neuen, schwereren Schienen, neuen Schwellen und Steinschotter. Weitere Dampflokomotiven folgten: zuerst die Nr. 4, eine «Camelback», B; dann die Nr. 1223, eine 2B, welche die Pennsylvania Railroad jahrelang behalten hatte, um sie in einem geplanten Museum auszustellen, dann aber an die Strasburg-Bahn vermietete; nachher die Nr. 90, eine 1E, Baujahr 1924, der Great Western Railway (eine kleine Eisenbahn, die in Colorado Zuckerrüben transportiert hatte) und

Strasburg Railroad: Die 2B-Lok, Nr. 1223, der alten Pennsylvania Railroad hält den Verkehr an einem Niveauübergang auf.

schließlich die Nr. 89, ebenfalls eine Lokomotive der Canadian National, dies aber eine 1C aus dem Jahre 1890. Weitere Personenwagen wurden dazugekauft, Werkstätten wurden errichtet, ein altes, hölzernes Stationsgebäude in einem 32 km entfernten Ort wurde erworben und wieder aufgebaut, und die ganze Zeit über nahm der Verkehr stetig zu. 1970 beförderte die Linie über eine halbe Million Passagiere und wurde dadurch mit einigem Abstand zum größten touristischen Dampfeisenbahnunternehmen der Welt. Die Bahn ist, mit Ausnahme eines Monats im Winter, das ganze Jahr hindurch an Wochenenden in Betrieb, von Mai bis Oktober sogar täglich. Die zwei Züge fahren in Intervallen von 30 Minuten und kreuzen sich auf einer neuen Ausweichstation auf halbem Weg.
Die Strasburg-Bahn ist in der Tat zu einem ansehnlichen Geschäftserfolg geworden. Die Eisenbahnfans, die Aktien der Gesellschaft gekauft hatten, mußten dies keinen Augenblick lang bereuen. Die finanzielle Lage der Gesellschaft ist so gut, daß sie sich auf keine harten Geschäftspraktiken einlassen muß, und so umgibt sie immer noch die Atmosphäre eines freundlichen, kleinen Betriebs. Ein großer Vorteil des Unternehmens besteht darin, daß es nur über eine einzige Station verfügt: Niemand darf in Leaman Place aus- oder zusteigen, obwohl vor kurzem bei der Kehrschlaufe rund um einen beliebten Picknickplatz ein kleiner Bahnhof gebaut worden ist. Dies bedeutet, daß kein zweites Mal für all die Einrichtungen einer Station gesorgt werden muß – Büros, Läden, Restaurants, Toiletten usw. –, welche eine Eisenbahngesellschaft, die von A nach B fährt, so teuer zu stehen kommen. Überdies werden auch Umfang und Kosten der Verwaltung stark vermindert. Auf diese Weise stehen viel mehr Geldmittel für den Hauptzweck, den Betrieb und Unterhalt der Züge selbst, zur Verfügung.
Die neueste Errungenschaft der Bahn befindet sich direkt gegenüber der neuen Endstation, dem Hauptquartier der Gesellschaft, in East Strasburg. Die Pennsylvania State Historical and Museum Commission errichtete und eröffnete 1974 das große Railroad Museum of Pennsylvania. In diesem hervorragenden Museum, in Größe und Aufmachung dem British National Railway Museum in York kaum nachstehend, kann man 19 Lokomotiven (einschließlich der eigenen Sammlung der Pennsylvania Railroad und der von Stephenson 1832 gebauten Lokomotive *John Bull)* und eine große Vielfalt an Rollmaterial bestaunen. Eisenbahn und Museum führen dem Besucher in eindrücklicher Art und Weise die Wunder der glücklicherweise erhaltenen und noch in Betrieb stehenden Dampfeisenbahnen vor Augen.
Eine andere alte Kurzstreckenbahn, die Arcade & Attica Company, stieg auf eigene Rechnung ins Touristengeschäft ein. Seit 1917 ist die Linie im Besitz von Farmern und Geschäftsleuten aus der Gegend. Die 45 km lange Überlandstrecke wurde 1880 gebaut, ursprünglich mit einer Spurweite von 914 mm. Dieser Linie kommt wirtschaftlich keine besondere Bedeutung zu; sie verbindet die beiden Städte ihres Namens, ungefähr 65 km südlich von Buffalo im Staate New York. Anwohner der Bahnlinie und ihr Frachtverkehr hielten sie finanziell lebensfähig. In den zwanziger Jahren ging der Passagierverkehr praktisch auf Null zurück, obwohl noch lange Zeit nachher gute Verbindungen angeboten wurden. Die Bahn stellte schon ziemlich früh auf Dieselloks um, bewies aber, daß sie das Herz auf dem rechten Fleck trug, indem sie noch jahrelang ihre alte Dampflokomotive in einem Schuppen aufbewahrte. Heute besitzt die Gesellschaft zwei Dampflokomotiven, eine 2C und eine 1D, aus zweiter Hand erworben, und eine Wagenkomposition aus der Zeit der Jahrhundertwende. Den ganzen Sommer hindurch befahren Dampfzüge an Wochenenden regelmäßig die 11 km lange Strecke zwischen Arcade und Curriers.
Die Strasburg RR und die Arcade & Attica RR sind, jede auf ihre Art, zwei Beispiele für unabhängige, selbständige traditionelle Unternehmen, die sich neuen Aufgaben zugewandt haben. Daneben gibt es aber auch andere Eisenbahnen, welche von ihren früheren Besitzern aufgegeben, von neuen Eigentümern gekauft und weiterbetrieben worden sind. Eine solche findet sich unweit der Arcade & Attica RR: die Livonia, Avon & Lakeville RR. Diese Gesellschaft kaufte nach der Stillegung der alten Erie Railroad in den sechziger Jahren den 18,5 km langen Abschnitt zwischen Corning und Rochester, New York, sowie die kurze Ne-

Arcade & Attica Railroad: Abfahrtsbereit die 2C-Lokomotive Nr. 14 der ehemaligen Escanaba & Lake Superior RR.

Umstehend: Arcade & Attica Railroad: 1D-Lok, Nr. 18, der alten Boyne City RR.

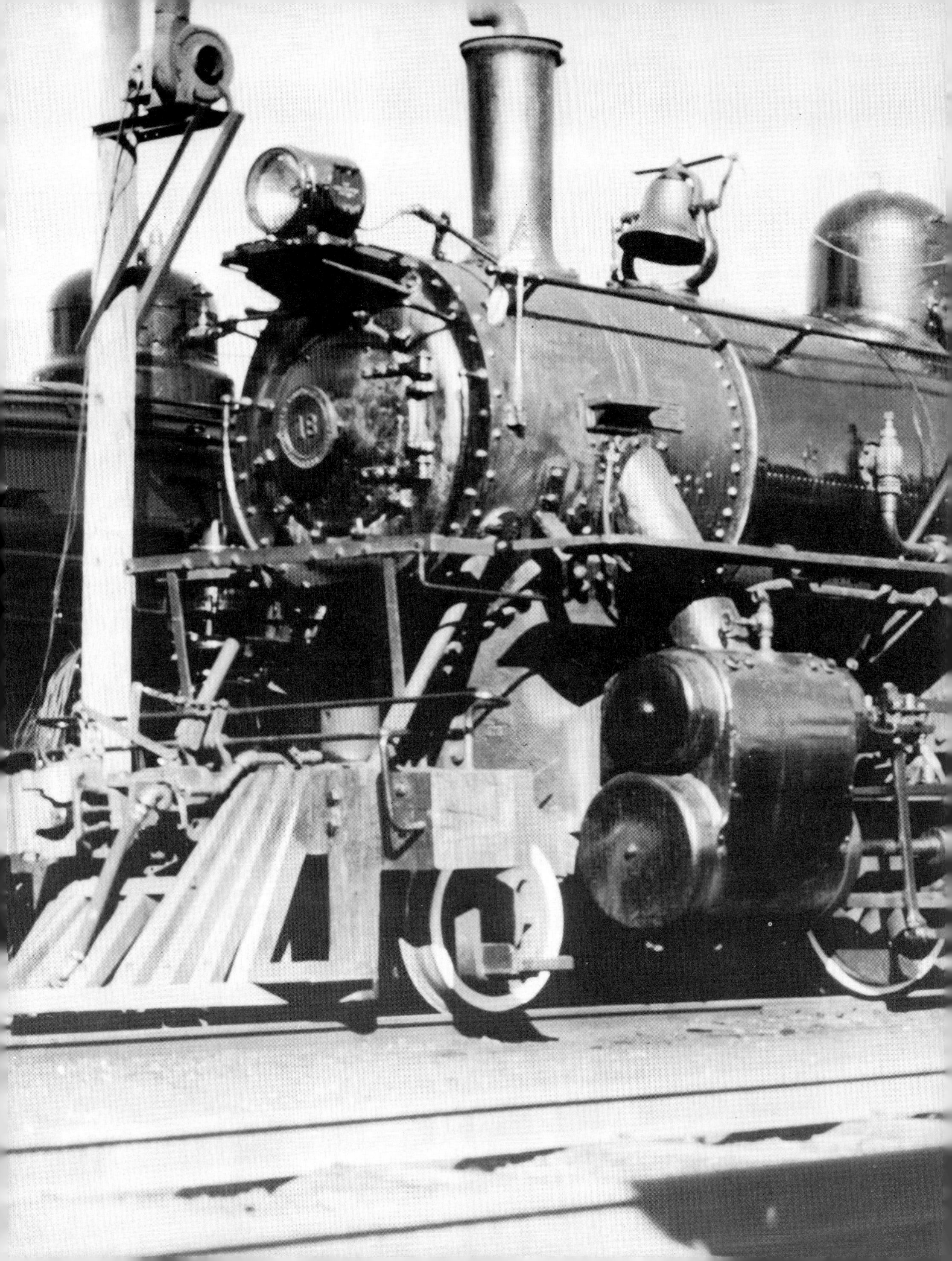
18

18
ARCADE & ATTIC

benlinie von Conesus Lake Junction nach Lakeville. Diese Linie lebt hauptsächlich vom Transport von Gütern, welche zwei Diesellokomotiven das ganze Jahr hindurch in unregelmäßigen Abständen von Lakeville nach Avon befördern. Selbstverständlich sind auch Passagiere herzlich willkommen. An Sommerwochenenden verdient auch eine ihrer Dampflokomotiven, eine schöne, leichte 1D aus dem Jahre 1927, etwas Geld hinzu, indem sie mit Passagieren von Livonia nach Avon dampft. 1976 gab es Schwierigkeiten mit dieser Maschine, und so müssen sich die Reisenden (hoffentlich nur vorübergehend) mit Dieselloks zufriedengeben. Abgesehen von diesen geschäftlichen Belangen ist die LA&L aber auch ein Beispiel für eine Tendenz, die sich in der amerikanischen Eisenbahnwelt schon immer, seit Beginn dieses Jahrhunderts aber stets deutlicher abgezeichnet hat: das zunehmende lokale Interesse am Kauf und an der Weiterführung lokaler Eisenbahnen, welche aus irgendwelchen Gründen von großen und weit entfernten Unternehmungen aufgegeben worden sind. Ohne sinnloses politisches Aufsehen und ohne große Spendenaufrufe; es wurde einfach getan, was getan werden mußte. Wären die Geldmittel nicht aus der freien Wirtschaft zusammengekommen, dann wäre eben kein echtes lokales Bedürfnis vorhanden gewesen; und das ist immerhin ein sehr wichtiger Unterschied.

Die kleine Stadt Flemington, New Jersey, ungefähr 80 km südwestlich von New York City, war einst Endstation von drei verschiedenen Eisenbahnlinien. Die Central Jersey, die Lehigh Valley und die Pennsylvania Railroad hatten jede ihren eigenen Bahnhof in einem andern Stadtteil. Den Löwenanteil am Passagierverkehr hatte die Lehigh Valley RR, denn ihre Pendelzüge stellten die wichtige Verbindung mit der Hauptlinie im knapp 4 km außerhalb der Stadt gelegenen Flemington Junction her. Auf der Nebenlinie der Pennsylvania RR erreichte man Philadelphia leichter als New York; der Passagierdienst auf dieser Strecke wurde schon vor mehr als 30 Jahren eingestellt, und zu Beginn der sechziger Jahre wurde sie sogar um 8 km bis nach Ringoes verkürzt. Dieser Streckenabschnitt wurde damals von der Black River & Western Railroad, einem reinen Touristenunternehmen, aufgekauft. Befahren wird er heute mit einer verhältnismäßig modernen Lokomotive, einer Alco 1D, Baujahr 1937. Der Fahrplan sieht an Wochenenden von April bis November je fünf Fahrten in beiden Richtungen, in der Sommerferienzeit auch zusätzlich Kurse unter der Woche vor. In Flemington gibt es heute keine Personenzüge mehr, und doch werden dort wahrscheinlich ebenso viele Fahrkarten wie vor fünfzig Jahren verkauft.

Als drittes Beispiel für eine stillgelegte Nebenlinie, die zu touristischen Zwecken erworben wurde, sei die Valley Railroad erwähnt. Sie verbindet mit ihrer 7,2 km langen Strecke Old Saybrook in New Haven mit Middletown, Connecticut, und führt zum Teil durch Vorstadtbezirke von New Haven, zum Teil entlang dem breiten, schönen Connecticut River. Dieser Abschnitt diente seit den zwanziger Jahren eigentlich nur noch als Nebenlinie für den Gütertransport und befand sich in einem kaum mehr betriebssicheren, ziemlich verfallenen Zustand, obwohl es zum Glück sonst nicht New Havens Politik entsprach, alte Einrichtungen grundsätzlich niederzureißen. Auf den wenigen Kilometern vom Hauptsitz der Valley RR in Essex zur Hauptlinie von New Haven in Old Saybrook ist das Geleise zwar noch intakt, kann aber nur noch von leichten Lokomotiven und leeren Zügen befahren werden. Doch hofft man, die Strecke nach Norden verlängern zu können, da die Geleiseschwellen dort noch keine fünfzig Jahre alt sind. Der Betrieb wurde erst 1974 in bescheidenem Rahmen aufgenommen, mit nur zwei Lokomotiven, einer 1D und einer 1C1. Doch gab sich die Valley RR damit noch nicht zufrieden. So setzte sie die alten Stationsgebäude in Essex wieder instand und hob den guten Ruf der alten New York, New Haven & Hartford Railway, dieser ehemals sehr reichen Gesellschaft, mit Nachdruck hervor, indem die Station sogar ein schmuckes Namensschild erhielt, welches von den über fünfzig Jahre alten Tafeln in New Haven kaum zu unterscheiden ist. Die Bahn hat den großen Vorteil, daß sie ihre Fahrgäste zum Ausgangspunkt schöner Bootsfahrten durch eine romantische Flußlandschaft fahren kann. Sie gehört zu den wenigen Dampflinien, die in den Sommermonaten täglich verkehren. Das Betriebspersonal setzt sich – etwas eher Ungewöhnliches – vor allem aus Halbtagsangestellten und Freiwilligen zusammen, was natürlich ebenfalls zur ruhigen, ungezwungenen Atmosphäre beiträgt.

Nur ungern übergehen wir nun mehrere andere schöne und wohl erwähnenswerte Dampfeisenbahnen, um uns einigen Eisenbahnen zu widmen, deren Geschichte oder deren gegenwärtige Besitzverhältnisse eher ungewöhnlich sind. Auf ihre Art sicher einmalig ist zum Beispiel die East Broad Top Railroad in Orbisonia, im Südwesten des Staates Pennsylvania. Die East Broad Top Railroad & Coal Company war eine der letzten großen 914-mm-Bahnen in Amerika; sie verrichtete bis zu ihrer plötzlichen Stillegung Mitte der fünfziger Jahre – immer mit Dampflokomotiven – Schwerarbeit auf der 53 km langen Hauptlinie von Mount Union (an der Hauptlinie der Pennsylvania RR von New York nach Chicago, etwa 250 km östlich von Pitts-

burgh) nach Woodvale und Alvan. Dann wurde sie von einem Tag auf den andern an einen Schrotthändler verkauft. Glücklicherweise brachte es dieser Mann aber nicht übers Herz, die EBT zu verschrotten, was er eigentlich von Berufes wegen hätte tun sollen. So ließ er mehrere Jahre untätig verstreichen, während deren die Anlagen immer mehr verrosteten und verfielen. Schließlich faßte er den Entschluß, den Großteil der Anlagen und des Rollmaterials zu verschrotten, ein 8 km langes Schienenstück inmitten der Strecke sowie das Hauptgebäude der EBT in Orbisonia aber stehenzulassen, auch vier der eleganten 1D1-Lokomotiven und eine schöne Auswahl an Eisenbahnwagen zu behalten und damit Touristenfahrten zu unternehmen. Leider ist die EBT zu abgelegen und auch heute noch zuwenig bekannt, als daß ihr jener Erfolg zuteil geworden wäre, der ihr eigentlich gebührte. Dennoch ist diese Bahn ein wahres Juwel, welches in der Hochsaison täglich, in der Vor- und Nachsaison meist auch nicht nur an Wochenenden fährt. Überdies können die Reisenden dieser Linie in Rockhill Creek, der Endstation, eine kurze Normalspurstrecke mit vier restaurierten elektrischen Straßenbahnwagen bestaunen.
Eine noch größere Seltenheit findet sich in einer noch abgelegeneren Gegend der USA, nämlich in Cass,

East Broad Top Railroad: Die 1D1-Lok, Nr. 17, brachte ihrer Gesellschaft durch Kohletransport viel Geld ein.

East Broad Top Railroad: Die 1D1-Lok, Nr. 18, in vollem Putz, bereit zu einer Sonderfahrt mit ihren Verehrern.

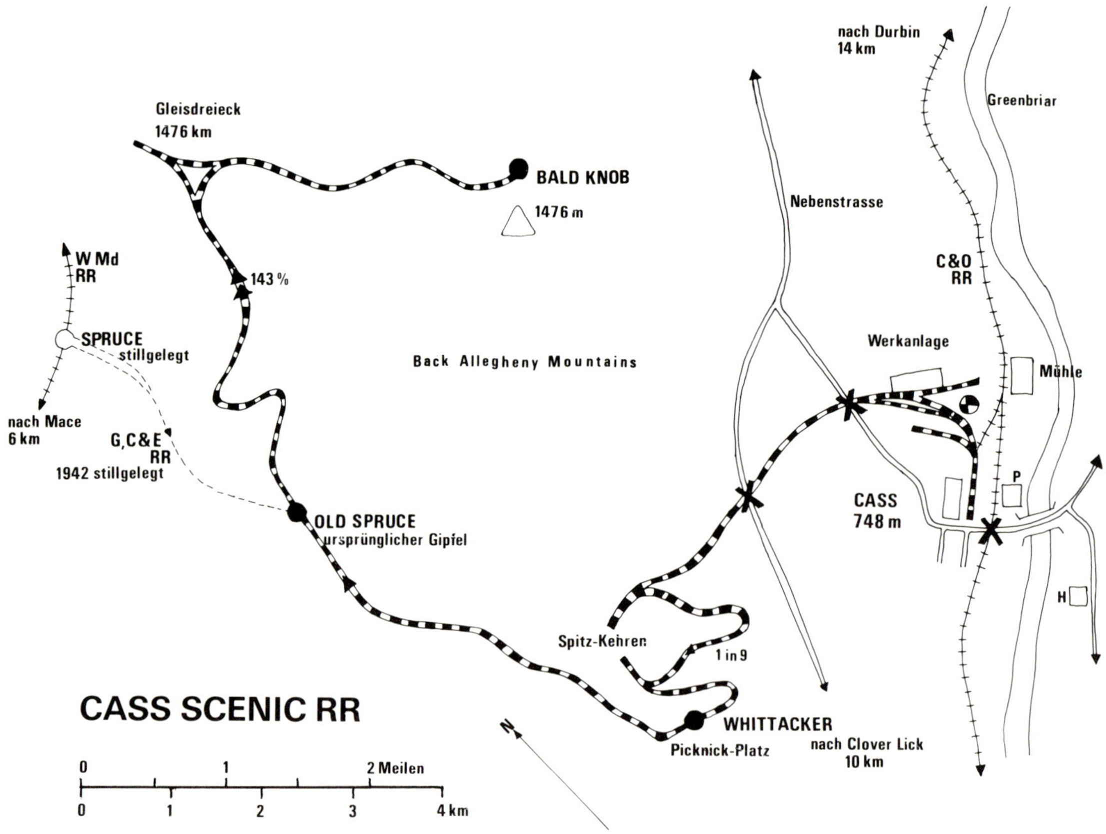

West Virginia. Das Gebiet ist dicht bewaldet und sehr gebirgig; hier gab es in der guten alten Zeit viele Holzfällerlager und Kohlengruben. Heute ist es dort ziemlich ruhig geworden, aber die Landschaft ist herrlich wie eh und je. Sofern keine großen, schiffbaren Gewässer zum Abtransport der Stämme zur Verfügung standen, waren die Holzfäller in Amerika vor den vierziger Jahren auf Eisenbahnen angewiesen. Deshalb wurden verschiedene spezielle Dampfmaschinen entwickelt, die den Ansprüchen dieser Industrie zu genügen vermochten. Die Lokomotiven solcher Holztransportbahnen mußten leicht, gelenkig und außerordentlich stark sein; die Geschwindigkeit spielte keine große Rolle. Mehrere Typen von Gelenklokomotiven mit Untersetzungsgetriebe, die man in andern Teilen der Welt kaum findet, erfüllten diese hohen Voraussetzungen. Die herausragende Lok war die Shay. Maschine und Tender ruhten auf zwei oder drei Drehgestellen. Alle Achsen wurden über eine Reihe von Kardangelenken durch eine Welle angetrieben, die auf der einen Seite der Lokomotive entlanglief. Die Welle ihrerseits wurde von einer Zwei- oder Dreizylinder-Dampfmaschine angetrieben, welche vertikal auf der einen Seite des Dampfkessels montiert war. Zur Wahrung des Gleichgewichts befand sich der Dampfkessel etwas seitlich der Mittellinie. Die Shay verfügte über ein sehr stark untersetztes Getriebe und erreichte Höchstgeschwindigkeiten von vielleicht 16 km/h. Daß diese Lokomotive sich für ihre Aufgabe wie keine andere eignete, verdankte sie der vollkommenen vertikalen und seitlichen Unabhängigkeit ihrer Achsen und der Tatsache, daß ihr gesamtes Gewicht der Adhäsion zugute kam. Erst die großen Raupenschlepper und andere moderne Raupenfahrzeuge vermochten sie vollwertig zu ersetzen.

In Cass befand sich bis in die frühen sechziger Jahre ein großes Sägewerk. Eine ganze Flotte von Shay-Lokomotiven besorgte auf dem Schienenweg den Zubringerdienst zum Werk. Die Regierung des Staates West Virginia erkannte die touristischen Möglichkeiten und die sich bietenden Arbeitsplätze, erwarb die Linie und eröffnete den Passagierverkehr. Die heutige Strecke ist 17,5 km lang und weist Steigungen bis zu 14 % (!) auf. Während der Sommermonate laden zwei Shay-Loko-

Pine Creek: Die 2B-Tenderlokomotive *Lady Edith* der ehemaligen Cavan & Leitrim Railway of Ireland.

motiven täglich zu ebenso geräuschvollen wie landschaftlich äußerst reizvollen Fahrten ein. Die Geleise verlieren sich in den Wäldern, winden sich kurvenreich durch die Gegend und überwinden sogar mehrmals Spitzkehren. Die meisten Fahrten führen nur über die halbe Distanz, doch einmal pro Tag erklimmt ein Zug einen der höchsten Berggipfel jener Region (1475 m ü. M.). Obwohl es jener Gegend noch an verschiedenen touristischen Annehmlichkeiten und an Hotelbetten mangelt, lockt die Cass Scenic Railroad doch große Besucherscharen an und bildet zweifellos einen der Höhepunkte einer Dampfnostalgiereise durch die Vereinigten Staaten. Die Gesellschaft verfügt zwar über die größte Sammlung an Shay-Lokomotiven, doch besitzen auch mehrere andere Museumsbahnen ein oder zwei Exemplare dieses Typs. Eine solche Shay-Lok, die während der Saison regelmäßig Personenzüge zieht und hie und da sogar die Dieselloks der Güterzüge ablöst, gehört der Graham County Railroad im nahen Robbinsville, North Carolina.

Etwas ganz anderes sind natürlich Eisenbahnen in öffentlichen oder privaten Parkanlagen, mit denen ausschließlich Vergnügungsfahrten durchgeführt werden. Beispiele dafür gibt es überall, in Amerika, in Europa und auch anderswo auf der Welt. Eines der ältesten Unternehmen dieser Art ist die Pine Creek Railroad, eine 914-mm-Schmalspurbahn im Allaire State Park in New Jersey. Mit einer Streckenlänge von nur 1,2 km handelt es sich hier um einen ziemlich kleinen Betrieb, der dafür aber drei recht interessante Lokomotiven zu bieten hat: eine Shay, eine Baldwin 1C1, Baujahr 1920, der Surrey, Sussex & Southampton Railway in Virginia (eine Kurzstreckenbahn, 45 km, auf deren Stationsliste weder Sussex noch Southampton zu finden sind, die dafür aber nach Scotland fuhr) und eine der 2B-Tenderloks der Cavan & Leitrim Railway in Irland.

Eine weitere Möglichkeit für derartige Unternehmen besteht darin, daß irgendeine Gruppe mit einer normalen Transportgesellschaft, zumeist einer kleineren Kurzstreckenbahn, einen Vertrag hat und auf deren Strecke an Wochenenden Ausfahrten mit Dampflokomotiven unternimmt. Da wäre zum Beispiel die etwas außerhalb von New York gelegene Morris County Central RR: Vor ein paar Jahren noch war sie Inhaberin der 16,9 km langen Morristown & Erie RR in Whippany, New Jersey, und befuhr an Wochenenden den 8 km langen Abschnitt zwischen Whippany und Morristown. Die Länge der Strecke war ideal, weniger dagegen der wahrlich haarsträubende ungeschützte

Niveauübergang über eine vierspurige Autostraße. Vor kurzer Zeit ist die Gesellschaft umgezogen und betreibt nun mit ihrer hübschen Baldwin 1D und einem Teil ihres alten Rollmaterials die New York, Susquehanna & Western RR in Newfoundland, ganz im Westen des Staates New Jersey. Dort steht ihr eine schönere, ebenfalls 8 km lange Strecke zur Verfügung, über die in der Saison täglich Züge dampfen. Die Lücke in Whippany wurde übrigens durch eine andere Gesellschaft mit dem etwas showmäßig anmutenden Namen Whippany Toonerville RR ausgefüllt, die über eine sehr schöne 2C1-Lokomotive der Florida East Coast Railway verfügt.

Diese Liste der Dampfeisenbahnen an der Ostküste der USA ist in der Tat sehr willkürlich zusammengestellt worden. Mit Ausnahme der Strasburg-Bahn sticht keine andere Linie besonders heraus, aber der Platz reicht ganz einfach nicht aus, um wirklich allen Bahnen dieser Region gerecht zu werden. Nur ungern haben wir zum Beispiel die Cooperstown & Charlotte Valley Railway übergangen, die auf ihren Fahrten sogar Mahlzeiten im Speisewagen anbietet. Doch mag dies als Hinweis darauf genügen, über welche Dampfattraktionen die Einwohner im Metroliner Belt verfügen.

4. Dampflinien im Mittleren Westen und in den Südstaaten der USA

Der Mittlere Westen wird oft als Herzland der USA bezeichnet, und in vielen Beziehungen bestimmt zu Recht. Dieser über 1600 km breite Landstrich ist größtenteils flach und fruchtbar, verfügt über außerordentlich produktives Ackerland, kleine Städte, in denen das Leben noch seinen alten, traditionellen Gang nimmt, und nur wenige Großstädte mit Schwerindustrie (zu welchen aber immerhin Chicago gehört). Wohl gibt es Hügellandschaften und andere reizvolle Gegenden, doch sind sie nicht unbedingt typisch für diese Region. Und so gleichen sich denn doch viele der recht zahlreich vorhandenen Dampfeisenbahnen ziemlich stark. Zwar müssen die Einwohner von Chicago und St. Louis etwas angestrengter suchen und vielleicht etwas weiter fahren, doch auch ihnen bieten sich viele interessante Attraktionen.

Praktisch alle Linien weisen Normalspur auf, und die meisten verwenden Abschnitte stillgelegter Nebenlinien. Dabei bildet die Black Hills Central RR eine Ausnahme. Die Black Hills (Schwarze Hügel) im Staate South Dakota sind isolierte Ausläufer der weiter westlich gelegenen Berge, bilden aber auf verhältnismäßig kleinem Raum eine landschaftlich reizvolle Abwechslung und sind deshalb als Ferienziel sehr beliebt. Mitten durch die Black Hills führt mit einer Steigung von bis zu 30‰ eine Zweiglinie der Chicago, Burlington & Quincy RR (heute: Burlington Northern) zu den alten Minenstädten Deadwood und Lead. In den fünfziger Jahren nahm die Black Hills Central auf einem Teil dieser Strecke den Betrieb auf und konnte wie durch ein Wunder die Burlington RR schließlich dazu überreden, auf einigen Kilometern noch eine dritte Schiene einzubauen, damit sie auch von 914-mm-Schmalspurbahnen mit Dampflokomotiven befahren werden konnte. Nach harten Erfahrungen gelangte man nach einigen Jahren jedoch zur

Oberer-
See
KANADA
MARQUETTE & HURON MOUNTAIN RR
LAONA NORTHERN RR
Michigan-See
Huron-See
Minneapolis
St Paul
Wisconsin
FAIRVIEW
PINCONNING & BLIND RIVER RR
NATIONAL RLY MUSEUM
GREEN BAY
Michigan
Ontario
Minnesota
WISCONSIN DELLS
RIVERSIDE & GREAT NORTHERN RR
REESE CENTRAL RR
N. FREEDOM
MID CONTINENT RLY MUSEUM
HUCKLEBERRY RR
FLINT
N. LAKE
MILWAUKEE ZOO RR
KETTLE MORAINE SCENIC STEAM TRAIN
Detroit
GREENFIELD VILLAGE RR
Erie-See
HAWTHORN MELODY FARM RR
LIBERTYVILLE
Toledo
Iowa
ILLINOIS RLY. MUSEUM
FLYING DUTCHMAN RR
LITTLE RIVER RR
CLEVELAND
CUYAHOGA VALLEY LINE
BROOKFIELD ZOO RR
Chicago
FORT WAYNE
TOLEDO, LAKE ERIE & WESTERN RR
CEDAR POINT & LAKE ERIE RR
MOUNT PLEASANT
MID-WEST CENTRAL RR
Illinois
Indiana
Ohio
WHITEWATER VALLEY RR
CONNERSVILLE
OHIO RLY MUSEUM
MONTICELLO & SANGAMMON VALLEY RR
COLUMBUS
HOCKING VALLEY RR
Mississippi River
INDIANA RLY MUSEUM
GREENSBURG
Cincinnati
West Virginia
Wabash River
St Louis
Ohio River
Kentucky
Missouri
MARION
CRAB ORCHARD & EGYPTIAN RR
Virginia
S.W. VIRGINIA SCENIC RR
CUMBERLAND FALLS RR
PARKER'S LAKE
ERWIN
(CLINCHFIELD RR)
TWEETSIE RR
GOLDRUSH JCN RR
PIGEON FORGE
N. Carolina
Tennessee
BEAR CREEK SCENIC RR
Arkansas
TENNESSEE VALLEY RLY MUSEUM
CHATTANOOGA
Memphis
S. Carolina
SHEFFIELD
Georgia
Little Rock
SCOTT & BEARSKIN LAKE RLY
Alabama
ATLANTA
STONE MOUNTAIN RR
Mississippi
READER RR
USA, MITTLERER WESTEN
0
50 Meilen
0
50 km

Überzeugung, daß diese Art von Betrieb viel zu teuer und zu kompliziert sei; also wurde die dritte Schiene wieder entfernt, die Schmalspurbahn kam in ein Museum, und der Zugsverkehr fand nurmehr auf der Normalspur statt. Heute verkehren in den Monaten Juni, Juli und August täglich Züge auf der äußerst interessanten, 24 km langen Strecke zwischen Hill City und Custer. Zu der aus vier Einheiten bestehenden Lokomotivflotte gehören eine 1C1, eine 1D und zwei 1C1-Tenderloks. Tenderlokomotiven waren in Amerika – vor allem auf nichtindustriellen Linien – nie sehr üblich, und die Black Hills Central ist vielleicht die einzige Touristenbahn, die über solche Typen verfügt und sie dazu noch stark beansprucht. Eine weitere Besonderheit dieser Linie ist der «halb-offene» Wagen, eine 13,7 m lange Karosserie auf einem 18,3 m langen Fahrgestell; auf beiden Seiten des Wagens befindet sich eine Plattform, auf welcher man im Freien stehen und Fahrtwind und -geräusch genießen kann (und auch Asche, sofern es welche gibt; glücklicherweise sind die Lokomotiven mit Ölbrennern ausgerüstet).

Im Staate Wisconsin sind drei Normalspurbahnen mit Dampflokomotiven in Betrieb, die dem Mid-Continent Railway Museum gehören. Dieses befindet sich in North Freedom, einem Dorf an einer kleineren Hauptlinie der Chicago & North Western RR von Chicago nach St. Paul und Minneapolis, ungefähr 280 km nordwestlich von Chicago. Die C&NW erbaute eine 7,2 km lange Nebenlinie zu einem Granitsteinbruch in Quartzite Lake, die aber dem öffentlichen Verkehr nie zugänglich war. Eine Organisation von Eisenbahnfreunden erwarb die Linie, als der Steinbruch in den fünfziger Jahren geschlossen wurde. Niemand hatte damals dem Unternehmen eine große Zukunft vorausgesagt. Zu einer Zeit, in der in Amerika mit unbezahlter Wochenendarbeit noch nicht viel erreicht worden war, glaubte man nicht an den Einsatz von Freiwilligen, um eine Eisenbahnlinie in einem abgelegenen Winkel des Staates zu überholen und zu betreiben. Dank der ausgezeichneten Leitung hatte die MCRM aber Erolg. Genauso wie es von jeder nicht kommerziell motivierten Organisation zu erwarten war, wanderte ein Großteil des zur Hauptsache nicht restaurierten Materials auf einen Friedhof, eben ins heutige Museum. Der betriebliche Teil des Unternehmens klappt aber tadellos: In einer Werkstatt werden aufsehenerregende Renovationen durchgeführt; in der Nähe des Anschlusses an die C&NW wurde ein neues (d. h. altes, von anderswo herbeigeschafftes) Depotgebäude errichtet; und die Zugskompositionen bestehen aus ein paar interessanten Lokomotiven, darunter eine 1C-Lok aus dem Jahre 1884, undentsprechenden, im Stil der Jahrhundertwende restaurierten Wagen. Das Geleise wurde weitgehend mit neuen Schwellen versehen und wird gegenwärtig mit neuen Schienen ausgerüstet, um auch den Einsatz größerer Zugmaschinen zu ermöglichen. Obwohl North Freedom immer noch weit abseits großer Verkehrswege liegt, finden doch so viele Besucher den Weg dorthin, daß während der drei Sommermonate täglich Züge fahren können.

Die beiden andern Linien in Wisconsin haben erst vor nicht allzu langer Zeit wieder Dampflokomotiven eingesetzt, im Bestreben, an den Erfolg der C&NW anzuknüpfen. Die Kettle Moraine Railway benützt einen 5,6 km langen Streckenabschnitt einer stillgelegten Nebenlinie der Milwaukee Road von North Lake nach Merton. Sie liegt ungefähr 56 km nordwestlich von Milwaukee und ist leicht zu erreichen. An Wochenenden verkehren eine 1C1 und eine 1D1, die beide von Holzfällerbahnen aus andern Gebieten des Landes übernommen worden sind. Die Laona & Northern Railway verfügt über ein unabhängiges, 12,8 km langes Geleise im sehr stark bewaldeten nördlichen Teil des Staates. Vor kurzem erst nahm sie eine 1C1-Dampflokomotive in Betrieb, die im Sommer täglich zwischen Laona und einem als Touristenzentrum umgebauten Holzfällerlager einige Kilometer außerhalb der Stadt hin- und herdampft.

Unweit davon, ebenfalls im nördlichen Waldgebiet, in jenem Teil des Staates Michigan, der zwischen dem Michigan- und dem Oberen See liegt, befindet sich die Marquette & Huron Mountain Railroad. Sie befährt einen Streckenteil der alten Lake Superior & Ishpeming Railroad, einst eine der größeren Kurzstreckengesellschaften, die über ein immerhin 240 km langes Streckennetz verfügt hatte. Eine 1D-Originallokomotive der LS&I zieht heute Züge der M&HM 12 km weit von Marquette aus durch die einsamen Wälder. Nicht weniger als acht dieser Lokomotiven sind heute noch – allerdings zum Teil nicht restauriert – im Besitz der M&HM, eine neunte wurde an die Hocking Valley Scenic Railway in Ohio verkauft. Den Schrotthändlern im nördlichen Michigan entgingen seinerzeit also bestimmt ein paar gute Geschäfte. Eine besondere Attraktion der M&HM ist das «Frühstück nach Holzfällerart», das auf der Vormittagsfahrt im Speisewagen serviert wird; dabei handelt es sich um eine Art von Mahl, welches Jungen eindeutig von den Männern unterscheidet: Dieser Wagen verfügt demnach wahrscheinlich über wuchtige Tische und starke Federn.

Wenn wir unsere Rundreise um Chicago im Uhrzeigersinn fortsetzen, kommen wir zum Henry Ford Museum in Dearborn, Michigan, in einem Vorort von Detroit. Obwohl Detroit so etwas wie ein Heiligtum für die Welt der Verbrennungsmotoren ist, und obwohl Henry Ford selbst viel zum Untergang der Dampflokomotiven beigetragen hatte, hatte er doch eine kleine Leidenschaft für sie, ja für Eisenbahnen im allgemeinen (war er doch eine Zeitlang selbst Besitzer einer Linie), und so ist es nur richtig, daß das von ihm gegründete Museum selbst eine 4 km lange Eisenbahnlinie besitzt. Während sechs Monaten im Jahr verkehren täglich im Halbstundenrhythmus Dampfzüge, und da man wohl mit gutem Recht annehmen darf, daß vorzüglich eingerichtete Werkstätten zur Verfügung stehen, genügen zwei Lokomotiven für den ganzen Betrieb. Beides seien, so wird behauptet, 100 Jahre alte Veteranen, eine 2B und eine C2-Tenderlok. Fachleute haben zugegebenermaßen einige Zweifel daran geäußert, ob die 2B wirklich noch als eine Mason 1876 bezeichnet werden dürfe, wurde sie doch verschiedentlich und technisch äußerst raffiniert erneuert. Dieser Einwand gälte jedoch für jeden hundertjährigen Dampfveteranen. Und doch ist jede einzelne noch immer im Betrieb stehende Hundertjährige von beträchtlichem historischem Interesse.

130 km weiter südlich, in Grand Rapids, Ohio, stoßen wir auf die Toledo, Lake Erie & Western Railroad, eine Touristenbahn, die anscheinend ebenfalls dem uralten Eisenbahnbrauch gehuldigt hat, sich nach weit entfernten Regionen und Orten zu benennen, in deren Richtung ihr Schienenstrang ungefähr verläuft. Die New York, Chicago & St. Louis Railroad (die wirklich nach Chicago und St. Louis führte) – auch Nickel Plate Road genannt – war ein ehrwürdiges und finanzkräftiges Unternehmen. Auf ihrer eingleisigen Hauptlinie entlang dem Südufer des Erie-Sees konnte man in den fünfziger Jahren oft das Schauspiel erleben, wie schöne, moderne 1D2-Dampflokomotiven mit schweren Güterzügen stolz mit über 90 km/h schwerfällige Dieselloks auf der vierspurigen, mit einer Geschwindigkeitsbeschränkung versehenen Hauptlinie der New York Central RR überholten. Nun gehört die Nickel Plate zur Norfolk & Western, und die Toledo-Nebenlinie wird nicht mehr gebraucht. So darf nun die TLE&W an Wochenenden einen 17 km langen Abschnitt zwischen Grand Rapids und Waterville befahren. Im Einsatz stehen eine C-Lok und eine C-Tenderlok, beides Rangierloks, die sich für eine so lange Fahrt eigentlich nicht gut eignen. Die zweite Dampfeisenbahn in Ohio ist die bereits erwähnte Hocking Valley Scenic Railroad in Nelsonville, im südlichen Teil des Staates. Diese Bahn fährt ebenfalls an Wochenenden und benützt eine 9,5 km lange Strecke einer

Marquette & Huron Mountain: Die 1D-Lok, Nr. 23, der ehemaligen Lake Superior & Ishpeming RR in der Station Presque Isle.

ehemaligen Nebenlinie der Chesapeake & Ohio RR. Im Staate Indiana gibt es mindestens zwei Touristenbahnen. Beide liegen südöstlich von Indianapolis und befahren an Sommerwochenenden Strecken der ehemaligen New York Central RR. Das Indiana Railway Museum – eigentlich eher ein Bahnbetrieb als ein Museum im Sinne des Wortes – schickt Züge mit einer ehemals zu industriellen Zwecken gebauten B-Lok mit Satteltender an der Spitze über eine gut 7 km lange Strecke von Greensburg nach Sandusky. Die Whitewater Valley RR ist ein größeres Unternehmen, das eigentlich in erster Linie im Güterverkehr tätig ist. Die touristische Hauptattraktion besteht in einer 40-km-Rundfahrt mit einer Diesellok. Aber auch diese Bahn besitzt eine Rarität: eine Heisler. Als eine der kleineren Varianten von Holzfällerlokomotiven ist sie in diesem verhältnismäßig leichten Gelände etwas fehl am Platz. Gleich wie bei der Shay werden auch bei der Heisler alle Räder der beiden Fahrgestelle mittels einer Längswelle durch ein Gelenkgetriebe angetrieben. Im Gegensatz zur Shay verläuft die Antriebswelle aber auf der ganzen Länge zentral unter dem Dampfkessel, und die Zylinder sind mit einer Einwärtsneigung von 45 Grad auf beiden Seiten angeordnet. Die Heisler-Lok ist heute viel seltener als die Shay, und in Connersville dampft sie über eine 4 km lange Rundstrecke. Diese Attraktion ist zweifellos einen Abstecher wert.

Im Staate Illinois sind zwei Normalspurbahnen zu erwähnen. Die Crab Orchard & Egyptian Railroad in Marion, unweit des Ohio Rivers im Süden des Staates, führt ihre Fahrgäste auf einem 12 km langen Abschnitt der ehemaligen Illinois Central RR zu einem Tierschutzgebiet. Ihre Lokomotive ist ungewöhnlich jung: Porter baute sie erst 1946; die 1B1 sieht äußerlich ziemlich alt aus, doch wurde sie speziell für derart leichte Einsätze geplant und ist daher für amerikanische Verhältnisse ein eher seltenes Exemplar. Im Sommer werden täglich Fahrten durchgeführt. Ein viel kleineres Wochenendunternehmen ist die Monticello & Sangamon Valley Railroad. Sie besitzt zwei einst zu Industriezwecken gebaute Lokomotiven, eine B- und eine C-Type. Man verlegte das 2,5 km lange Geleise auf den Bahnkörper eines Teilstücks der Illinois Terminal Railroad, eine der letzten und besten elektrischen Städteverbindungen, über welche das USA-Eisenbahnnetz einst in so großer Zahl verfügt hatte.

Schmalspurbahnen gibt es in dieser Region nur wenige, und sie wurden ausnahmslos zu bestimmten Zwecken erbaut. Am ungewöhnlichsten ist vielleicht die Midwest Central Railroad in Mount Pleasant, Iowa. Wo sie fährt, findet nur einmal im Jahr ein großes Ereignis statt: die Midwest Old Settlers and Threshers Reunion (Versammlung der alten Siedler und Drescher aus dem Mittleren Westen). Sie wird an einem dreitägigen Wochenende Ende August abgehalten und ist wirklich eine riesengroße Veranstaltung. Während dieser drei Tage ist die Bahn pausenlos in Betrieb, an den übrigen 362 Tagen des Jahres dafür gar nie. Die Midwest Central gehört aber trotzdem zu den gepflegtesten und am besten unterhaltenen Eisenbahnen des Landes. Die Strecke weist eine Spurweite von 914 mm auf und ist 2,5 km lang. Der Lokomotivpark besteht aus zwei Baldwins, 1C, und einer kleinen Shay. Daneben ist zur gleichen Zeit und im gleichen Stil eine elektrische Normalspurstrecke mit einigen restaurierten Überland- und Straßenbahnwagen in Betrieb. Auch sind verschiedene Museumsstücke aus dem Bereich Eisenbahn ausgestellt. Die ganze Anlage ist eigentlich nicht viel mehr als eine Randschau anläßlich des Reunion-Wochenendes.

Die Cedar Point & Lake Erie Railroad ist eine kurze 914-mm-Schmalspurbahn in einem riesigen Vergnü-

Cedar Point & Lake Erie: Die 1C-Lok *Albert* vor ihrem Unterstand.

Brookfield Zoo, Chicago: Die damals neue 1B1-Lok Columbia. Auf der linken Seite steht Norman Sandley, ihr Konstrukteur.

gungspark in der Nähe von Sandusky, Ohio. Sie verfügt über eine 1C und eine 1B2-Tenderlok, beide hübsch renoviert, sowie über vier B-Industrielokomotiven. Die Linie läuft und rentiert sehr gut und ist auch mit soviel Geschmack arrangiert, wie es in einem Vergnügungspark überhaupt möglich ist. Die dritte Schmalspurbahn wurde ebenfalls zu einem bestimmten, wenn auch zu einem andern Zweck errichtet: Man wollte die Atmosphäre des amerikanischen Eisenbahnlebens um die Jahrhundertwende wieder aufleben lassen. Die Firma Sandley Light Railway Equipment Company, welche Lokomotiven und Zubehör für Bahnen mit Spurweiten von 38,1 und 61 cm baut, hat ihren Sitz in Wisconsin Dells, ungefähr 320 km nordwestlich von Chicago. Sie übernahm einen Teil der Anlagen, die einst zur Linie Chicago – St. Paul-Minneapolis der Milwaukee Road gehört hatte, bei deren Verlegung vor rund 60 Jahren aber aufgegeben worden war. Darauf wurden eine 2,5 km lange Strecke, Spurweite 381 mm, ein Depot und Werkstätten aufgestellt. Die Absicht war, einerseits die Produkte der Firma auszustellen, anderseits etwas für die vielen Touristen zu tun, die scharenweise nach Wisconsin Dells kamen, in dieses so herrlich am Fluß- und Seeufer gelegene Touristenstädtchen.

Die daraus entstandene Riverside & Great Northern Railroad ist ein kleines Juwel. Die Züge werden von einer sehr hübschen Atlantic-Lokomotive gezogen. Leider liegt die Anlage doch etwas abseits von den eigentlichen Touristenpfaden, und so wird die Anzahl der Besucher dem Wert der Anlage doch nicht ganz gerecht. Eine ganze Reihe von Miniatureisenbahnen in Parkanlagen, Zoos usw. im ganzen Land stammen aus diesen Werkstätten. Obwohl sie eigentlich den Rahmen dieses Buches sprengen, seien doch zwei sehr gut laufende und einen Besuch wohl lohnende Miniaturdampfeisenbahnen im Mittleren Westen erwähnt: die 381-mm-Schmalspurbahn im Zoo von Milwaukee und die 4 km lange 61-cm-Schmalspurbahn im Brookfield Zoo in Chicago. Die dortige Sandley-Lokomotive ist außerordentlich schön und überdies ein Exemplar eines so seltenen Typs, daß der Name kaum bekannt ist: Es handelt sich um eine 1B1 oder Columbian.

Eine weitere Zooeisenbahn von bemerkenswerter Länge in dieser Region findet sich in Omaha. Für die 762-mm-Schmalspurbahn wurde im Jahre 1976 eine C1-Lokomotive aus dem fernen Rumänien angeschafft. Der Betrieb wurde 1969 aufgenommen – im Rahmen der Jahrhundertfeier zur Eröffnung der ersten Transkontinental-Eisenbahn –, und zwar mit einer neuen 2B der Crown Metal Products in Wyano, Pennsylvania. Übrigens verdient es diese Firma wohl, erwähnt zu werden: Sie ist spezialisiert auf den Bau dieser einfachen 2B-Lokomotiven in der Aufmachung der 1860er Jahre; sie bietet diese Loks mit vier verschiedenen Spurweiten (381, 610, 762 und 914 mm) zu verhältnismäßig bescheidenen Preisen an. Sie werden in vielen Vergnügungsparks und ähnlichen Anlagen eingesetzt; der Handelsname der Firma, Little Toot, verrät einiges über die Ausstrahlungskraft dieser Miniaturen. Mit einigen wenigen Ausnahmen sind sich die meisten Little Toot-Eisenbahnen doch sehr ähnlich, und so wird der Leser uns sicher verzeihen, wenn wir nicht alle aufzählen.

In den Südstaaten gibt es nicht mehr viele Dampfeisenbahnen, und was noch übriggeblieben ist, sind größtenteils kleine Parkbahnen. Erwähnenswert ist die Scott & Bearskin Lake RR in der Nähe von Little Rock, Arkansas; mit ihren drei kleinen 1C-Mogul-Lokomotiven befährt sie eine 3,2 km lange Strecke. Weiter im Süden stößt man schließlich noch auf einen

Tweetsie: 2C-Lok, Nr. 8, der East Tennessee & Western North Carolina in ihren alten Dienstzeiten. Ihre Schwesterlokomotive, die Nr. 12, fährt auf der Schmalspurlinie gleichen Namens in Blowing Rock, North Carolina.

5,5 km langen Abschnitt der alten Reader Railroad, die noch bis Ende der sechziger Jahre geschäftsmäßig betrieben wurde und ihre gemischten Güter- und Personenzüge bis zum Schluß niemals von Dieselloks ziehen ließ. Schweigend gedenken wir noch der Schmalspurbahn mit dem poetischen Namen East Tennessee and Western North Carolina, kurz «Tweetsie» genannt, deren Reste, darunter eine noch funktionstüchtige 2C, man in Blowing Rock, North Carolina, besichtigen kann. Die neue Tweetsie Railroad gehört zu jenen Eisenbahnlinien, die auf jeder Rundfahrt fingierte Indianerangriffe oder Überfälle organisiert. Die ganze Aufmachung ist aber nicht sehr geschmackvoll, auch wenn die Lokomotiven falsche Brennholzstapel mitführen.

5. Das Gebiet der Rocky Mountains

Im Staate Colorado findet man einige der schönsten Dampfeisenbahnen der Welt. Eine von ihnen steht wahrscheinlich mit Abstand an oberster Stelle, sowohl was ihre Schönheit, aber auch ihre Höhe betrifft, denn die gesamte Strecke von Durango nach Silverton liegt auf über 2100 m ü.M. Wer sich etwas in den Bemühungen um Rettung und Erhaltung von Dampfeisenbahnen auskennt, dem ist gewiß diese Binsenwahrheit bekannt: Über 15 km lange Linien sind finanziell kaum durchzubringen, über 25 km lange überhaupt nicht... nun, die Silverton-Linie ist sogar 72 km lang. Seit 1881 versah die Denver & Rio Grande Railroad (heute: Denver & Rio Grande Western RR) den Dienst auf dieser Linie. Die Geleise verlaufen teilweise durch Aushöhlungen in der Steilwand des Canyons des Rio de las Animas Perditas, teilweise auf dem Boden des Canyons, den das Wasser – das nicht vergebens den Namen «Verlorene Seelen» trägt – normalerweise nicht erreicht. Die Bahnlinie sollte ursprünglich die aufblühende Minenstadt Silverton mit der Außenwelt verbinden. Um 1910 war die Blütezeit vorbei, und Silverton, einstmals Endstation von drei weitern Eisenbahnlinien, wurde eine Geisterstadt. Mit knapper Not vermochte die Eisenbahnlinie zu überleben. 1947 schrieb Lucius Beebe in seinem berühmten Buch *Mixed Train Daily* einen Bericht über eine Fahrt, die er jüngst auf dieser Strecke erlebt hatte. Damals mußte der Zug nur zweimal pro Woche fahren, und ein kombinierter Personen- und Güterwagen bot mehr als genügend Raum und Bequemlichkeit für den äußerst selten auftauchenden Eisenbahnfanatiker, Touristen oder Einheimischen. Freundliche Schaffner teilten ihren Kaffee mit den Fahrgästen und erklärten ihnen auf der Fahrt alles Wissenswerte über die Linie. Und so erhielt die Idee, auf dieser Strecke Vergnügungsfahrten durchzuführen, immer wieder neue Nahrung. Die Zahl

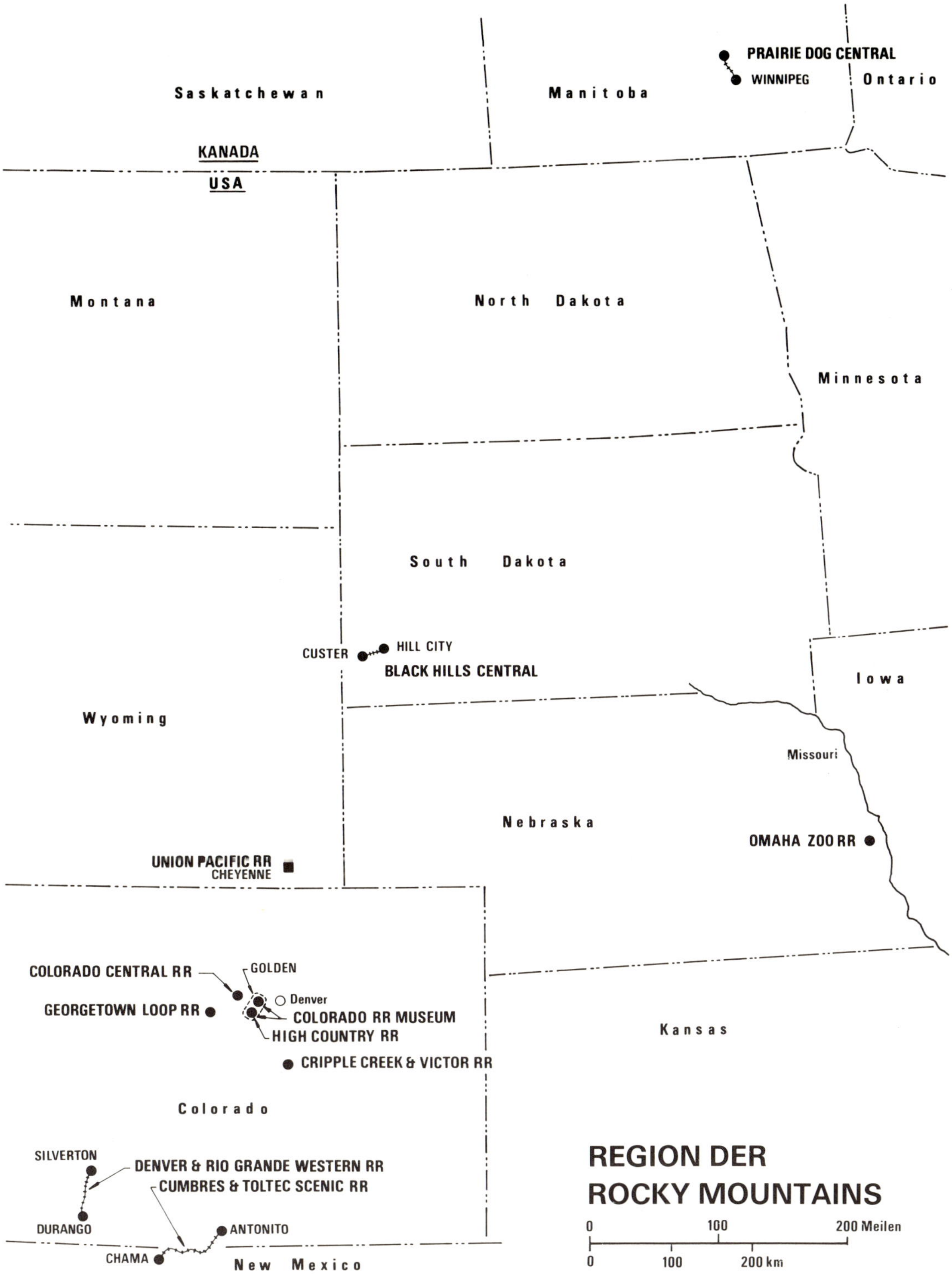

REGION DER ROCKY MOUNTAINS

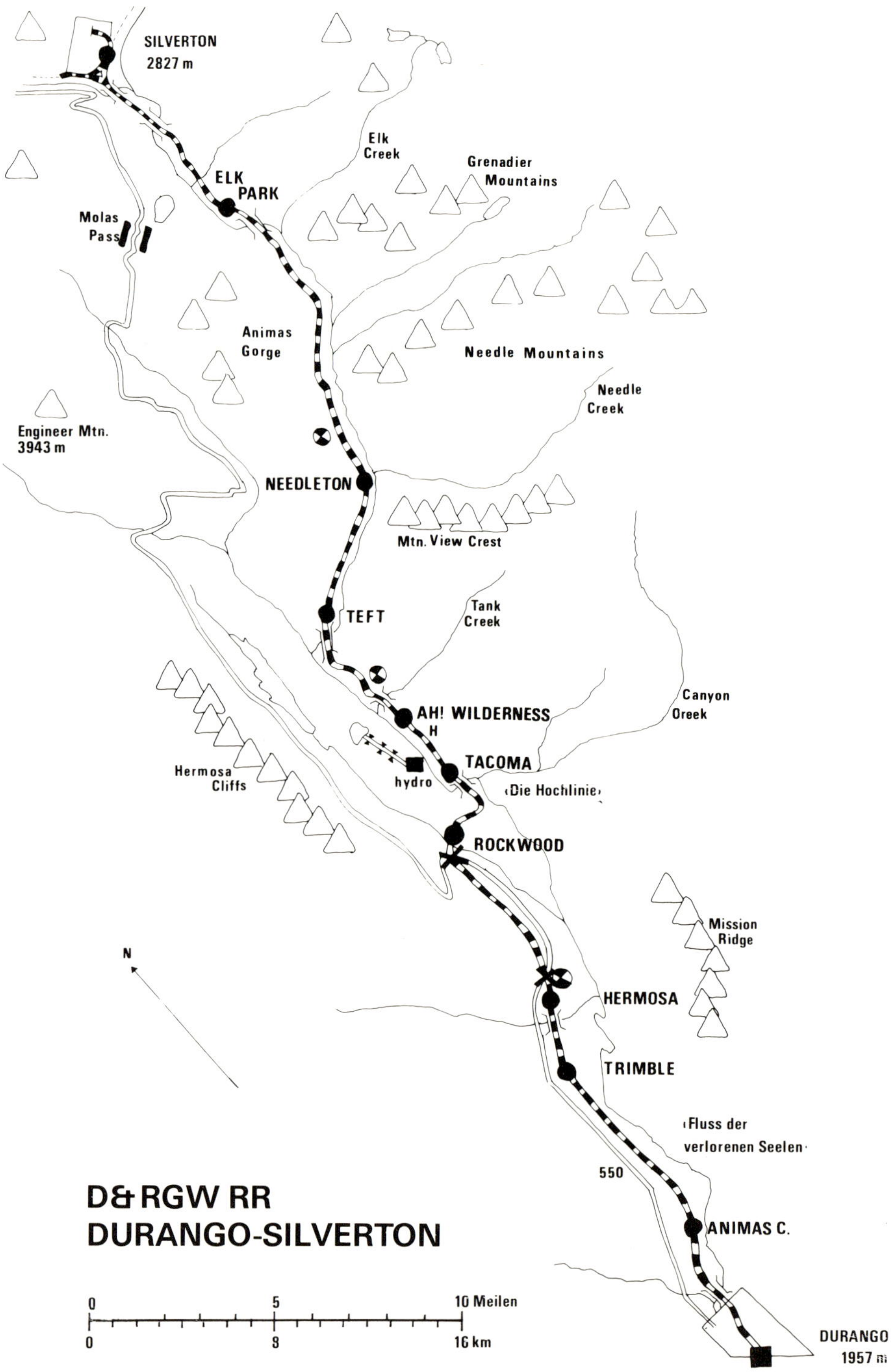

Oben rechts: USA: Die beiden ehemaligen 1B2-Tenderlokomotiven, Nrn. 7 und 8, der Bridgton & Harrison RR vor einem Sonderzug der Edaville Railroad.

USA: Die ehemalige 1D-Lokomotive, Nr. 60, der Great Western Railway mit einem Zug der Black River & Western Railroad in Ringoes.

7
EDAVILLE
7

60
60
60

476

Vorhergehende Doppelseite: USA: Die 1D1-Lokomotive der Serie K-28 vor dem «Silverton Train» der Denver & Rio Grande Western Railroad.

USA: Eine Shay-Holztransport-Lok mit rautenförmigem Kamin auf der Cass Scenic Railroad, West Virginia.

Oben: D&RGW Silverton-Linie: Sehr große Anfälligkeit.

der Besucher stieg ständig, der Frachtanteil nahm stetig ab, und schließlich war es soweit, daß während der Saison jeden Tag zwei lange Züge für die Passagiere bereitgestellt werden mußten und nur noch ab und zu ein Güterwagen mit Futtermitteln für eine abgelegene Farm im Canyon mitgeführt wurde.

Ein Teil des Original-Rollmaterials aus den Jahren um 1880 wird heute noch in diesen Zügen mitgeführt und trägt natürlich zu einem besondern Fahrvergnügen bei, erinnert aber auch an die große Zeit der amerikanischen Geschichte mit der Herausforderung: «Geh westwärts, junger Mann!» Die Silverton-Bahn war damals voll besetzt von jungen Männern, die nach Westen zogen, ihr Glück zu suchen, und – so wird erzählt – von lebenslustigen Damen, die es ihnen wieder abnehmen wollten. Heute erlebt die Bahn eine neue Blütezeit, bietet sie doch den Reisenden (ungefähr 100 000 pro Jahr) eine der schönsten nostalgischen Dampffahrten der Welt.

Nicht von Anfang an dabei waren die 1923 von Alco gebauten 1D1-Mikado-Lokomotiven, die sicherlich nicht aufgrund ihrer Höchstgeschwindigkeit von 55

Silverton Train: D&RGW-Lok, Nr. 478, auf Spezialeinsatz zwischen Hermosa und Durango.

km/h, sondern dank ihres schnittigen, rassigen Aussehens den Namen «Sports Model» erhielten. Zehn dieser Zugmaschinen wurden auf den Zügen nach San Juan, Shavano und Santa Fe eingesetzt. Sie wiesen eine technische Besonderheit auf: Die Wasserzuleitung kam aus dem hintern Ende der Tender, so daß das Maximalgewicht über die langen 4 %-Steigungen gezogen werden konnte, weil der Wasserstand hinten immer noch 30 cm betrug, wenn er vorne schon auf Null stand. Drei der zehn Lokomotiven sind immer noch bei der Silverton-Bahn in Betrieb; die übrigen wurden im Krieg nach Alaska gebracht und kamen von dort nie zurück. Da das Zugpersonal durstig wird, werden poröse Wasserbeutel auf der Seite des Führerstandes aufgehängt, und scharfe Beobachter stellen dann fest, daß alle drei – es handelt sich um die Lok-Nummern 473, 476 und 478 – über den gleichen Wasserbeutel Nummer 4-7 verfügen. Leider muß noch erwähnt werden, daß die Loks seit 1960 mit einem unpassenden rautenförmigen Schornstein ausgerüstet worden sind.

Als Ergänzung zu den Originalwagen baute die D&RGW 1963 einige hervorragend gelungene Kopien aus Stahl mit Aussichtsdachaufsätzen. Seit damals wurden nur noch Normalspurwagen zu vollkommen mit herrlicher Colorado-Luft klimatisierten Aussichtswagen umgebaut. Ein Teil der einstmals sehr großen Schmalspur-Güterwagenflotte kommt auch heute noch in Güterzügen zum Einsatz. Sämtliche Personen- und ein paar Güterwagen tragen die eleganten Farben der Linie, Schwarz und «Rio-Grande-Gold» – ein leuchtendes Gelborange –, sowie die Embleme der D&RGW in alten amerikanischen Lettern.

Die Besitzer der D&RGW – das darf wohl gesagt werden – haben an und für sich keine Lust, diese Bahn zu betreiben, denn ihre Interessen konzentrieren sich weniger auf eine kleine Touristenbahn als vielmehr auf den Transkontinental-Transport. Nachdem sie aber unter starkem lokalpolitischem Druck zum Weitermachen gezwungen worden waren, versuchten sie doch mit beträchtlichem Drum und Dran das Beste aus der Angelegenheit zu machen. Ein Problem der Linie ist die Anfälligkeit des Geleises durch manchmal unberechenbares Toben des Flusses. So wurde beispielsweise 1970 der während fünf Jahren schwer erarbeitete Gewinn der Bahn innerhalb von wenigen Minuten vom Fluß mitgerissen. Da nun aber die D&RGW in vielen Reiseprospekten und Broschüren beinahe im gleichen Atemzug wie die Niagarafälle oder der Grand Canyon selbst erwähnt wird, dürfte es schwierig sein, die Bahn so einfach sang- und klanglos aufzugeben. So sind denn die Züge in der Hochsaison jeweils schon wochenlang im voraus vollständig ausgebucht. Wer also eine Fahrt mit dieser Bahn plant, tut gut daran, dem D&RGW RR Agent, Rio Grande Depot, Durango, Colorado 81301, zu schreiben und die Plätze zu reservieren. Der Fahrplan sieht von der letzten Maiwoche bis Ende September tägliche Fahrten vor.

Die Bahnlinie von Durango nach Silverton ist doch sehr abgelegen, und der Fahrpreis von 10 Dollar ist keineswegs billig. Warum – so mag sich der Leser fragen – sind die Züge denn oft vollständig ausgebucht? Nun, erstens eignet sich Durango vorzüglich als Übernachtungsort auf einer der schönsten Transkontinentalfahrten mit dem Auto durch Amerika, und so lassen

sich die Reisenden nach oft Tausenden von Meilen auf der Betonstraße gerne zu einer Fahrt auf dem Schienenweg verführen. Zweitens lohnt sich dieser Tagesausflug wirklich nicht nur für Eisenbahnliebhaber, sondern für jedermann. Nach einem interessanten Einblick in die Hinterhöfe der kleinen Stadt Durango dampft der kleine Zug vorerst gemütlich durch grüne Wiesen nach Hermosa, um dann mit quietschenden Rädern die berühmte *High Line* (Hochlinie) in Angriff zu nehmen, die auf einem atemberaubend schmalen Felsband 120 m hoch über dem Fluß in den Canyon hineinführt. Aber auch der Canyon selbst bietet dem Reisenden ein Bild ständig sich verändernder Schönheit, währenddem die schnaufende Lokomotive mit durch Mark und Bein gehenden Pfiffen aus ihrer Fünfklangdampfpfeife ihren Weg kundtut.
Schließlich trägt aber auch das Städtchen Silverton das Seine zu diesem wunderbaren Tageserlebnis bei: So kann man zum Beispiel als Saloon-Girls verkleidete Frauen antreffen oder Zeuge einer Schießerei werden, bei der schon öfters einmal Darsteller in ihrem Bestreben um Echtheit der Schau wirklich verletzt worden sind. Nur allzu schnell erklingt wieder der schrille, aus den Bergen rundherum wiederhallende Ruf der Dampfpfeife – in großem Umkreis verlassen Adler aufgestört ihren Horst –, und es ist Zeit für die Rückfahrt nach Durango, für die Rückkehr in die Wirklichkeit.
In der guten alten Zeit, als der rauhe Westen eben erobert worden war, verband eine Schmalspurlinie durch die Berge die Silverton-Linie mit dem 720 km entfernten Denver. 1899 führte eine Normalspurbahn etwas mehr als die halbe Streckenlänge nach Alamosa, Colorado. 1951 wurde der berühmte San-Juan-Schmalspurexpreß nach Durango aufgehoben. Ein paar Jahre lang wurden noch zwei oder drei Fahrten pro Jahr für Eisenbahnfans über diese berühmte Strecke organisiert, 1966 gab die D&RGW RR aber bekannt, daß aus Sicherheitsgründen auch diese Fahrten eingestellt werden müßten. Nach einer langen Zeit, in der monatlich noch je ein Zug in beiden Richtungen verkehrt hatte, wurde 1968 die Schmalspurlinie endgültig geschlossen.
Verleitet durch den aufsehenerregenden Erfolg der Silverton-Bahn, aber in völliger Unkenntnis über die prekäre Finanzlage (wo gab es denn je einen Amateur-Eisenbahner, der nicht geglaubt hätte, er könne es viel besser als seine berufsmäßigen Kollegen?), kauften die Staaten von Colorado und New Mexico 108 km einer der landschaftlich schönsten Eisenbahnlinien der Welt von Antonito nach Chama, New Mexico. Damit erhoben sie Anspruch auf den etwas zweifelhaften Ruf, die längste Touristenbahn der Welt zu besitzen, die über fünfzig Prozent länger war als die ohnehin schon zu lange Silverton-Linie. Mit der Strecke wechselten auch sechs 1D1-Lokomotiven, 125 Wagen, hauptsächlich Güterwagen, aber auch zwei dampfbetriebene Schneepflüge, den Besitzer.
Ein Konzessionär nahm den Betrieb im Jahre 1972 auf. An meistens vier Wochentagen verkehrt je ein Zug in beiden Richtungen über die ganze Streckenlänge. Hin- und Rückfahrt, je sieben Stunden, würden für einen eintägigen Ausflug zu lange dauern, deshalb legen die Reisenden einen Weg per Eisenbahn zurück, um dann aber mit dem viel schnelleren Autobus an ihren Ausgangsort zurückzukehren.
Der Hauptsitz der Linie befindet sich in Chama, New Mexico. Als ehemaliger Eisenbahnknotenpunkt bot dieser Ort den neuen Eigentümern ein gewisses Minimum an Lager- und Reparaturmöglichkeiten. Der Zug besteht zur Hauptsache aus umgebauten Frachtwaggons, die zwar etwas spartanisch eingerichtet sind, aber doch genügend Platz bieten. An der Spitze des Zuges fährt eine der berühmten K-36-(1D1-)Lokomotiven, auf deren Tender nun nicht mehr die einfache Bezeichnung «Rio Grande», sondern die Aufschrift «Cumbres and Toltee Scenic Railroad» prangt.
Unmittelbar außerhalb der Station von Chama beginnt die ebenso berühmte 4%-Steigung zum Cumbres Paß hinauf, und hier benötigt die K-36 wirklich jedes Gramm ihrer Zugkraft von 16,7 Tonnen, um den Zug über die fürchterliche Steigung hinaufzuschleppen. Das Zischen der weit offenen Drosselklappe und des Sperrventils vermischt sich mit dem Gellen der Dampfpfeife zu einer ohrenbetäubenden Geräuschorgie, die etwas mehr als eine Stunde lang andauert. Die Paßhöhe liegt auf knapp über 3000 m ü. M., und die Ankunft dort oben bedeutet denn auch das Ende der Mühsal für die Lokomotive: der Rest der Reise führt nunmehr leicht abwärts.
Im nun folgenden weiten Tal ließen Reisende in den alten Rio-Grande-Zeiten während der Fahrt von den offenen Panoramawaggons aus Drachen aufsteigen. Etwas später hält der Zug in Osier, einer kleinen Ortschaft, in deren Nähe dem Autor dieses Buches ein unvergeßliches Erlebnis widerfuhr: Als der Fahrtwind ihm seinen Hut vom Kopf riß, ließ der Schaffner den Zug anhalten, damit er zu Fuß zurückgehen und die verlorengeglaubte Kopfbedeckung wieder an sich nehmen konnte. Heute haben die Passagiere der C&TS RR in Osier die Möglichkeit, ein Mittagessen im Freien einzunehmen.
Hinter Osier wird die Gegend wieder wilder; die Geleise winden sich nun unter anderem auch durch zwei Tunnels dem Toltee-Canyon entlang. In Big Horn ist die Talfahrt noch keineswegs beendet, doch rollt der

Silverton Train: Die immer noch eingesetzten Original-Waggons. Links die neuen, nachgebauten Stahlwagen.

480
480
Rio Grande

Zug nun wieder durch eine völlig andere Landschaft. Die tiefliegenden Zylinder der K-36 köpfen nun Salbeipflanzen, die in dieser hügeligen Sandwüste dicht am Geleisestrang wachsen. Schließlich erreicht der Zug die Endstation Antonito, von wo aus er nach wohlverdienter Nachtruhe am nächsten Tag die Rückfahrt antritt.
Die Fahrt – egal in welcher Richtung – ist wirklich einzigartig, und wer auch immer daran zweifelt, daß die Linie auf lange Sicht den finanziellen Belastungen gewachsen sein wird – der Unterhalt einer 108 km langen Eisenbahnlinie ist immerhin sehr kostspielig –, hofft doch, daß seine Befürchtungen sich niemals bewahrheiten werden. Der Betrieb steht von Anfang Oktober bis Juni still. Die einzige Ausnahme bildet ein wahrhaft verrücktes Wochenende im Februar; dann wird die noch funktionstüchtige, dampfbetriebene Schneeschleuder angeheizt, und dem Reisenden, der diese Fahrt mitmachen kann, bietet sich ein wohl auf der ganzen Welt einmaliges Schauspiel.
Neben dieser großen Bahnlinie mit all ihren Verzweigungen besaß Colorado eine große Zahl kleinerer Linien, die alle während der großen Blütezeit des Eisenbahnbaus in den letzten Jahrzehnten des 19. Jahr-

Colorado Railroad Museum: Die D&RGW-1D-Lokomotive der Serie C-19, *Cumbres,* unter Dampf.

Links: Denver & Rio Grande Western: Mit zwei 1D1-Lokomotiven der Serien K-36 und K-28 geht es über den Lobato-Viadukt bei Chama, New Mexico, 1958. Diese Strecke gehört heute der Cumbres & Toltec Scenic RR.

Oben: Colorado Central Railroad: Die von den International Railways of Central America (Guatemala) gekaufte 1D-Lok, Nr. 40, im Central-City-Depot.

Paradise & Pacific Railroad: Die 1D-Lokomotive, Nr. 11.

hunderts erbaut worden waren. Zur Zeit der großen Rettungsaktionen zur Erhaltung der Dampfeisenbahnen gegen Mitte des 20. Jahrhunderts wurde denn auch dieser Staat mit seinen vielen kleinen Eisenbahngesellschaften wieder entdeckt. In erster Linie muß in diesem Zusammenhang das große Colorado Railroad Museum in Golden, 20 km westlich von Denver, erwähnt werden. Das Hauptgebäude wurde im Stil eines Eisenbahndepots aus den 1880er Jahren erbaut. Das Prunkstück unter den vielen kleinen und großen Sehenswürdigkeiten, dem das Museum auch seine Nennung in diesem Buch verdankt, ist zweifellos die 1D-(C-19-)Lokomotive *Cumbres* der Denver & Rio Grande RR aus dem Jahre 1881. Bei besonderen Gelegenheiten wird ihr Dampfkessel wieder angeheizt, und sie fährt ein paar hundert Meter weit auf einer speziell errichteten 914-mm-Spur. Die *Cumbres* war nur eine der Lokomotiven vom Typ 1D (Consolidation), die der Rio-Grande-Linie in jenem Jahr geliefert wurde. Derselbe Typ wurde in vielen hundert Exemplaren auch an andere Bergeisenbahnen verkauft, und das Modell ist beinahe ebenso klassisch wie die zeitgenössischen 2B-Normalspur-Lokomotiven. Ebenfalls in Golden lädt die High Country Railroad (Spurweite 61 cm) zu einer 2,5 km langen Dampffahrt ein. Dieser Zug wird aber nicht von einer Original-Lok gezogen, sondern von einer in Deutschland gebauten kleinen Industrie-Lokomotive. Übrigens ist die High Country Railroad die am tiefsten gelegene Eisenbahnlinie von ganz Colorado. Nur sie und das Museum liegen unter 2450 m ü. M.

Auf ein ehrgeiziges Projekt stößt man 65 km westlich von Denver. Es ist die Georgetown Loop RR in der kleinen Ortschaft Silver Plume. Dieses Unternehmen befaßt sich mit der Renovation einer schleifenförmigen, also wieder in die Hauptlinie einmündenden Bahnstrecke. Seltsamerweise ist die Georgetown-Schleife die einzige dieser Art im ganzen Bergland, das doch von so vielen Bahnlinien durchzogen ist. Der Bau wurde 1882 vollendet und unterstand damals der Colorado Central Railroad. Die Stillegung erfolgte 1939 durch den damaligen Inhaber, die Colorado & Southern RR, eine Tochtergesellschaft der Chicago, Burlington & Quincy RR. Viele Leute erinnern sich aber noch gerne an sie.

Die große Attraktion dieser Schleife war eine 27 m hohe und 152 m lange, auf Stahlgerüsten errichtete Brücke über das Tal, und dieses großartige Bauwerk soll nun angeblich renoviert werden. Wenn das Vorhaben durchgeführt wird, wird dieser Viadukt sicherlich die mit Abstand größte Konstruktion ihrer Art für eine Museumsbahn sein. Vorläufig – und wahrscheinlich auch noch für ein paar weitere Jahre – werden sich die Besucher mit einer gut 3 km langen Fahrt auf der bis anhin fertiggestellten Strecke vom alten Depot in Silver Plume aus begnügen müssen. Die Lokomotive – eine Baldwin 1D aus dem Jahre 1921, die aus Guatemala zurückgekauft wurde – ist zwar historisch nicht authentisch, doch paßt sie sehr gut ins allgemeine Bild der amerikanischen Schmalspurbahnen.

Eine ähnliche Lokomotive gleichen Ursprungs dampft etwas weiter östlich von Blackhawk nach Central City, einer andern historischen Minenstadt. Bei dieser Strecke handelt es sich um ein kurzes, erneuertes Teilstück einer andern Nebenlinie der ehemaligen Colorado Central RR. Kurz vor Central City mußte der Zug eine Z- oder Spitzkehre überwinden, und genau dieser Abschnitt ist heute noch in Betrieb. Dieses Unternehmen trägt noch den alten Namen: Colorado Central Railroad.

Ein fünftes, der Nachwelt erhaltenes Unternehmen befindet sich in der ganz besonders berühmten Goldsucherstadt Cripple Creek. Das alte Depot der Midland Terminal RR und eine gut 3 km lange, ansteigende Strecke wurden für den Betrieb einer 61-cm-Schmalspurbahn umgebaut. Mit zwei kleinen B-Lokomotiven ist die Bahn in gewisser Weise sicher nicht authentisch, in anderer Hinsicht eben doch, vor allem was einen eindrucksvollen Viadukt und die alte, stark ansteigende Strecke in den Bergen angeht.

Die vier kleinen Dampfeisenbahnen fahren im Sommer mehrmals täglich, und da sie nicht sehr weit auseinanderliegen, können sie alle an einem Tag besucht werden. Wer jedoch auf allen vier Bahnen fahren will, dürfte ein sehr dicht gedrängtes Tagesprogramm vor sich haben.

Ganz am Rande der Rocky Mountains, in Heber City – 80 km östlich des Großen Salzsees –, gibt es noch eine weitere Bahn die den kuriosen Namen Heber Creeper Railroad hat. Während der Saison führt sie täglich Fahrten zu den knapp 30 km entfernten sogenannten Bridal Veil Falls (Brautschleier-Fälle) durch. Zwei Baldwin-Loks, eine 1D und eine 1D1, werden den Zügen vorgespannt. Weiter westlich dehnt sich eine große «Dampfwüste» aus: Mit Ausnahme von ein oder zwei «Little Toot»-Fahrten in Vergnügungsparks gibt es in den vier Staaten Montana, Idaho, Nevada und Arizona nur eine einzige kleine Dampfoase.

Die Paradise & Pacific Railroad in Scottsdale, Arizona – in einem Vorort von Phoenix –, macht ihre Einsamkeit durch ihren schönen Namen wett, der sich wie kaum ein anderer für eine kleine, nur Vergnügungsfahrten dienende Dampfeisenbahn eignet. Schließlich sollte der Passagier nach einer solchen Fahrt wirklich im Paradies schweben. Die P&P RR ist ein etwas kleiner als 1:2 nachgebautes Modell einer «idealen» Schmalspurbahn und verfügt über einen 2,5 km langen Schienenstrang. Als Zugmaschinen stehen zwei hübsche, im Stile der zwanziger Jahre maßgearbeitete Lokomotiven, eine 1D1 und eine 1D, zur Verfügung. Der ehemalige Besitzer der Bahn, Guy Stillman, schenkte diese teure Anlage in großzügiger Weise der Stadt Scottsdale als Attraktion für den neuen, großartigen Park.

6. Kalifornien und Pazifik-Küste

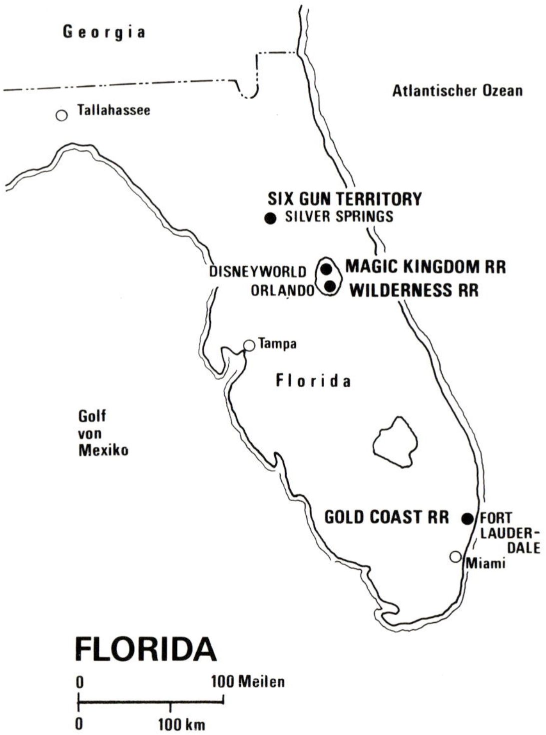

Von all den Touristenbahnen in Kalifornien ist die zweifellos berühmteste auch gleichzeitig die kürzeste. Walt Disney, Schöpfer der so beliebten Mickey Mouse, liebte Eisenbahnen über alles und besaß sogar an seinem Wohnsitz in Hollywood eine eigene 18,5-cm-Schmalspurlinie, die Carolwood & Pacific RR. Es ist demzufolge keine Überraschung, daß sein Vergnügungspark rund um eine Dampfeisenbahn geplant wurde, ebenso wie die Eisenbahn – die Santa Fe & Disneyland RR – rund um den Park errichtet wurde, der an Anaheim liegt, rund 30 km südlich der City von Los Angeles. Nach der gleichen Formel wurden vor kurzer Zeit auch zwei Dampfeisenbahnen in Disneyworld, Florida, erbaut.

Die SF&D RR ist an und für sich ein beinahe maßstabgetreues Modell im Verhältnis von 3:5. Auch die ersten zwei Lokomotiven, die *Cyrus K. Holiday* und die *E. L. Ripley* – Kopien früherer Loks der Central Pacific RR, die in Disneys eigenen Werkstätten gebaut wurden –, waren Modelle gleichen Maßstabs der

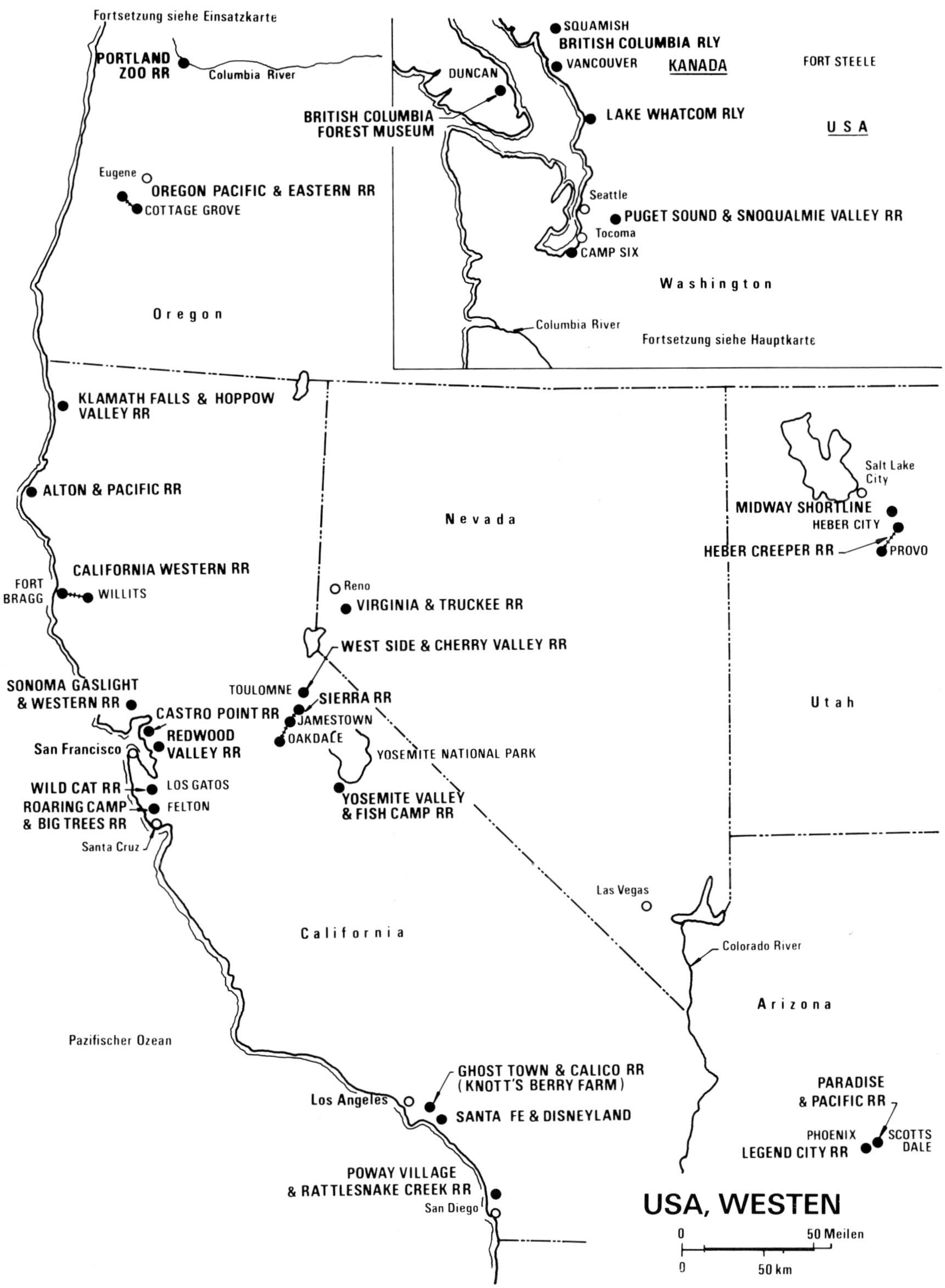

Fortsetzung siehe Einsatzkarte
PORTLAND ZOO RR
Columbia River
Eugene
OREGON PACIFIC & EASTERN RR
COTTAGE GROVE
Oregon
SQUAMISH
BRITISH COLUMBIA RLY
VANCOUVER
KANADA
FORT STEELE
DUNCAN
BRITISH COLUMBIA FOREST MUSEUM
LAKE WHATCOM RLY
USA
Seattle
PUGET SOUND & SNOQUALMIE VALLEY RR
Tocoma
CAMP SIX
Washington
Columbia River
Fortsetzung siehe Hauptkarte
KLAMATH FALLS & HOPPOW VALLEY RR
ALTON & PACIFIC RR
Nevada
Salt Lake City
MIDWAY SHORTLINE
HEBER CITY
HEBER CREEPER RR
PROVO
CALIFORNIA WESTERN RR
FORT BRAGG
WILLITS
Reno
VIRGINIA & TRUCKEE RR
WEST SIDE & CHERRY VALLEY RR
SONOMA GASLIGHT & WESTERN RR
TOULOMNE
SIERRA RR
Utah
CASTRO POINT RR
JAMESTOWN
REDWOOD VALLEY RR
OAKDALE
San Francisco
YOSEMITE NATIONAL PARK
WILD CAT RR
LOS GATOS
ROARING CAMP & BIG TREES RR
FELTON
YOSEMITE VALLEY & FISH CAMP RR
Santa Cruz
Las Vegas
California
Colorado River
Arizona
Pazifischer Ozean
GHOST TOWN & CALICO RR (KNOTT'S BERRY FARM)
Los Angeles
SANTA FE & DISNEYLAND
PARADISE & PACIFIC RR
PHOENIX
SCOTTS DALE
LEGEND CITY RR
POWAY VILLAGE & RATTLESNAKE CREEK RR
San Diego
USA, WESTEN
0
50 Meilen
0
50 km

Oben links: Santa Fé & Disneyland: Die 1B2-Tenderlok Fred Gurley überquert die Brücke über die Hauptstraße.

Oben rechts: Ghost Town & Calico RR, Knott's Berry Farm: Die 1D-Lok der Reihe C-19, Nr. 409, Green River, die vorher der Denver & Rio Grande Western gehört hatte.

Unten links: Roaring Camp & Big Trees: Die Shay, Nr. 1, steht abfahrtbereit in Felton.

Unten rechts: Roaring Camp & Big Trees: Die Heisler, Nr. 2, auf dem Paß des Bear Mountain (Bärenberg).

echten 2B-Loks. Später stellte es sich als wirtschaftlichere Lösung heraus, Fahrgestelle von Loks von Großplantagen usw. aufzukaufen und sie mit neuen Aufbauten zu versehen. Das Rollmaterial wurde eigens für diesen Zweck angefertigt und besteht aus imitierten altmodischen Personen- und für den Personentransport umfunktionierten Güterwagen. Die Linie führt über eine einzelne, durchgehende Schlaufe von etwa 2,5 km Länge. Die Züge – in Stoßzeiten werden gleichzeitig drei eingesetzt – fahren einfach hintereinander her; bei Hochbetrieb ergeben sich so jeweils knapp fünfminütige Pausen an den drei Stationen: Dies bedeutet sicherlich einen Frequenz-Rekord für Dampfeisenbahnen, die reine Vergnügungsfahrten durchführen.

Selbst in kleinsten Details an Lokomotiven, Wagen, Stationsgebäuden oder Uniformen des Personals kann man kaum einen Makel finden, und daran scheitert dann vielleicht auch die Illusion. Denn Perfektion und beinahe klinische Reinlichkeit waren nie typische Eigenschaften von Eisenbahnen; bei der SF&D RR bemüht man sich aber vergeblich, einen Lackkratzer auf einem Wagen oder einen Ölfleck auf der Arbeitsmontur eines Lokführers zu entdecken. Aber trotzdem ist es ein Riesenunternehmen, und man darf – obwohl die neuesten Zahlen nicht verfügbar sind – wohl annehmen, daß Walt Disneys Eisenbahn mehr Leuten Vergnügen bereitet als irgendeine andere in diesem Buch erwähnte Dampflinie, denn Disneyland ist 365 Tage im Jahr geöffnet – es ist die grösste «Menschenfalle» der Welt, natürlich von einer Maus erbaut.
Ein paar Kilometer nördlich von Disneyland, in Buena Park, gibt es eine andere, sehr hübsche Dampfeisenbahn: die Ghost Town & Calico Railroad. Sie gehört zu Knott's Berry Farm, die einst mit dem Anbau von Brombeeren begonnen, sich dann aber in einer ganz andern Richtung zu einer Art privatem Disneyland entwickelt hatte. Auf der GT&C RR sieht man aber keine mit Propangas brennenden Siedlerhütten, und die Züge sind glücklicherweise echte Überbleibsel des Wilden Westens, nämlich der Denver & Rio Grande Railroad, und die Lokomotiven *Red Cliff* und *Green River* sind sogar Schwestern der *Cumbres,* die im Colorado Railroad Museum steht. Sie sind nun in den richtigen Farben bemalt, und – ah ja! – Banditen oder Indianer überfallen den Zug mit monotoner Regelmäßigkeit, aber dank der GT&C RR sind immerhin zwei weitere – also insgesamt drei – der einst 250 so berühmten kleinen 1D-Lokomotiven noch in Betrieb. Die einzige betriebliche Fälschung besteht dabei in der Umstellung von Kohle- auf Ölfeuerung, doch andererseits fuhr der größte Teil der Dampflokomotiven in Kalifornien seit 60 oder mehr Jahren bereits mit Öl. Vor kurzem wurde noch eine ziemlich alte 1D gleicher Herkunft mit der Typenbezeichnung «Mudhen» in Dienst genommen.
Rund um San Francisco findet man nicht so viele Attraktionen dieser Art wie in der Region um Los Angeles. Erwähnenswert ist aber immerhin die eine 2,5 km lange Rundstrecke befahrende Redwood Valley Railroad im Tilden Regional Park in den Hügeln oberhalb Berkeley. Es handelt sich um ein etwas kleiner als im Maßstab von 1:2 nachgebautes Modell einer Schmalspurbahn, die von einer 1B1-Lokomotive mit rautenförmigem Schornstein gezogen wird. Die Passagiere sitzen in hervorragend umgerüsteten, beinahe völlig echt aussehenden Güterwagen. In der gleichen, äußerst reizvollen Landschaft befindet sich auch das 1,6 km lange Geleise der Golden Gate Live Steamers; sie soll dem Leser als Beispiel für gut 250 ähnliche Kleinbahnen in allen, hauptsächlich aber den englischsprachigen Teilen der Welt vorgestellt werden. Hunderte von kleinen Lokomotiven ziehen ihre Passagiere fauchend und dampfend über kurze Strecken und schenken dabei ihren Erbauern, Besitzern und Bewunderern viel Vergnügen.
Einige der größten und ältesten Bäume der Welt stehen in den Wäldern Kaliforniens, und früher hat es sie noch viel zahlreicher gegeben als heute. Was übriggeblieben ist, steht nun – ähnlich wie viele Dampfeisenbahnen – weitgehend unter Naturschutz. Durch einige der übriggebliebenen Wälder mit Redwood- oder andern Bäumen schlängelt sich hie und da eine der erhaltenen Holzfällerbahnen, welche es in den Waldregionen Kaliforniens einst in rauhen Mengen gegeben hat. Typisch für diese Linien waren damals nur grob verlegte und ungepflegte Schienenstränge mit Kurvenradien von oft nur 15 m und Steigungen von bis zu 83‰. Dies erforderte besondere Lokomotiven mit Allradantrieb und möglichst frei spielenden Achsen. Verschiedene Patent-Typen genügten diesen Anforderungen; am weitesten verbreitet war aber doch die Shay, die wir bereits im Zusammenhang mit der Cass RR in Virginia beschrieben haben. Alle vier der heute im Tourismus tätigen Holzfällerbahnen Kaliforniens haben mindestens eine Shay-Lokomotive in Betrieb.
Wie alle Lokomotiven mit Gelenkantrieb entwickelt eine Shay, die mit Volldampf – also mit rund 16 km/h! – dahinfährt, einen ebenso starken Lärm wie eine Overland-Limited-Lok, die mit 140 km/h durch die Prärie rast. Doch liegt eben darin etwas vom Reiz der vier kleinen Holzfällerbahnen; hinzu kommt natürlich noch – wenn auch im Bewußtsein absoluter Sicherheit – der Nervenkitzel, wenn der Zug um enge Haarnadelkurven biegt oder über hohe Brückengerüste donnert.
Die größte der vier Bahnen – mit einer Länge von knapp 10 km und einer Spurweite von 914 mm – ist die West Side & Cherry Valley Railway, eine Nachbarin der im zentral-östlichen Kalifornien gelegenen Sierra Railroad. Die Linie wurde erst kürzlich wieder eröffnet, und zwar unter einer neuen Direktion, die nicht nur die Bahn wieder betreiben, sondern auch bei der alten Sägemühle ein vollständiges Holzfäller-Museum aufbauen will. Die Linie besitzt zwei Shay-Lokomotiven.
An zweiter Stelle steht die verkehrstechnisch besser zugängliche Roaring Camp & Big Trees Railroad in Felton, 70 km südlich von San Francisco, unweit von Santa Cruz. Auf ihrem 4 km langen Weg zum Bear Mountain überquerte der Zug früher eine Kehrspirale

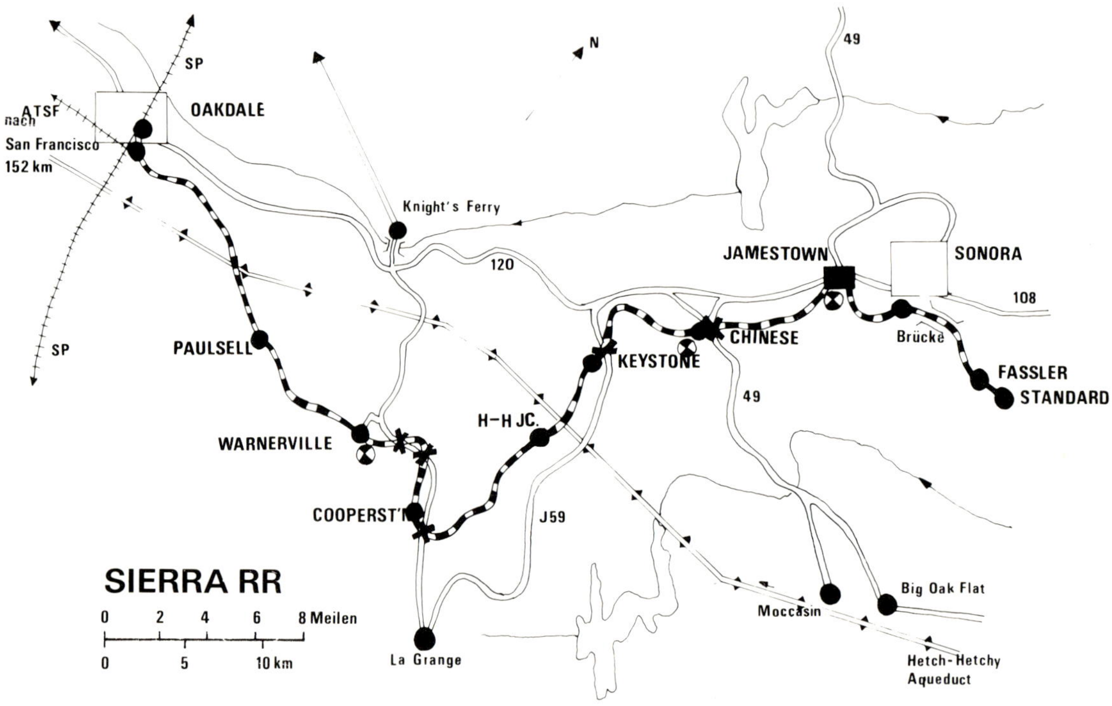

mit einer Holzbrücke. (Seit diese Brücke bei einem Brand vor einigen Jahren weitgehend zerstört wurde, muß der Höhenunterschied mit einer Spitzkehre überwunden werden. Anm. d. Übersetzers.) Zum Maschinenpark gehören eine Shay und eine Heisler.

Die Yosemite Mountain & Sugar Pine RR liegt in der Nähe des berühmten Nationalparks gleichen Namens hoch oben in der Sierra Nevada. Sie verfügt über eine Schmalspur-Shay-Lokomotive mit einem Schornstein mit Funkenfänger sowie über ein paar an die Steinzeit erinnernde Wagen mit längslaufenden Sitzbänken, die aus ganzen Baumstämmen bestehen, aus denen einfach ein Viertel-Segment ausgeschnitten worden ist.

Die Klamath & Hoppow Valley RR ganz im Norden Kaliforniens überwindet auf der gut 3 km langen Strecke Spitzkehren und Steigungen von bis zu 83‰. Als Zugmaschinen dienen eine Shay- und eine Heisler-Lokomotive.

Alle vier Linien sind von anfangs Juni bis Mitte September täglich in Betrieb, die Roaring Camp-Bahn außerdem auch in der übrigen Zeit an Wochenenden.

Nach so vielen Leckerbissen mag sich der Leser fragen, ob es denn in Kalifornien nicht auch ganz gewöhnliche Touristen-Bahnen gibt. Selbstverständlich gibt es sie, und ihr Prunkstück in bezug auf Länge *und* Berühmtheit liegt im zentral-östlichen Teil des Staates. Hier befand sich vor langer Zeit die sagenhafte Hauptader eines riesigen Goldvorkommens, welche in einem auch in Europa bekannten Lied besungen worden ist:

«In a cavern in a canyon, excavating for a mine,
Lived a miner, forty-niner, and his daughter Clementine.»

Zweifellos haben Clementine und ihr Vater gelebt und in einer Gegend gearbeitet, durch die heute die Sierra Railroad fährt. Ihr Hauptsitz befindet sich in Jamestown. Ihre dieselbetriebenen Güterzüge bringen der Gesellschaft an und für sich schon genügend Geld ein; weitere, recht ansehnliche Summen verdient sie sich aber mit den zusätzlich durchgeführten Dampffahrten an Wochenenden von April bis Oktober. Der normale «Cannonball»-Zug fährt 14,5 km weit nach Standard, der Samstagabend-Zug «Supper Chief» fährt aber in die entgegengesetzte Richtung bis zum Kilometer 66 nach Oakdale, der Endstation der Linie.

Viele Leser werden – ohne sich dessen allerdings bewußt zu sein – diese Linie kennen, denn wenn irgendwo in einem Western-Film eine Dampfeisenbahn zu sehen ist, kann man mit großer Wahrscheinlichkeit annehmen, daß es sich um die Sierra Railroad handelt, mit der Gary Cooper neuen Abenteuern entgegenfährt. Der Star ist dann üblicherweise eine uralte Rogers 2C aus dem Jahre 1897, und die Touristen müssen sich mit einer 1D aus dem Jahre 1922 und einer 1D1, Baujahr 1925, zufriedengeben. Mehr als 100 Filme sind in dieser Gegend gedreht worden, darunter *Petticoat Junction, Lassie, The Wild, Wild West, Cimarron Strip, Gun Smoke* und *Bonanza*. Während der Dreharbeiten aufgenommene Standfotos sind unter vielen andern Sehenswürdigkeiten dieser Eisenbahn und des großen Goldlandes im Museum in Jamestown ausgestellt.

Die California Western Railroad gleicht sehr stark der Sierra RR und wird von dieser im Kampf um die Spitzenposition in der Rangliste der Dampfeisenbahnen an der Pazifikküste auch nur um eine einzige Meile geschlagen. Die 64 km lange, sogenannte Redwood-Route führt vom Kreuzungspunkt mit der Southern Pacific RR in Willits über eine kurvenreiche Strecke nach Fort Bragg an die Küste. Die Fahrt ist landschaftlich äußerst reizvoll, und wenn an Sommerwochenenden sogar eine Dampflokomotive vorgespannt wird, bedeutet dies ein ganz besonderes Vergnügen. Keine der Lokomotiven gehörte von Anfang an zum Maschinenpark der CW RR, aber dessenungeachtet werden sie ihren Bewunderern in ausgezeichnet gepflegtem, fotogenem Zustand präsentiert. Es handelt sich um eine sehr typische Baldwin 1D1 aus dem Jahre 1924 und eine Baldwin 1D + D1-Mallet-Gelenk-Lokomotive aus dem Jahre 1937. Beide Loks verrichteten ihren Dienst vorher bei Holzfällerbahnen in jener Region.

Eine einfache Fahrt durch die Gegend, wo einst unendlich weite Redwood-Wälder standen, dauert 2 Stunden 40 Minuten, und der Fahrplan des sogenannten Super-Skunk-Expresses ist derart auf eintägige Ausflüge angelegt, daß man um 10 Uhr morgens in Fort Bragg abfährt und um 5 Uhr nachmittags wieder zurück ist. Der Super Skunk am Samstag fährt von Ende April bis Mitte Oktober, jener am Sonntag von Mitte Juni bis Mitte September. Zu andern Zeiten verkehren aber auch von Diesselloks gezogene Züge.

Auch die Oregon Pacific & Eastern Railway gehört zu den normalen Transportunternehmen, die sich mit Touristenausflügen hinter Dampflokomotiven etwas hinzuverdienen. Die Fahrt beginnt in Cottage Grove, 30 km südlich der Stadt Eugene, und führt 48 km weit durch das Row River Valley nach Disston und Calp Creek. Die Dampffahrten gehen über die ersten 27 km am Dorena-See vorbei und enden am Fuße der auf den seltsamen Namen Bohemia Mountains getauften

Sierra Railroad: Die 1D-Lokomotive, Nr. 28, fährt in Jamestown ein.

45

Berge. Die OP&E Railway bleibt auch der Tradition treu, daß Eisenbahnen, die in ihrem Namen das Wort *Pacific* enthalten, diesen oft nicht erreichen.
An Samstagen, Sonn- und Feiertagen von Mitte Mai bis Mitte Oktober bietet sie dem Reisenden Gelegenheit zu einem vergnüglichen Nachmittagsausflug. An der Spitze der Züge stehen eine Baldwin 1D1 und eine 1D der American Locomotive Company, die sich ausgezeichnet für solche Linien eignet, wie sie die OP&E Railway zu Dampfzeiten gewesen ist, die aber in Wirklichkeit von anderswo stammt. Es ist nicht eine Linie, die viel Besonderes bietet, aber abgesehen von der 3,2 km langen 914-mm-Schmalspurbahn mit dem Modell einer 2B im berühmten Zoo von Portland ist es die einzige touristische Dampfeisenbahn im Staate Oregon.
Bevor wir die Grenze nach Kanada überqueren, sei noch auf die mit 5,5 km zwar kurze, aber interessante Puget Sound & Snoqualmie Valley RR hingewiesen, die von der Puget Sound Railway Historical Association mit Sitz im nahen Seattle betrieben wird. Das besondere Interesse der PS&SV RR liegt in den von ihr eingesetzten Zugmaschinen.
Ab und zu ist in diesem Buch die Rede von verschiedenen Typen von Gelenklokomotiven, das heißt die mit zwei gesteuerten Triebgestellen arbeiten; diese

Virginia & Truckee Railroad: Dies ist eine der letzten Eisenbahnen, wo noch die traditionellen alten amerikanischen 2B-Lokomotiven eingesetzt werden. Dieses Bild stammt aus den dreißiger Jahren. 1976 wurde aber mit einer ähnlichen Lokomotive wieder ein kurzes Teilstück dieser Bahn in Betrieb genommen.

Links: California Western: Die 1D1-Lok, Nr. 45, mit dem «Super Skunk»-Expreß.

Puget Sound & Snoqualmie Valley: Die 1C + C1-Lokomotive, Nr. 6, in Snoqualmie.

technisch zwar komplizierte Lösung erlaubt es, mit ziemlich langen und starken Maschinen enge Kurven zu befahren. Aus technischen Gründen sind daher diese Gelenklokomotiven in der Welt der Touristeneisenbahnen eher selten, und so erregt eine Bahnlinie, die nicht nur über derartige Loks verfügt, sondern ausschließlich solche Maschinen einsetzt, natürlich besonderes Aufsehen. Bei beiden Exemplaren handelt es sich um von Baldwin erbaute Mallets aus den zwanziger Jahren; die 1C + C1 und die 1C + C1-Tenderlok waren vorher bei Holzfällerbahnen (die aber wesentlich definitiveren Charakter hatten als jene, auf denen Shay-Lokomotiven eingesetzt wurden) in Betrieb.

7. Kanada

Wenn man die schönsten Eisenbahnlinien in den Bergen findet, so führen die zweitschönsten sicherlich der Küste entlang. Aus irgendwelchen Gründen gibt es nur wenige Dampflinien in Sichtweite des Ozeans. Zu diesen Seltenheiten gehört die British Columbia Railway zwischen Vancouver und Squamish; da diese Strecke teilweise aber auch in den Bergen liegt, erlebt man auf einer Fahrt wirklich «Beautiful British Columbia», wie man es sich schöner kaum vorstellen kann. Für einen einzigen Tagesausflug – Hin- und Rückweg 130 km – ist die Strecke zwar ziemlich lang, doch kann sie die Kosten für ihren Unterhalt mit der Frachtabteilung der BCR teilen, welche für den Gütertransport in dieser stark in Entwicklung begriffenen Region sorgt.
Eingesetzt wird eine ganz besondere, sehr schöne und wohl erhaltenswerte Lokomotive, die beste von ganz Kanada, und obendrein in Kanada gebaut. Sie strahlt das aus, was man «mit königlichem Privileg» nennen könnte, und ist als Beweis mit den Kaiserkronen geschmückt. Im Gegensatz zu den meisten Dampflokomotiven Nordamerikas, aber in Übereinstimmung mit den meisten Loks der Canadian Pacific trägt sie kein schwarzes, sondern das authentisch renovierte karmesinrote Kleid der CPR. Die *Royal Hudson* 2C2, Typ H1b, ist eine herrliche Lokomotive, die zu sehen sich eine weite, weite Reise lohnt. Es ist bewiesen, daß zwei britische Eisenbahnfans die 7200 km nach Vancouver geflogen, mit diesem Zug gefahren und in der gleichen Nacht noch nach Hause zurückgeflogen sind.
Die Zugskomposition besteht aus modernen Stahlwagen, die zeitlich unmittelbar vor dem Rollmaterial aus rostfreiem Stahl angefertigt worden sind, mit denen der Transkontinental-Expreß *Canadian* der CPR heute ausgerüstet ist, darunter ein Salonwagen mit dem treffenden Namen *Brandywine Falls* und ein Aussichtswagen *Mount Garibaldi*. Die – für die H1b übri-

Kanada: Zwei ehemalige Canadian-Pacific-Railway-Lokomotiven, die 2B-Lok, Nr. 136, und die 2C-Lok, Nr. 1057, ziehen einen Sonderzug der Ontario Railway Association, in der Nähe von Guelph, Mai 1974.

1057
136
136

Oben: British Columbia Railway: Die ehemalige 2C2-Lok Nr. 2860, Royal Hudson, der Canadian Pacific Railway auf einer ihrer fahrplanmäßigen Touristenfahrten.

Canadian National: Die erhaltene 2D1-Lok, Nr. 6060, in Clinton, Ontario, Juli 1976.

Oben: Frankreich: Die in Amerika gebaute 1D1-Lokomotive, Nr. 141R 1187, unterwegs mit einem Sonderzug auf einer Hauptstrecke in den Savoyer Alpen.

Frankreich: Die Mallet C + C-Tenderlokomotive, Nr. 404, der Chemin de Fer du Vivarais in Lamastre in alten Tagen.

Österreich: Ein Zug der von Jenbach ausgehenden Achenseebahn.

Rechts: Cape Breton Steam Railroad: In Port Morien – die 2B-Lok, Nr. 926, *Repton* (Southern Railway, England), und die 1C-Lok, Nr. 42 (Sydney & Louisbourg).

gens authentische – Ölfeuerung garantiert eine annehmbare Sauberkeit. Die Fahrten wurden bis jetzt – sogar ohne zusätzliche Dampfkraft – regelmäßig durchgeführt, und zwar von Mitte Mai bis Ende September täglich außer Montag und Dienstag.
Ein völlig anderes Gesicht zeigt Kanada in der Gegend von Winnipeg, Manitoba. Das Fehlen von jeglicher landschaftlichen Szenerie ist an und für sich schon sehr eindrucksvoll, und wenigstens gibt es auf der Prärie nichts, was die Aufmerksamkeit des Eisenbahnfans von der klassischen 2B von 1882 der Canadian Pacific an der Spitze eines Zuges der Prairie Dog Central Railway ablenken könnte. Genau genommen ist die PDCR keine echte Eisenbahn, denn sie benutzt Gleisstrecken ihres großen Bruders, der Canadian National Railway. Dieses Unternehmen ist – nicht wie zum Beispiel die britischen Staatsbahnen – der Ansicht, man müsse den Bürgern, die ja Dampfeisenbahnen haben möchten, helfen, auf beste und billigste Weise dazu zu kommen. Vielleicht trägt aber auch die Tatsache, daß daneben noch die in Privatbesitz befindliche CPR existiert, einiges zur großzügigen Hilfsbereitschaft der CN bei.
Der Zug, der heute an Sonn- und Feiertagen von Juni bis Ende September über die 58 km lange Strecke hin- und herdampft, führt echte Originalwagen aus Holz mit. Für die Organisation zeichnet die Vintage Locomotive Society of Winnipeg.
Weiter östlich, im Staate Ontario, plant die Ontario Rail Association, unter dem Namen Credit Valley Railway eine eigene Linie auf einem stillgelegten Nebengeleise bei Cheltenham zu eröffnen. In der Zwischenzeit führt sie Ausflüge auf Bahnlinien in der Umgebung durch, welche von einigen der großen Eisenbahngesellschaften freundlicherweise zur Verfügung gestellt werden. Wenn wir verraten, daß die ORA eine CPR Rogers 2B, Baujahr 1883 – also zwei Jahre bevor am 7. November 1885 der letzte, goldene Schienennagel in Craigellachie eingeschlagen wurde –, und eine 2C der gleichen Linie aus dem Jahre 1912 besitzt, wird man verstehen, daß die Eröffnung der CVR dereinst für jeden passionierten Eisenbahnliebhaber ein großes Ereignis bedeuten wird.
Als letztes touristisches Dampfeisenbahnunternehmen Nordamerikas (die Auswahl ist immer noch recht groß) haben wir eine Linie ausgewählt, die ein paar hundert Kilometer näher bei jenem Land liegt, das wir als nächstes dann besprechen wollen. Es handelt sich um die Cape Breton Steam Railway in Port Morien, Neuschottland, in deren Maschinenpark sinnigerweise kanadische und europäische Lokomotiven einträchtig nebeneinander stehen: eine Alco 1C, Baujahr 1899, der Sydney & Louisbourg Railway (zu der die CBSR gehört) und eine «Schools» 2B, *Repton,* die vorher der Southern Railway of England gehört hat. Die Strecke ist zwar nur 3,2 km lang, doch bieten sich Fotografen Gelegenheiten zu interessanten Aufnahmen, wenn die Lokomotiven am Ende der Strecke jeweils auf einem Gleisdreieck gewendet werden. Passagiere der Abendzüge können sich sogar in einer Bar vergnügen. In

diesen Breitengraden ist die Saison naturgemäß ziemlich kurz, doch in den Monaten Juli und August sowie in den ersten Septembertagen verkehren außer Montag täglich Züge.

8. Die großen Dampflinien in Nordamerika

Die wohl mit Abstand längsten, schwersten und stärksten Dampflokomotiven der Welt findet man zweifellos in Nordamerika. Die Lokomotive 2D + D2, «Big Boy», der Union Pacific war 40,2 m lang, wog 350 Tonnen und entwickelte eine Zugkraft von 61 400 Kilogramm. Beim Erklimmen der Wahsatch-Steigung mit einer Anhängelast von rund 4000 Tonnen verbrauchte sie auf knapp 50 km über 21 Tonnen Kohle und 96 400 Liter Wasser. Acht der einst dreißig «Big Boys» existieren heute noch, doch hat sich bisher kein Interessent gefunden, der sie überholen und wieder fahrtüchtig machen würde. Immerhin hat die Union Pacific ihre letzte Personenzug-Lok, eine 2D2, in fahrbereitem Zustand erhalten; es ist zwar ein etwas kleineres Modell, aber im Vergleich mit den andern Lokomotiven immer noch riesengroß. Die großartige 8444 ist mit einem Ölbrenner ausgerüstet, und mit 25 Tonnen Brennöl betankt, taugt sie immer noch zu schönen

Eine Union Pacific 2D + D2-Lok, «Big Boy», im Steamtown Museum von Bellows Falls, Vermont. Sie gehört zu den acht Kandidaten, die restauriert werden sollen.

Union Pacific: Die 2D2-Lokomotive, Nr. 8444, fährt bei Sherman Hill vorbei.

Fahrten durch die Berge und das Hochland von Wyoming und Utah.
Angesichts dieses Brennstoffverbrauchs wird uns vielleicht klar, mit welchen Problemen der Betrieb solcher Mammut-Lokomotiven verbunden ist. Eine englische 2C-Lokomotive würde zum Beispiel nur ungefähr einen Fünftel dieser Brennstoffmenge für die gleiche Leistung verbrauchen. Und das ist wahrscheinlich der Grund dafür, daß nur noch so wenige Dampfriesen auf Fahrt gehen. So gilt «Qualität vor Quantität» auch hier, und nur große Gesellschaften können es sich leisten, Dampf auch noch groß einzusetzen.
Die Spitzenposition in dieser Hinsicht nimmt dank ihrer Beständigkeit die Union Pacific ein, doch steht ihr die Canadian National kaum nach, obwohl sie ihre Zugpferde ein- oder zweimal ausgewechselt hat. So setzt die CNR gegenwärtig eine schöne 2D1-(Mountain-)Lokomotive ein, eine herrliche Maschine, wenn auch nicht von absolut kolossalen Ausmaßen. Die wohlwollende Haltung der CN gegenüber ihren Dampfbrüdern ist bereits im vorhergehenden Abschnitt zum Ausdruck gekommen.
Kann man sich zur 200-Jahr-Feier der Unabhängigkeit der USA etwas Schöneres vorstellen als die Wiederinbetriebnahme von drei großen Dampflokomotiven? Die Krone gebührt sicherlich der mit Ölfeuerung ausgerüsteten «Daylight», 2D2, der Southern Pacific; am 29. August 1976 erreichte sie auf einer Fahrt von Atlanta nach Alexandria die ansehnliche Spitzengeschwindigkeit von 130 km/h, und das mit 20 Wagen mit einem Gewicht von 1450 Tonnen, vollbesetzt von 800 begeisterten Eisenbahnfans, die für die Fahrt gerne 44.49 Dollar bezahlten. Diese fünf Zahlen bedeuten zweifellos Weltrekord für museumsreife Dampfeisenbahnen, ein Rekord, der vielleicht nie mehr überboten werden kann! Die «Daylights» wurden erstmals 1938 für die San-Francisco–Los-Angeles-Bahn gebaut, und sie brauchten für ihre Fahrt in einer Richtung an die dreißig Minuten weniger lang als ihre heutigen Dieselkollegen. Sie sind sehr oft als die schönsten Lokomotiven der Welt bezeichnet worden. Es bleibt sehr zu hoffen, daß die BN. 4449 nach Beendigung ihrer Ausstellungstournee mit dem Freedom Train ab und zu wieder auf Fahrt gehen kann, vielleicht sogar auf den Schienen ihrer ehemaligen Besitzer, die jeden Gedanken an Dampffahrten zum Vergnügen von vornherein unnachgiebig und nachdrücklich von sich weisen.
Die zwei andern Lokomotiven des Freedom Trains – die 1E2 der Texas & Pacific RR und die Reading Railroad, 2D2, – sind nicht so berühmt, sind aber trotzdem ebenso schöne Exemplare.
Die 2C2 der Canadian Pacific, die von Vancouver aus fährt, ist bereits erwähnt worden. Eine zweite *Royal Hudson* steht kurz vor ihrem erneuten Einsatz in Northampton, Pennsylvania. Die High Iron Inc. hat eine 1D2 *Berkshire* der Nickel Plate Road in Betrieb. Selbstverständlich ist auch diese Aufzählung nicht vollständig.
Neben den ganz großen Dampfriesen gibt es natürlich auch noch viele etwas kleinere Lokomotiven. Die Southern Railway zum Beispiel nimmt Dampflokomotiven gegenüber eine sehr wohlwollende Haltung ein und führt oft Ausflüge mit mehreren mittelgroßen

Freedom Train: Die ehemalige 2D2-Lok, Nr. 4449, der Southern Pacific in Princeton, Illinois, unterwegs nach Chicago, wo sie den Freedom Train übernehmen wird.

Southern Railway: Die 1D1-Lokomotive, Nr. 4501, auf einem Ausflug in Front Royal, Virginia, im Mai 1976. Der erste Wagen ist speziell für Tonbandaufnahmen ausgerüstet.

Loks durch, deren «Flaggschiff» die berühmte 1D1-Mikado, No. 4501, ist. Dave Morgan, der Herausgeber des Magazins «Trains» (Züge) hat der Rettung und Renovation dieser Lokomotive ein ganzes Buch gewidmet. Er hat denn auch eine ausgesprochene Vorliebe für nicht schwarze Lokomotiven wie eben die 4501, die das hübsche grüne Kleid der SR trägt.

Hie und da kann man auch noch ein paar wirklich alte Lokomotiven arbeiten sehen wie früher, so bei der Clinchfield RR die 2C-Type (Ten wheeler) aus dem Jahre 1881, die immer noch für ihren ersten und einzigen Besitzer fährt. Das Problem dieser kleinen Maschinen liegt in ihrer nicht allzu großen Zugkraft; in diesem Falle greift man halt dann zu einer Lösung, die den Leser zwar ziemlich schockieren mag, aber trotzdem erwähnt werden soll: Hinter dem Tender wird eine Zusatzmaschine eingeschaltet, und zwar in Form einer Diesellok ohne Aufbau, welche vom Führerstand der 2C aus über Fernsteuerung bedient wird. Andere Lokomotiven dieser Kategorie, zum Beispiel die berühmte 2B General aus dem Sezessionskrieg, verfügen heute unter einem falschen Stapel von Brennholz über einen Öltank im Tender. Die *General* geht ab und zu noch auf kleine Fahrten, allerdings eher zu bestimmten Anlässen als aus reinem Vergnügen für leidenschaftliche Dampffreunde.

High Iron Company: Die von der Nickel Plate Road stammende 1D2-Lok, Nr. 759, in Horseshoe Curve, Pennsylvania, 1970.

Europa

Montenvers: Die Zahnrad-Tenderlokomotive B1, Nr. 7, bei der Bergfahrt.

9. Frankreich

Die französischen Eisenbahnen besaßen im Dampfzeitalter ein ganz gewisses Etwas, das nicht einfach zu definieren ist; es war nicht einfach französischer Charme, sondern eine ureigene Faszination, die von ihnen ausging. In den Jahren nach 1945 gab es noch sehr viele reizende, alte Lokomotiven und noch mehr – allerdings eher antiquierte als reizvolle – Eisenbahnwaggons sowie jede Menge anderer Antiquitäten aus dem Bereich der Eisenbahn. Was dem Unternehmen aber eine besondere Atmosphäre verlieh, war die gut bestückte Flotte von großen, starken, modernen und komplizierten Dampflokomotiven der SNCF. Diese Loks waren sehr zahlreich und sehr eindrucksvoll. Es schien, als ob sie den größten Teil ihrer Zeit auf irgendeinem Nebengeleise verbringen und dort große oft gelbe, manchmal sogar grünliche Dampfwolken produzieren würden. Wenn sie dann aber eingesetzt wurden, dann an der Spitze eines unendlich langen Zuges, und sie besaßen eine geradezu erstaunliche Fähigkeit, damit ganz einfach zu verschwinden. Hie und da vernahm man beim Anfahren ein sehr lautes, häßliches Geräusch, verursacht durch das Öffnen des Sicherheitsventils im Dampfrohr, das von den Hoch- zu den Niederdruckzylindern führte; meistens rollten sie aber mit einem kaum wahrnehmbaren Dampfausstoß an, der eigentlich in keinem Verhältnis zur Größe der Lokomotive oder ihrer Last stand. Eine elektrische Lok würde vermutlich mit ihren heulenden Gebläsen beim Wegfahren erheblich mehr Lärm verursachen. Was ebenfalls in keiner Weise zur Größe und dem hochmütigen Glanz der französischen Dampflokomotive paßte, war die mickrige, kleine Dampfpfeife. Wohlverstanden, die rund 1400 in Amerika gebauten 1D1-Lokomotiven der Klasse 141R, die zwischen 1946 und 1948 nach Frankreich kamen, waren ganz anders als die französischen, aber so geltungsbedürftig

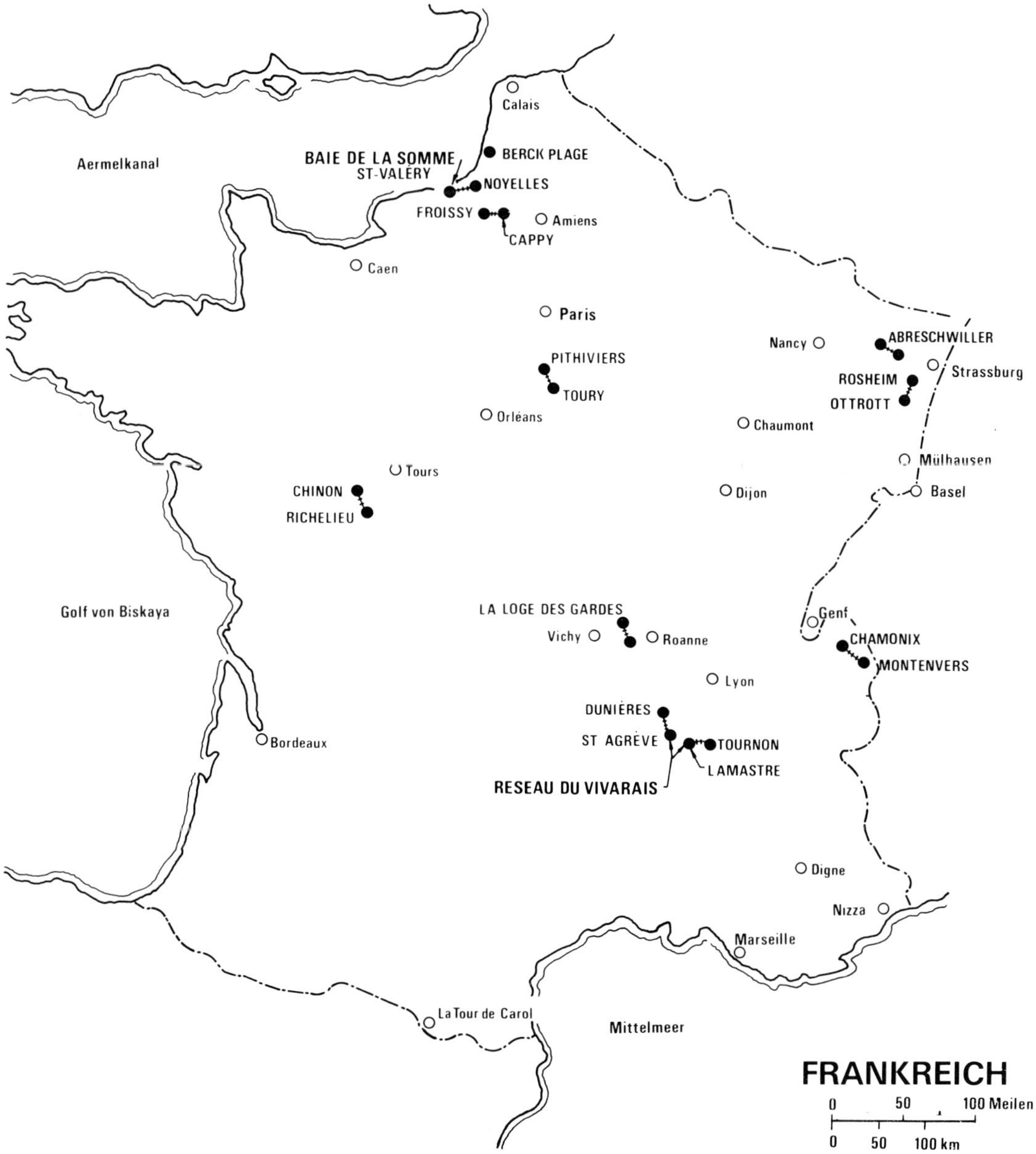

Calais
Aermelkanal
BAIE DE LA SOMME
ST-VALERY
BERCK PLAGE
NOYELLES
FROISSY
CAPPY
Amiens
Caen
Paris
PITHIVIERS
TOURY
Orléans
Nancy
ABRESCHWILLER
Strassburg
ROSHEIM
OTTROTT
Chaumont
Mülhausen
Basel
Dijon
Tours
CHINON
RICHELIEU
Golf von Biskaya
LA LOGE DES GARDES
Vichy
Roanne
Genf
CHAMONIX
MONTENVERS
Lyon
DUNIÈRES
ST AGRÈVE
TOURNON
LAMASTRE
RESEAU DU VIVARAIS
Bordeaux
Digne
Nizza
Marseille
La Tour de Carol
Mittelmeer
FRANKREICH
0 50 100 Meilen
0 50 100 km

wie irgendeine andere Lokomotive anderswo. Was ihre Zugkraft anbetraf, so stellten sie jedoch auf ihre typisch draufgängerische, überseeische Art ohne weiteres ihren Mann (und noch mehr, was den Kohleverbrauch anging). Doch abgesehen von dieser einen Ausnahme waren die französischen Dampflokomotiven anders.

Um so enttäuschender ist die Tatsache, daß keiner dieser einheimischen Riesen mehr in Betrieb ist. Zwar gibt es noch eine hübsche Anzahl von ihnen, doch stehen sie entweder in Museen oder irgendwo im Hintergrund eines Lokomotivdepots aus Eisenbeton der dreißiger und vierziger Jahre, welche den Archäologen des 30. Jahrhunderts wahrscheinlich einiges Kopfzerbrechen bereiten werden. Nicht daß die SNCF etwas gegen Dampfeisenbahnen gehabt hätte; im Gegenteil, sie besitzt eine herrliche 2C der Paris–Orléans aus dem Jahre 1921 und schickte noch bis vor kurzem eine Crampton 2A samt Waggons aus dem Jahre 1854 kreuz und quer durch ganz Frankreich an die verschiedensten Feste und Anlässe. *Magnifique, mais pas typique.* Man wird einfach den Verdacht nicht ganz los, daß die SNCF – genau wie jeder vorsichtige Bauer in Frankreich – nur warten will, bis sich die Sache ganz sicher bezahlt macht, und dies wird zweifellos nur eine Frage der Zeit sein. Wenn man also heute auf Dampffahrt gehen will, muß man sich nach andern erhaltenen, unabhängigen Dampflinien umsehen. Allerdings gibt es nicht viele solche Unternehmen, doch darf man nicht vergessen, daß Frankreich – obwohl ein großes Land – niemals über ein sehr dichtes Eisenbahnnetz verfügt hat.

Zurzeit gibt es nur eine einzige Dampflokomotive, die fahrplanmäßig mit Touristenzügen eingesetzt wird; ein

Société Nationale des Chemins de fer Français: Die erhaltene 2C-Lok, Nr. 230G353, anläßlich eines Fan-Ausflugs im März 1976 bei Tricot.

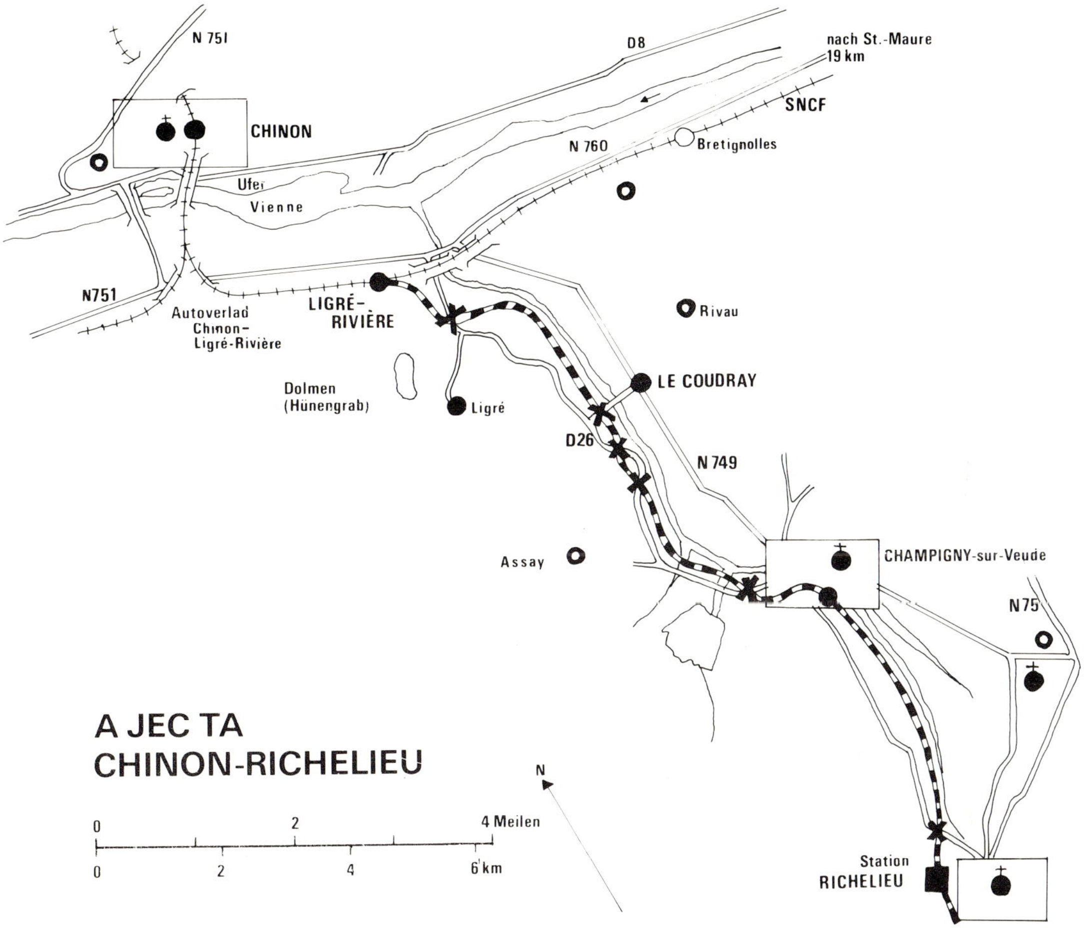

paar andere Fahrten werden gelegentlich organisiert. Es handelt sich um die Chinon–Richelieu-Linie in der Nähe von Tours; auf dieser ehemaligen Strecke der Compagnie des Chemins de Fer Départementaux verkehrt nun an Sommerwochenenden ein interessanter, schöner Zug. Gezogen wird er von einer 1C, der letzten noch aktiven Überlebenden einer einst umfangreichen (über 500 Exemplare) und interessanten Lokomotivserie. Sie ist im Prinzip die weitaus älteste noch in Betrieb stehende Dampflokomotive in Europa, ja vielleicht auf der ganzen Welt. Die SNCF «Moguls» der Klasse 130B stammten aus dem Jahre 1859; diese klassischen C-Loks wurden damals als große Güterzuglokomotiven mit langem Dampfkessel und außenliegenden Zylindern gebaut. Nach einer bereits recht langen Einsatzzeit wurden sie zwischen 1906 und 1917 modernisiert und umgebaut. Die Neuerung bestand in einem noch größeren und längeren Dampfkessel, der vorne von einer zusätzlichen Laufachse getragen wurde. Der Rest der Lok sowie auch der zweiachsige Tender blieben praktisch unverändert. Es waren wahrlich wunderschöne Veteranen, die aber anfangs der fünfziger Jahre vollständig aus den Einsatzplänen der SNCF verschwunden waren. Dabei übersah man aber im allgemeinen die Tatsache, daß ungefähr ein halbes Dutzend dieser Lokomotiven in Ostfrankreich weiterfuhr, und zwar in Pacht auf einer etwas seltsamen Eisenbahnlinie, die an und für sich der SNCF gehörte, aber von einem Privatunternehmen betrieben wurde. Der Autor selbst sah erstmals eine solche Lokomotive in Chaumont, als er 1966 die Hauptlinie Paris–Basel besichtigte, wo damals mit den großartigen 241P-(2D1-)Maschinen letzte Versuchsfahrten durchgeführt wurden. Er wagte nicht einmal im

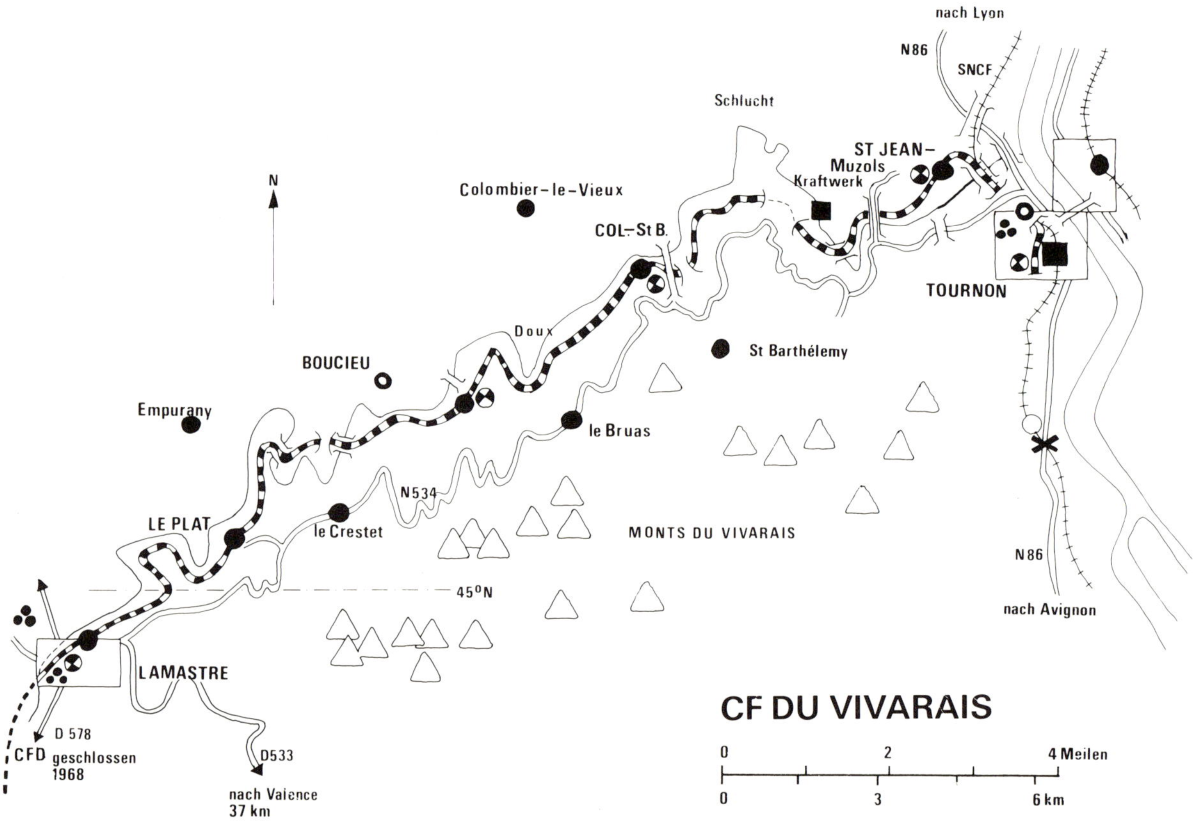

Traum an die Existenz einer 130B zu denken und war dann um so erstaunter, ja sogar verblüfft, als ein solches antediluvianisches Exemplar ganz zufällig neben einer 241P zum Stehen kam. Es tat richtig gut zu wissen, daß immer noch eine solche Lokomotive fuhr.

Schmalspurbahnen sind in Frankreich erwartungsgemäß zahlreicher vertreten. Die Regierung hatte deren Bau finanziell unterstützt, weil damit alle Regionen des Landes durch zuverlässige Transportmittel erschlossen werden konnten. Die meisten dieser Linien sind heute natürlich stillgelegt; eine der letzten war aber auch zugleich eine der schönsten: diese Bahn mit 1 m Spurweite verfügte über gut 200 km Schienen, die sehr solide und – ganz im Stile großer Linien – größtenteils mit Schwellen konstruiert waren. Die Strecke begann fast auf Meereshöhe an den Ufern der Rhone und führte dann durch die wilde, schöne Berglandschaft südwestlich von Lyon. Im Mittelpunkt des zwischen 1890 und 1908 errichteten Réseau du Vivarais liegt die kleine Stadt Le Cheylard. Von dort aus überquert die Bahn mit vielen Kehren, Steigungen bis zu 33‰, Tunnels und hohen Steinviadukten zwei rund 1050 m hohe Gipfel von Ausläufern des Zentralmassivs. Die Linie überbrückte damit die Wasserscheide Europas und erschloß während mehr als 60 Jahren ein paar weit abgelegene Berggemeinden. Ab 1930 wurden im Personenverkehr vor allem Einzeltriebwagen eingesetzt, doch besorgten Dampflokomotiven auch weiterhin den allerdings immer mehr zurückgehenden Gütertransport. Die Abstellgleise in einigen der entlegensten Stationen füllten sich immer mehr mit ausrangierten Dampflokomotiven, doch blieben immerhin zwei Mallet-C + C-Tendermaschinen in Betrieb, als 1968 schließlich das unvermeidliche, aber lange hinausgezögerte und stark umstrittene Ende gekommen war. Bryan Morgan, der das Ende

nahen sah, hatte schon gut zehn Jahre früher geschrieben: «Wenn es dann soweit ist, wenn kein Geruch von heißem Öl mehr durch die Föhrenwälder zieht und wenn die letzten Klänge aus einer Dampfpfeife wie das Rolandshorn zwischen Rhone und Loire verklungen sind, dann ist der schöne Midi um ein weiteres Wunder ärmer.»
So haben heute nicht nur die Franzosen Grund, einer Gruppe unter der Führung von Jean Arrivetz für ihre Bemühungen dankbar zu sein. Nach eingehendem Studium der komplizierten alten französischen Gesetze über die Förderung leichter Eisenbahnen glaubte sie einen Weg gefunden zu haben, wie wenigstens ein Abschnitt der Vivarais-Bahn erhalten werden konnte. Das Land gehörte nämlich dem Staat, und dieser hatte eine Gesellschaft subventioniert, damit diese den Betrieb unterhalten konnte. Nachdem diese Unterstützung nun nicht weiter ausgerichtet wurde, fiel die Pacht dahin, und die Eisenbahn ging in den Besitz der Lokalbehörden über, welche – so hoffte man – veranlaßt werden könnten, den Schrottwert der Bahn gegen ihren Wert als Touristenattraktion aufzuwiegen.
Nach längeren Verhandlungen hatte die Gruppe endlich Erfolg und übernahm 1969 die Verantwortung für den Betrieb auf dem rund 30 km langen Abschnitt zwischen Tournon und Lamastre. Und dem Unternehmen war ein guter Erfolg beschieden. Selbstverständlich verlief die ganze Angelegenheit nicht ohne Schwierigkeiten und Probleme: Die ganze Anlage war in ziemlich schlechtem Zustand, und Geleise, Lokomotiven und Rollmaterial mußten in großem Umfang erneuert und renoviert werden; diese Arbeiten sind auch heute noch nicht abgeschlossen. Doch läuft der Betrieb wieder mit drei 44 Tonnen schweren C + C-Tendermaschinen, einer 2C-Tenderlok aus der Bretagne, mehreren alten Einzeltriebwagen und einem ganzen Sortiment von Wagen, darunter ein Rest der schönen Seitengangwagen der Vivarais-Bahn aus den zwanziger Jahren, und mit ziemlich bunt zusammengewürfelten Einrichtungen vieler anderer Linien. Etwas später übernahm eine andere Gruppe den andern, 37 km langen Abschnitt auf der Hochebene zwischen Dunières und St-Agrève. Dieses Unternehmen war aber nicht so erfolgreich, nicht zuletzt vielleicht deshalb, weil die erste Gruppe das beste Material für sich beansprucht hatte; so bleibt dieser Bahn als einzige Lokomotive eine etwas kleinere B + B-Tenderlok einer andern Linie, die nicht mehr im allerbesten Zustand ist.
Sicher darf man mit Recht der Vergangenheit nachtrauern, sind doch von gut 200 km der Strecke nur gut 70 übriggeblieben, und die schönsten Abschnitte der alten Vivarais-Bahn gibt es nicht mehr. Was aber erhalten geblieben ist, ist immer noch sehr schön, und aus rein praktischen, wirtschaftlichen Gründen wäre es zweifellos unsinnig gewesen, mehr erhalten zu wollen. Ja, es dürfte vielleicht sogar schwierig sein, die heutigen Abschnitte so beizubehalten. Die Linie in Tournon fährt in den Sommermonaten an Wochenenden, im August sogar täglich, doch werden die Dampflokomotiven gewöhnlich nur am Sonntag eingesetzt. In Dunières sind an Sonn- und Feiertagen Einzeltriebwagen in Betrieb, Dampflokomotiven sind aber sehr selten anzutreffen. Entlang dieser Linie liegen mehrere kleine Dörfer, schöne Sommerferien- und Höhenkurorte. Einzig Lamastre auf der andern Linie ist etwas größer als ein Weiler, zusätzlich hat diese kleine Stadt einen großen Vorteil: Sie bietet eine hervorragende Küche. Da die Franzosen ja bekanntlich den Angelegenheiten des Magens weitaus mehr Beachtung schenken als vielem anderen, vermögen die paar Restaurants, die in gastronomischen Führern zu hohen Ehren kommen, zweifellos viele Besucher anzulocken. Dies kommt natürlich auch der Bahn zugute, und verglichen mit den meisten andern Dampflinien Europas verkehrt sie denn auch nach einem ziemlich ungewöhnlichen Fahrplan. Jeden Sonntagmorgen verlassen ein, zwei oder sogar drei Dampfzüge kurz nacheinander die Station von Tournon; ungefähr eine Stunde später fährt noch ein Einzeltriebwagen mit den Nachzüglern ab, holt die Dampfkompositionen aber noch vor der Endstation ein. Die Ankunft in Lamastre erfolgt somit genau zur Mittagszeit. Die den überfüllten Wagen entsteigende Menschenmenge zerstreut sich, das Feuer in den Dampfmaschinen wird gedrosselt, und für zwei oder drei Stunden herrscht friedliche Ruhe

Vivarais: Die Mallet C + C-Tenderlokomotive, Nr. 403, vor den Tagen des grossen Erwachens in Dunières. Lokomotive und Waggons verkehren heute von Tournon aus.

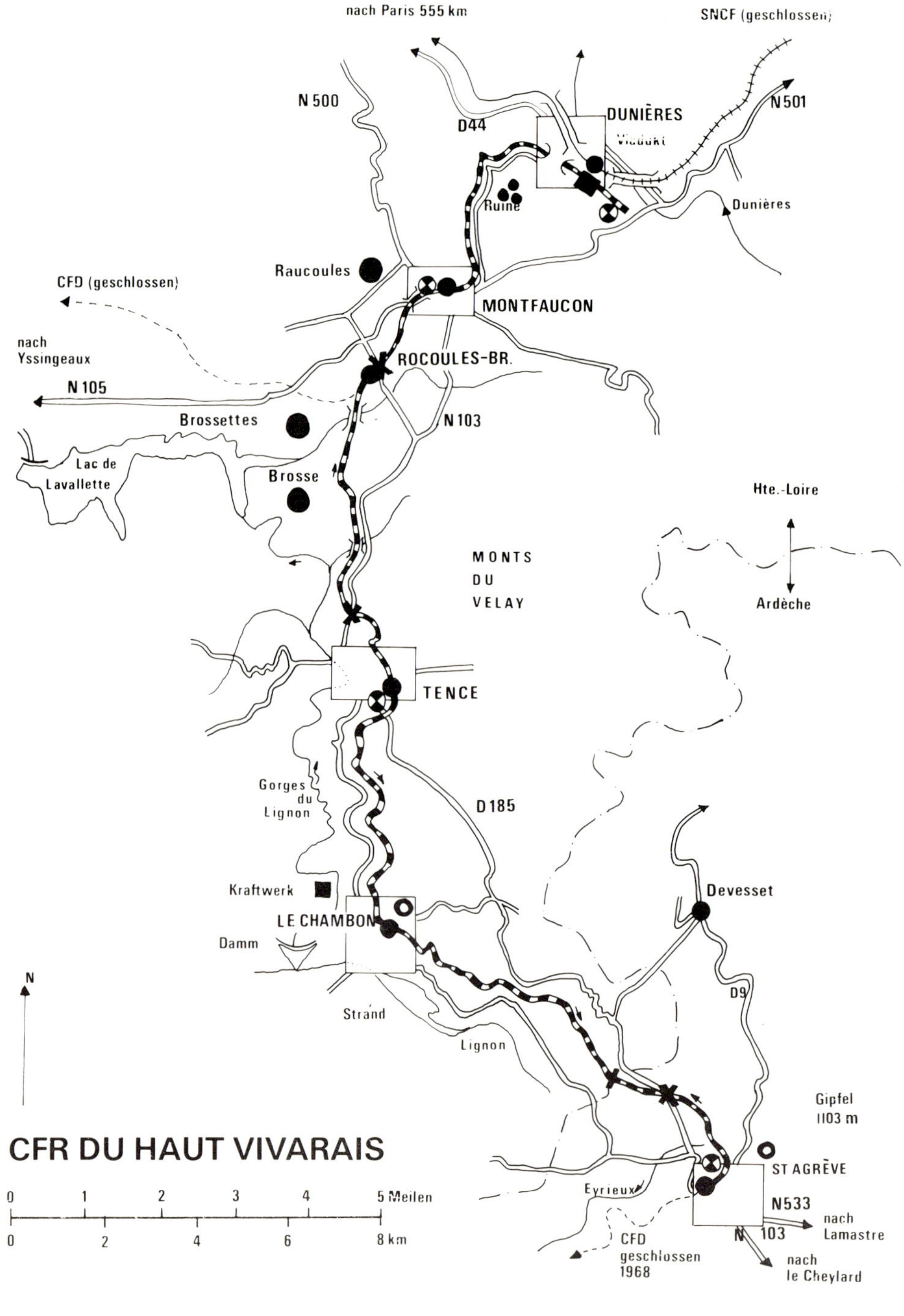

nach Paris 555 km
SNCF (geschlossen)
N 500
N501
D44
DUNIÈRES
Viadukt
Ruine
Dunières
Raucoules
CFD (geschlossen)
MONTFAUCON
nach Yssingeaux
ROCOULES-BR.
N 105
Brossettes
N 103
Lac de Lavallette
Brosse
Hte.-Loire
MONTS DU VELAY
Ardèche
TENCE
Gorges du Lignon
D 185
Devesset
Kraftwerk
LE CHAMBON
Damm
N
D9
Strand
Lignon
Gipfel 1103 m
CFR DU HAUT VIVARAIS
0 1 2 3 4 5 Meilen
0 2 4 6 8 km
ST AGRÈVE
Eyrieux
N533
nach Lamastre
N 103
CFD geschlossen 1968
nach le Cheylard

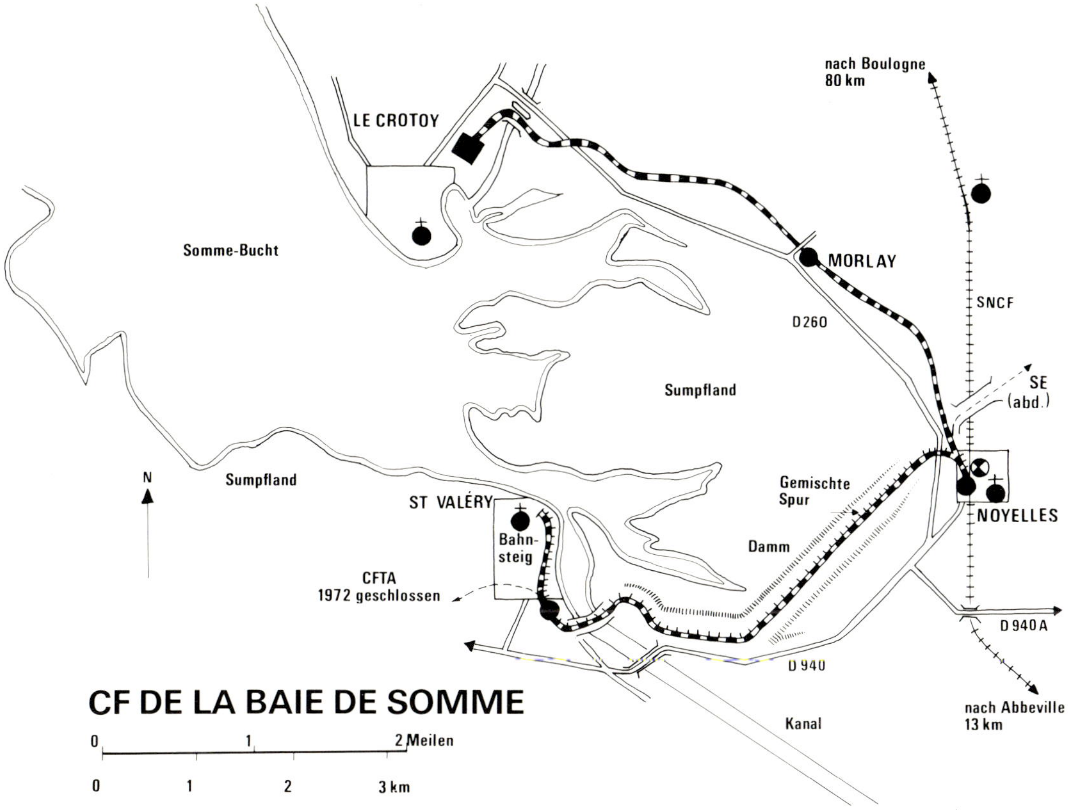

in Lamastre. Dann tauchen die Passagiere allmählich mit gefülltem Bauch und zufriedenem Gesicht wieder auf, und zurück geht die Fahrt nach Tournon hinunter. Der Heizer muß nicht viel Kohle schaufeln, was seiner Verdauung sicher förderlich wäre. Eine beschauliche Zugfahrt also, und in dieser Hinsicht bestimmt ganz anders als zu den Zeiten der alten Vivarais-Bahn. Und somit ist dem herrlichen Midi wenigstens ein halbes Wunder erhalten geblieben.

Noch immer gibt es in Frankreich Meterspur-Strecken, auf denen regelmäßig kommerzieller Verkehr herrscht. Wir wollen diese fünf Linien doch kurz erwähnen, auch wenn sie heute keine Dampflokomotiven mehr einsetzen. Drei der Bahnen gehören der SNCF, nämlich die 150 km lange Linie Salbris–Romorantin–Le Blanc, die erstaunlicherweise (wenn auch nicht für lange Zeit) in der friedlichen Wiesenlandschaft südlich von Orléans überlebt, und zwei Bergbahnen, die beide mittels einer dritten Schiene elektrifiziert worden sind und vom technischen Standpunkt aus Einzelfälle sind. Die eine ist die 69 km lange Strecke St-Gervais–Chamonix–Vallorcine in den Savoyer Alpen; sie verfügt über einen Anschluß von Vallorcine nach Martigny in der Schweiz. Passagiere und Fracht werden mit vierrädrigen, einzeln angetriebenen Motorwagen befördert. Als Bremshilfe auf den 67‰-Gefällen sind Fell-Mittelschienen eingebaut worden. Ganz ähnlich, wenn auch nicht modernisiert und ohne Fell-Schienen, ist die andere Bahn, die über 95 km von Villefranche nach La Tour-de-Carol in den östlichen Pyrenäen führt. Ihr Stolz ist ihre heutzutage wohl einzigartige Hängebrücke. Zwei selbständige Unternehmungen sind die 151 km lange Bahn Nizza–Digne und die viel kürzere, elektrifizierte Bahn in La Mure, in der Nähe von Grenoble. Sie ist eigentlich als Verbindung zu einem Kohlenbergwerk erbaut worden, ist aber – wenn sie weiterbestehen will – heute auf Touristen angewiesen.

Eine letzte Meterspur-Eisenbahn, die bisher mit knapper Not als Touristenunternehmen überleben konnte, liegt an der Küste des Ärmelkanals. Sie besteht aus zwei insgesamt 19 km langen Linien, die von Noyelles nach St-Valéry und nach Cayeux-Brighton führen. Material und Anlage stammen von vielen anderen Eisenbahnen, und heute verkehren an Sommersonntagen ein oder zwei Dampfzüge in dieser beliebten Urlaubsregion. Von all den noch existierenden ist dies vielleicht die typischste Strecke für das einst 20000 km lange Meterspurnetz, das Frankreich durchzogen hat.

Oben links: Baie de la Somme: Ankunft in Le Crotoy.

Oben: Pithiviers: Die 1C-Lokomotive, Nr. 3.5, *Le Minihic.*

Links: Pithiviers: 1C-Tenderlokomotive, Nr. 9, *Les Fontenelles.*

Abreschwiller: B + B-Tenderlokomotive, Nr. 1, unterwegs in der Nähe von Grand Soldat.

La Loge des Gardes: Eine nachgebaute 2B-Lok mit Zug kurz nach Eröffnung der Linie. Wie man sieht, sind die Arbeiten noch nicht abgeschlossen.

Kein westeuropäisches Land hat je über viele Strecken mit 60-cm-Spur verfügt, doch besaß Frankreich einige der schönsten Beispiele. Die wohl beste und größte Bahn, die CF du Calvados mit Zentrum in Caen, erlitt am 6. Juni 1944 ein gewaltsames und unnatürliches Ende, indem sie anläßlich der Invasion der Alliierten in Europa buchstäblich in Stücke gehackt wurde. Ein weiteres gut ausgebautes System war die Tramway du Pithiviers à Toury, obwohl die flachen, weiten Ebenen zwischen Paris und Orléans, in denen sie verkehrte, keineswegs typisches Schmalspurgelände darstellten. In alten Zeiten führte diese Bahn sogar Seitengangwagen mit. Während der ungefähr fünfzehn letzten Jahre ihrer kommerziellen Existenz (sie wurde 1956 stillgelegt) ruhte der Betrieb fast das ganze Jahr hindurch; erst in der Zeit der Zuckerrübenernte von Oktober bis Februar lebte sie wieder auf: Dann schleppten ganze Flotten von Dampflokomotiven endlos lange Züge mit Zuckerrüben und rangierten sie zu den Mühlen. In Nordfrankreich gab es übrigens früher eine ganze Reihe von Zuckerrüben-Linien der 60-cm-Spur; sie verwendeten Anlagen von Heeresfeldbahnen, die hinter den Schützengräben aus den Jahren 1914–1918 übriggeblieben waren. Die meisten von ihnen verschwanden zu Beginn der sechziger Jahre von der Bildfläche, und zwar erlagen sie einem Gesetz, welches die Abschreibung von über 40 Jahre alten Aktivposten für die Steuern verbot. Ein kleiner Teil der TPT hat aber doch überlebt, nämlich in Form eines hübsch erhaltenen Arbeitsmuseums in Pithiviers, 56 km südlich von Paris, mit der alten Station, Lokomotivschuppen, Werkstätten, 2 km Geleise und einer sehr guten Auswahl an Lokomotiven und Waggons. Dieses Museum ist zu einem beliebten Ausflugsziel an Sommerwochenenden geworden.

Es ist aber noch eine weitere 60-cm-Spur-Bahn in Betrieb, die nach anfänglichen Schwierigkeiten nun doch ganz gut zu laufen scheint. Es handelt sich ebenfalls um eine ehemalige Zuckerrüben-Linie, welche eine Mühle in Cappy mit dem «Canal du Nord» in Froissy verbunden hat (ungefähr 30 km westlich von Amiens). In weitem Umkreis hat es nie eine andere Eisenbahn gegeben, und auch heute noch liegt sie einsam auf weiter Flur. Die Strecke weist starke Steigungen, einen Tunnel und sogar eine Spitzkehre auf, und wenn man sie als Tourist – bewaffnet mit einer guten, großen Karte – findet, wird man an den renovierten Lokomotiven große Freude haben. In der Nähe von Abreschwiller im Elsaß gibt es gelegentlich noch eine weitere Dampf-Touristenattraktion; es ist ein kurzes Stück einer ehemaligen 65-cm-Holzfällerbahn.

Und das wäre es dann auch schon oder wenigstens beinahe: Die Zahnradstrecke von Chamonix nach Montenvers wurde bis in die fünfziger Jahre von Dampflokomotiven befahren, und auch heute noch werden gelegentlich die alten Maschinen eingesetzt. Daneben gibt es aber noch eine überraschend große Anzahl von kleinen Überbleibseln hier und dort, so zum Beispiel eine 60-cm-Linie in der Nähe von Lyon, die in den sechziger Jahren als Touristenbahn erbaut worden war, nun aber stillgelegt ist. Es gibt auch einige wenige Touristenbahnen mit Dieselbetrieb, darunter eine in der Nähe von Arcachon, die nun schon lange genug im Geschäft sind, um sich ein gewisses Ansehen verschafft zu haben. Und schließlich sei noch eine letzte Bahn erwähnt, die kürzlich aus Schrottmaterial wieder aufgebaut worden ist: die Chemin de Fer de la Loge des Gardes, zwischen Lyon und Vichy, in der Nähe von Roanne. Sie ist ein Beweis dafür, welchen Eindruck das Eisenbahnwesen im Wilden Westen Amerikas auf dem alten Kontinent hinterlassen hat. 1968 begannen ein paar französische Eisenbahnfans mit dem Bau einer klassischen «American Standard», 2B, aus dem 19. Jahrhundert; sie vergaßen dabei nicht einmal den rautenförmigen Kamin und den Öl-Scheinwerfer. Sie war wirklich beinahe authentisch; nur brauchte sie als Brennstoff Öl anstelle von Holz, und sie war nur halb so groß wie das Original. Ebenso original sind auch die Holzgebäude, der Wasserturm, die Drehscheibe und die Holzbrücken auf der 2,5 km langen Strecke (Spurweite 712 mm). Die Anlage liegt in den Bergen, in einer Höhe von gut 1000 m ü. M., also in einer bestens geeigneten Landschaft.

Der Betrieb wurde 1972 aufgenommen, vorläufig allerdings mit modernen Wagen anstelle der geplanten Plattformwaggons mit Dachaufsatz. Von Anfang Juli bis Mitte September verkehren mit Ausnahme von Donnerstag täglich Züge, im Frühling und im Herbst nur an Wochenenden. Man darf jedoch nicht vergessen, daß jede Dampflinie sich hundertprozentig auf die Einsatzbereitschaft ihrer Lokomotiven verlassen können muß.

10. Die Beneluxstaaten

Reiselustige Engländer schrieben im 19. Jahrhundert und auch später noch oft von dem gewaltigen Schock, den sie erlebten, als sie die Fähre in Calais, Boulogne oder Ostende verlassen und entdecken mußten, wie un-englisch die Lokomotiven dort waren. Einige von ihnen konnten sich kaum beherrschen: «Ihr ganzes Innenleben ist ja nach außen gekehrt», war noch einer der milderen Kommentare. Dem furchtlosen Reisenden, der – von Harwich kommend – im Hoek van Holland von Bord ging, blieb ein solcher Schock erspart. Die holländischen Eisenbahnen des Dampfzeitalters waren ein Ebenbild – ja beinahe ein Ideal – der englischen Bahnen, ihre Lokomotiven waren messing- und kupferbeschlagen, hatten innenliegende Zylinder und stammten gar nicht selten aus dem englischen Werk von Beyer Peacock in Manchester. Dieser starke britische Einfluß blieb bestehen, bis auch auf den Nederlandse Spoorwegen die Dampflokomotiven ihr Schicksal ereilte, was in der Mitte der fünfziger Jahre der Fall war. Lange Zeit waren die letzten in Betrieb stehenden Dampfloks ein paar vierzylindrige 2D2-Tenderlokomotiven – genau dieselben, die auch die Great Eastern Railway gehabt hätte, wenn sie sich für 2D2-Tendermodelle interessiert hätte. Die allerletzte Lokomotive wurde direkt ins Museum nach Utrecht gefahren, nachdem sie auf dem nahen Güterbahnhof von ihrem letzten Zug losgekoppelt worden war. Und dort wurde sie natürlich prompt eingemauert. Und damit – so hätte man erwartet – wäre diese Angelegenheit auch erledigt gewesen. Das war sie auch, und zwar für eine ziemlich lange Zeit, in der Holland praktisch keinen Dampf mehr gehabt hat. Es gab nur noch ein paar Rangierlokomotiven in Bergwerken und Fabriken, ein paar seltene Exemplare in den hintersten Dockanlagen von Rotterdam und ein paar noch größere Raritäten beim Rotterdamsche Stoomtram,

Nordsee
MEDEMBLIK
HOORN
Amsterdam
KATWIJK
Leyden
NIEDERLANDE
APELDOORN
DIEREN
HELLEVOETSLUIS
Rotterdam
TILBURG
BUNDESREPUBLIK
DEUTSCHLAND
GOES
BAARLAND
Knokke
Ostende
De Panne
BELGIEN
Brüssel
Liège/Lüttich
Liége
Namur
Melrose
Charleroi
TRAMWAY TOURISTIQUE
DE L'AISNE
PONT D'EREZÉE
DOCHAMP
TREIGNES
NISMES
FRANKREICH
RODANGE
Luxemburg
BENELUXSTAATEN
0
50 Meilen
50 km

welches noch vier einsatzfähige C-Tender-Straßenbahnlokomotiven besaß, als die äußere Vorortslinie (Spurweite 1067mm) stillgelegt wurde.
Gegen Ende der sechziger Jahre setzte aber wieder eine rege Tätigkeit ein, und das heutige Dampfleben in Holland ist recht aktiv, ja sogar fast verwirrend vielfältig. Grundsätzlich lassen sich drei verschiedene Arten von Dampfunternehmen unterscheiden: Die einen benutzen eine der recht zahlreichen staatlichen Normalspur-Nebenlinien, die oft dem Gütertransport vorbehalten, manchmal auch stillgelegt oder von andern Unternehmen übernommen worden waren; andere benutzen Schmalspur- oder Industrielinien, und wieder andere veranstalten Dampffahrten auf Hauptlinien.
Die zwei wichtigsten Beispiele innerhalb der ersten Kategorie sind die Linien Hoorn–Medemblik und Goes–Borsele. Auf einer ausschließlich für den Frachtverkehr bestimmten, rund 20 km langen Strecke der NS von Hoorn (etwa 40 km nördlich von Amsterdam) nach Medemblik wurden 1968 die ersten Sonderfahrten mit Dampflokomotiven durchgeführt. Das Unternehmen entwickelte sich so gut, daß die von Eisenbahnfans unterstützte Gesellschaft heute täglich Güterzüge mit Dieselloks, in der Hochsaison alle Tage und in der übrigen Jahreszeit an Wochenenden Passagierzüge mit Diesel- oder Dampflokomotiven einsetzen muß. Zumeist handelt es sich um vierrädrige Lokomotiven, doch gibt es auch ein paar echte Straßenbahntriebwagen, deren Aufmachung und «Verpakkung» ganz nett ist. Das Unternehmen besitzt heute ein ganzes Sammelsurium von Rollmaterial, so zum Beispiel eine Wagenkomposition aus Österreich und einen Straßenbahntriebwagen aus Deutschland. Da auch Diesellokomotiven ihre Tücken haben, kann es hie und da vorkommen, daß die Güterzüge im Winter von Dampflokomotiven gezogen werden müssen, doch achtet die sehr um eine ausgeglichene Bilanz besorgte Direktion auf nicht ganz eisenbahnerische Weise darauf, daß dies nicht allzu oft vorkommt.
Die Linie Goes–Borsele (von Goes – südlich von Rotterdam – nach Barrland) verkehrt heute auf einem 11 km langen Teilstück einer ehemals selbständigen Normalspur-Überlandbahn, deren Rundstrecke durch den Bau von Entwässerungsanlagen unterbrochen worden war. Der Fahrplan sieht heute im Sommer tägliche, während der übrigen Jahreszeiten nur Wochenendfahrten mit Dampf- und Diesellokomotiven vor. Dabei gelangen ein paar ziemlich große Lokomotiven zum Einsatz, so zum Beispiel eine holländische 1C-Tendermaschine, eine Krupp C-Tenderlok und eine C-Tender der US Army, eine gute, alte Bekannte, die einst überall zwischen Brest und Belgrad anzutreffen war.

Einsatz: Hoorn-Medemblik: Die B-Tenderlok, Nr. 30, der ehemaligen Rotterdamer Gaswerke in Medemblik.

Hoorn-Medemblik: Die B-Tenderlok der Limburger Straßenbahnen, Nr. 21.

Die zwei Schmalspurbahnen in Holland sind ganz nett, wenn auch etwas weniger aktiv. Dem Tourismus schon am längsten erschlossen ist eine 2 km lange Reststrecke der alten Rotterdam-Dampf-Straßenbahn von Hellevoetsluis nach Vlotburg. Ein vernichtender Brand zerstörte vor einigen Jahren den größten Teil des Rollmaterials; übriggeblieben sind nur eine Diesellok und eine alte holländische C-Tender-Straßenbahnlok, ein besonders schönes Exemplar mit Kondensationstender aus dem Jahre 1920. Die Linie ist an den meisten Wochenenden im Sommer in Betrieb. Die zweite Schmalspurbahn fährt zwar etwas weniger oft, aber doch noch recht häufig. Es handelt sich um eine Industrielinie (Spurweite 70 cm) in Katwijk in der Nähe von Leiden; sie gehört der Leidener Wasserversorgung und liegt auch vollkommen auf deren Grund. Auf dem Gelände zwischen Teichen und Sanddünen tummeln sich nun drei gefällige, kleine B-Tenderlokomotiven mit ein paar alten Rostwagen.

Während fast 20 Jahren waren auf Hollands Hauptlinien keine Dampflokomotiven mehr gefahren, dann aber erfolgte ein ziemlich umfangreiches Comeback. Auf der Linie Rheine–Emden kamen von Deutschland her immer noch einige der großen, dreizylindrigen

Goes-Borsele: Die C-Tenderlok, Nr. 6, *Laura,* von den ehemaligen Limburger Straßenbahnen.

N. V. Nederlandse Spoorvegen: Die erhalten gebliebene 2C-Lokomotive, Nr. 3737, unter Dampf.

Katwijk: Die alte B-Tender-Industrielok *Yvonne* in Aktion.

Rotterdamer Dampftram: Die erhaltene C-Tenderlok, Nr. 56, bei Hellevoetsluis.

012-Pacific-Lokomotiven über die Grenze. Einige Holländer, die das Ende dieser Loks kommen sahen, beschlossen daher, eine von ihnen zu chartern und damit eine Sonderfahrt durch Holland zu organisieren. Dieses Unternehmen war sehr erfolgreich und stieß auf großes öffentliches Interesse. Nach ein paar ebenso erfolgreichen Wiederholungen entschlossen sich die Holländischen Staatsbahnen, die diesem Plan natürlich ihre volle Unterstützung gewährt hatten, eine ihrer eigenen Schnellzugslokomotiven – eine vierzylindrige 2C-Type – aus dem Utrechter Museum herauszuholen und wieder einzusetzen. Es wurden keine Kosten gescheut, die Nr. 3737 vollständig zu überholen; so erhielt sie unter anderem auch einen neuen Dampfkessel und präsentierte sich nach Abschluß der Arbeiten sehr eindrucksvoll und schön. Sie wurde vor verschiedene Sonderzüge gekoppelt und wurde eine Zeitlang sogar für fahrplanmäßige Fahrten zwischen Tilburg und Turnhout eingesetzt. Offenbar war aber die finanzielle Seite des Unternehmens nicht ganz befriedigend ausgefallen, und so sind ihre Auftritte nun wieder seltener geworden. Immerhin hat sie seit ihrer «Befreiung» aus dem Museum eine stattliche Zahl von Kilometern zurückgelegt.

Aus Platzgründen ist es leider unmöglich, eine vollständige Liste der Dampfattraktionen irgendeines Landes anzuführen. So gibt es denn auch in Holland viele kleinere Gruppen und Unternehmen; da ihnen die Öffentlichkeit keineswegs ablehnend begegnet, werden sie sich so weit entwickeln, wie es das Interesse der Besucher ermöglicht. Zwei oder drei der ehrgeizigsten Gesellschaften haben ein paar große Dampflokomotiven aus Deutschland importiert; sie haben die Gelegenheit benutzt, moderne Maschinen in allgemein gutem Zustand zu erwerben, und dabei profitierten sie sicher davon, daß die Deutschen keine Mark mehr als den Schrottpreis dafür haben wollten. Eine Gruppe holte beispielsweise 1975 eine E-Tenderlokomotive der DB, BR.94, nach Holland, setzte sie drei Monate lang ein und fand sich dann vor irgendwelchen unüberwindbaren Problemen; nun konnte die Lok einfach zum Schrottpreis wieder verkauft werden, und der Erlös reichte zum Ankauf einer andern Maschine. In England hätte ein solches Ereignis wahrscheinlich zum Scheitern ähnlicher Pläne geführt. In Holland entwickelt sich dieses Unternehmen nun aber offensichtlich zu einer richtigen, großen Dampfeisenbahngesellschaft. Sie besitzt heute sechs deutsche Lokomotiven, welche im Sommer täglich Passagierzüge über die 21 km lange Frachtlinie der NS von Apeldoorn nach Dieren ziehen. Nach einer so langen Zeit ohne Dampflokomotiven muß man wohl zugeben, daß Holland heute wieder ein herrliches Dampfland geworden ist.

Der Schock des reiselustigen Engländers beim Verlassen der Fähre in Calais wäre zeitweise bestimmt noch größer gewesen, wenn er in Ostende von Bord gegangen wäre: Denn so etwas wie die belgischen Lokomotiven – mit viereckigen Kaminen! – gab es gewiß in keinem andern Land auf der ganzen Welt zu sehen. In der ersten Hälfte des 20. Jahrhunderts war dann aber der britische Einfluß auf den belgischen Lokomotivbau ziemlich stark (wenn auch nicht so stark wie in Holland), und später überwogen vielleicht die amerikanische und die deutsche Denkweise. Dennoch hatte der einheimische Lokomotivbau stets eine gewisse Tendenz zum Exzentrischen; Beweise dafür sind die schönen Flamme-2C1-Loks und ihre Nachfolgerinnen aus den dreißiger Jahren. Die letzten Dampflokomotiven, die auf belgischen Hauptlinien zum Einsatz kamen, waren aber – genau wie in Frankreich – amerikanische oder, besser gesagt, kanadische Modelle: in Montreal gebaute 1D-Loks der Klasse 29. Obwohl der fahrplanmäßige Dampfdienst um 1964 eingestellt worden ist, gibt es immer noch ein paar funktionstüchtige Dampflokomotiven, die bei besondern Gelegenheiten aus der Versenkung hervorgeholt werden, so zum Beispiel anläßlich der 50-Jahr-Feier der SNCB im Jahre 1976.

Abgesehen von den Hauptlinien hatte Belgien aber früher ein umfangreiches Netz von kleineren Normal- und Schmalspurlinien und -überlandbahnen, die meistens dem Staat gehörten, in letzter Zeit aber von einem getrennten staatlichen Unternehmen, der Société Nationale des Chemins de Fer Vicinaux, betrieben wurden. In der Zwischenkriegszeit verfügte Belgien sogar von allen Ländern der Welt über die größte Schienenlänge pro Flächeneinheit. Nur wenige dieser Linien vermochten die fünfziger Jahre zu überleben. Neben einigen Stadtbahnen existiert heute nur noch eine Linie des einst so weit verbreiteten SNCV-Systems von elektrischen Überlandbahnen mit Meterspur: Es ist die Linie von De Panne über Ostende nach Knokke, die 60 km weit praktisch der ganzen Küste von der französischen bis zur holländischen Grenze entlangführt. Nur unwesentlich modernisiert, erinnert diese Bahn an die gute alte Zeit; sie ist das ganze Jahr hindurch in Betrieb und ist einen Besuch wohl wert. Zwar sieht der Passagier keine Dampfwolken, dafür aber ab und zu einen Funkenregen, wenn einer der ziemlich alten Motortriebwagen oft mitten auf der Strecke zwei oder drei schwere Wagen anschleppen muß.

Belgien verfügt heute über drei Touristenbahnen; nicht eingeschlossen ist dabei die Schmalspurbahn in den *Grottes de Han* in den Ardennen, welche zwar von Dieseltriebwagen der SNCV betrieben wird, aber doch eher zur Einrichtung dieses Höhlensystems gehört und nicht eigentlich als selbständiges Eisenbahnunternehmen angesprochen werden kann. Eine Normalspurbahn hat 1976 in der Nähe von Charleroi ihren Betrieb auf einem 12 km langen Abschnitt einer stillgelegten SNCB-Zweiglinie von Nismes nach Treignes aufgenommen. An Sommerwochenenden fahren Dampf- oder Dieselzüge durch diese landschaftlich sehr reizvolle Gegend. Das Unternehmen besitzt nicht weniger als sieben kleine Industrie-Tenderlokomotiven, die aber nicht mehr alle einsatzbereit sind.

Zu erwähnen sind auch zwei Meterspur-Touristenbahnen. Da ist zuerst die nicht elektrifizierte, 12 km lange Linie der SNCV von Warsage nach Trembleur. Trotz sehr schwacher Besucherzahlen war sie langezeit dafür berühmt, daß sie mit einer Flotte von C-Tender-Straßenbahnlokomotiven klassischer Bauart Kohlen von einem Bergwerk zur Hauptlinie befördert hatte. Zu Beginn der sechziger Jahre übernahmen dann Diesellokomotiven diese Aufgabe. Seit Mai 1973 verkehren aber an Sommerwochenenden wieder Personenzüge; obwohl sie meistens von Diesellokomotiven gezogen werden, steht hie und da doch einer der überholten Straßenbahntriebwagen an der Spitze.

Etwas dampfkräftiger ist die Tramway Touristique de l'Aisne, ungefähr 64 km südöstlich von Namur in schönster Ardennenlandschaft. Zur Verfügung steht

Imp
10016

ein Abschnitt der alten Linie Melreux–Manhay, die 1959 geschlossen wurde. Die ersten gut 10 km vom Anschluß an die Hauptlinie in Melreux aus wurden als ungeeignet betrachtet, denn es gab vielfältige Probleme mit Niveauübergängen und Straßenarbeiten entlang des Bahntrassees. 1966 wurde aber das 11 km lange Teilstück von Pont-d'Erezée nach Dochamps an eine von Eisenbahnfreunden unterstützte Gesellschaft verpachtet, die seither den Betrieb auf dieser Strecke unterhält. Die meisten Züge fahren von Pont-d'Erezée nach Forges (8 km); einige dringen etwas weiter vor, obwohl es bis heute noch nicht möglich gewesen ist, den ganzen Abschnitt instandzustellen. Ein Besuch lohnt sich aber auf jeden Fall. Im Gegensatz zu den meisten Straßenbahnen der SNCV verfügt diese vollständig über ihr eigenes Bahngelände und besitzt sogar vier eigene C-Tender-Triebwagen (zwei sind bis heute restauriert worden) und einen sehr schönen, alten Dieseltriebwagen mit Holzgehäuse der SNCV. Der für europäische Verhältnisse sehr gut ausgebaute Fahrplan sieht Wochenendfahrten von April bis Oktober und tägliche Fahrten im Juli und August vor.

Und das wäre es dann für den Moment aus Belgien. Natürlich kursieren verschiedene Gerüchte, und es sind auch gewisse Anzeichen vorhanden, die auf weitere Attraktionen hoffen lassen. So stehen zum Beispiel auf Abstellgeleisen rund um Lüttich sechs von Cockerill erbaute B-Tenderlokomotiven mit vertikalem Dampfkessel; für eine geplante neue Linie in der Nähe von Limburg hat jemand bereits zwei Schmalspur-C1-Tenderlokomotiven und ein Dutzend Waggons aus Jugoslawien importiert, und zwei ältere, vierrädrige, elektrische Straßenbahnen sind für eine weitere Linie in der Nähe von Charleroi vorgemerkt. Vielleicht kommen also bald gute Dampfnachrichten aus Belgien.

Auch Luxemburg als dritter der Beneluxstaaten hat selbstverständlich seine Dampfgeschichte. Auf den Hauptlinien schleppte einst eine Flotte schwerfälliger 1E-Lokomotiven deutscher Herkunft mit Erz und Kohle beladene Züge durch die schöne Hügellandschaft. Noch Jahre nach dem Krieg befand sich eine der schönsten klassischen Schmalspurbahnen in Luxemburg. Doch auch sie verschwand, und für lange Zeit war Luxemburg das einzige Land auf der ganzen Welt, das zwar überhaupt keine Dampflokomotiven mehr, aber noch ein gutes Eisenbahnnetz besaß (eine notwendige Präzisierung, denn zum Beispiel in Trinidad fuhr wirklich einmal ein allerletzter Zug nach San Fernando). Im Jahre 1973 aber pachtete ein Unternehmen mit dem wohlklingenden Namen Association des Musées et du Tourisme Ferroviaires von der CFL einen 6 km langen Abschnitt einer ehemaligen Minen-

SNCB: Die 2C1-Lok, Nr. 10.016, verläßt Luxemburg.

bahn in Rodange und organisierte darauf Dampffahrten an Sonntagen im Sommer. Bis heute konnte das Unternehmen bestehen und verfügt nun sogar über drei Lokomotiven, eine C-Tender-, eine B-Tenderlok (die zurzeit restauriert wird) und einen von der CFL übernommenen vierrädrigen Straßenbahn-Triebwagen. Der Fahrbetrieb gestaltet sich etwas kompliziert: In Fond-de-Gras müssen die Züge ein Stück weit rückwärts fahren, und an der Endstation in Fussboch steht keine Kehrschlaufe zur Verfügung. Dort nun muß der Straßenbahn-Triebwagen helfend einspringen: Währenddem die Dampflokomotive auf dem Nebengeleise wartet, zieht er die Reihe der sechsrädrigen (heute auch immer seltener werdenden) Wagen daran vorbei. Für eine Dieselmaschine sicher keine große Aufgabe, denn auf die meisten wartet doch ein erheblich mühsameres Leben.

11. Westdeutschland (BRD)

Von allen Eisenbahnen Europas hatten die deutschen Eisenbahnen ursprünglich bestimmt die größte Ähnlichkeit mit amerikanischen. Dies wirkte sich auch auf die meisten heute zu Osteuropa gehörenden Linien aus, die doch weitgehend unter deutschem Einfluß errichtet wurden. Der Grund dafür liegt darin, daß damals die deutschen Verhältnisse viel eher den amerikanischen als den westeuropäischen glichen. Die Distanzen waren groß, und es mangelte auch an finanziellen Mitteln zum Bau schwerer Eisenbahnlinien. Die ersten wurden demzufolge in einer eher leichten Bauweise errichtet. Als dann aber mit der Zeit immer mehr Geld zur Verfügung stand, dachte man keineswegs daran, das bestehende Netzsystem zu durchbrechen und neue Hauptlinien zu erbauen, sondern man tendierte vielmehr dazu, die existierenden Strecken Stück um Stück durch den Einbau stärkerer Schienen und den Einsatz schwererer Lokomotiven zu verbessern. So weisen denn bis auf den heutigen Tag die deutschen Eisenbahnstrecken neben viel Ähnlichem viel stärkere Steigungen und engere Kurven als die englischen oder französischen Bahnen auf. Die deutschen Dampflokomotiven waren denn auch – wie die amerikanischen – ziemlich groß und wuchtig. Man hielt zwar nicht große Stücke auf Äußerlichkeiten, dafür legte man um so mehr Wert auf technisch einwandfreie Arbeit. Es gibt aber noch eine weitere Parallele zwischen Deutschland und Amerika: Obschon alle Hauptlinien und die wichtigsten Nebenlinien praktisch vom ersten Tag an dem Staat gehörten, entstand doch eine ganze Reihe von unabhängigen Zweiglinien. Unter dem kommunistischen Regime im Osten nach 1945 wurden diese samt und sonders verstaatlicht, was aber nicht bedeutete, daß sie nicht eine gewisse Individualität beibehalten konnten. Im reicheren Westen unterlagen die meisten dem freieren Konkurrenzkampf; trotzdem überlebten

Nordsee
Rügen
BORKUM
Hamburg
PULVERBACHBAHN
Bremen
BRUCHHAUSEN
ASENDORF
DAMPFEISENBAHN WESERBERGLAND
BOHMTE
Berlin
Hannover
Osnabrück
RINTELN
MINDEN
Bielefeld
KLEINBAHN
MÜHLENSTROTH
GÜTERSLOH
RADEBEUL OST
SELFKANTBAHN
DRESDEN
Köln
GILLRATH
RADEBERG
Aachen
Bonn
Würzburg
DÖRZBACH
JAGSTTALBAHN
MÖCKMÜHL
KARLSRUHE
STUTTGART
ACHERN
OTTENHÖFEN
AMMERSEEBAHN
GRAFRATH
München
CHIEMSEEBAHN
KANDERN
HALTINGEN
TEGERNSEEBAHN
DEUTSCHLAND
Basel
0 25 50 Meilen
0 50 km

– genau wie in den USA – nicht wenige, die heute für eine administrative Vielfalt sorgen, die der Gründung der ersten Unternehmen zur Erhaltung von Dampfeisenbahnen zweifellos förderlich war. Und in Deutschland sind diese Unternehmen noch nicht sehr alt, denn auf den deutschen Hauptlinien verkehrten Dampflokomotiven noch viel länger als in den meisten andern Ländern. Sogar 1976 versahen noch einige Dampfloks ihren fahrplanmäßigen Dienst. Das Bedürfnis zur Erhaltung von Dampfeisenbahnen war hier also noch nicht so ausgeprägt wie in andern Ländern.

Unter den Normalspurbahnen sind drei Dampflinien erwähnenswert. An und für sich könnte man auch eine größere Zahl anführen, denn zwei dieser Unternehmen halten den Dampfbetrieb auf mehr als einer Strecke aufrecht. Die Dampfeisenbahn Weserbergland besitzt zwei kleine C-Tendermaschinen und eine B-Tender-Straßenbahnlokomotive. Diese drei Maschinen ziehen abwechslungsweise speziell angekündigte Sonderzüge an durchschnittlich einem Tag pro Sommermonat auf drei unabhängigen Strecken zwischen Osnabrück und Hannover. Auf diesen drei Linien verkehren sonst nur dieselbetriebene Güterzüge, ein Überbleibsel eines einstmals großen Eisenbahnunternehmens mit Personen- und leichtem Gütertransport. Die erste dieser Linien ist 24 km lang und führt von Rinteln nach Stadthagen; sie gehört der Deutschen Eisenbahn GmbH mit Sitz in Frankfurt am Main, welche – genau wie ähnliche Konzerne zum Beispiel in Frankreich oder Italien – die Konzessionen zum Betrieb vieler Lokalbahnen besaß. Die beiden andern sind die Wittlager Kreisbahn (von Bohmte nach Preußisch Oldendorf und Schwegermoor, 30 km) und die Mindener Kreisbahn (von Minden nach Petershagen, 13 km). Beide Linien sind noch im Besitz lokaler Gesellschaften und werden auch von diesen betrieben.

Die Eurovapor-Organisation, deren Mittelpunkt eindeutig in der Schweiz zu liegen scheint, hat große Leistungen vollbracht. Sie hat nicht nur eine stattliche Anzahl großer Dampflokomotiven erhalten können, sondern hat sich auch in zähen Verhandlungen das Recht erworben, auf verschiedenen Linien in Deutschland, Österreich und der Schweiz öffentlich zugängliche Ausflugsfahrten mit Dampflokomotiven durchzuführen oder zu chartern. In Deutschland stehen zwei Normalspurbahnen unter ihrer Schirmherrschaft; sie liegen im oberen Rheintal zwischen Karlsruhe und Basel und gehören beide der Südwest-Deutschen Eisenbahn GmbH. Auf der 11 km langen Strecke Achern–Ottenhöfen wird ungefähr jedes zweite Sommerwochenende die C-Tenderlokomotive *Badenia* eingesetzt. Sie zieht ein paar recht eindrucksvolle Waggons, welche einst mit dem Super-de-Luxe-«Rheingold»-Expreß 1928 auf der Hauptlinie mit hoher Geschwindigkeit durch Achern donnerten. Auf der Linie Haltingen–Kandern (13 km) weiter südlich verkehrt ungefähr einmal im Monat eine ehemals preußische T3-C-Tenderlokomotive.

Alle diese Dampfeisenbahnen fahren dank freundschaftlicher Zusammenarbeit zwischen Berufs- und Amateureisenbahnern, und interessanterweise spiegeln die meisten in Deutschland erhaltenen Dampfeisenbahnunternehmen dieses Verhältnis irgendwie wider. Eine Ausnahme bildet nur die dritte dampfbetriebene Normalspurbahn, die 12 km lange Tegernseebahn, die von einer unabhängigen, kleineren Eisenbahngesellschaft auf eigene Rechnung betrieben wird. Dieses in den Bergen südlich von München gelegene Unternehmen behielt eine seiner schönen, leichten 1D1-Tenderlokomotiven, als diese von Dieselloks abgelöst wurden. Sie konnte man auch danach noch an bestimmten Wochenenden im Sommer in voller Fahrt bewundern. Um äußerst kostspielige Reparaturen zu vermeiden, kaufte die Tegernseebahn 1976 eine zwar weniger schöne, aber immer noch recht gefällige 1D1-Tenderlok der Klasse 93 aus Österreich und läßt die Züge nun von ihr ziehen.

Auf Meterspur-Strecken werden ebenfalls an drei Orten Dampflokomotiven eingesetzt. Die älteste dieser Linien ist zweifellos die berühmte Chiemseebahn auf halber Strecke zwischen München und Salzburg. Ihre einzige Daseinsberechtigung war und ist auch heute noch, eine Verbindung von der Haupteisenbahnlinie in Prien zur 2 km entfernten Schiffanlegestelle in Stock herzustellen. Dieses Schiff seinerseits fuhr und fährt auch heute noch aus einem einzigen Grund: Es bringt Besucher nach Herrenchiemsee, zu einem der Traumschlösser von König Ludwig II. Die Bahn ist nur im Sommer in Betrieb, und eine Fahrt von Prien nach Stock dauert nur acht Minuten. Bis vor kurzem besaß die Linie nur eine einzige Lokomotive, einen B-Tender-Triebwagen. Dies wird sich aber vielleicht ändern, denn in jüngster Zeit fanden verschiedene «Flüchtlinge» in Prien Zuflucht und können dort unter Umständen ein neues Leben beginnen.

Die beiden andern je 8 km langen Meterspur-Bahnen liegen in Norddeutschland: die Selfkantbahn, nahe der holländischen Grenze nördlich von Aachen, und die Museumsbahn Bruchhausen–Vilsen–Asendorf, südlich von Bremen. Beide Strecken sind Abschnitte einer ehemaligen lokalen Schmalspurbahn, deren Reststrekken entweder stillgelegt oder auf Normalspur umgebaut worden sind. Auf beiden Linien verkehren an Sommerwochenenden Dampfzüge, obwohl die zweite auch einen alten Überland-Triebwagen besitzt. Beide

Oben: Chiemsee: Ein C-Triebwagen, wahrscheinlich Nr. 1, ist die einzige Lokomotive, die die Chiemseebahn je besessen hat.

Bruchhausen–Vilsen–Asendorf: Die 1C-Tenderlok *Spreewald* fährt in Heiligenberg ab.

Unternehmen werden im Prinzip von Eisenbahnfreunden betrieben; das erste verfügt über eine ziemlich schwerfällige B-Tender-Industrielok, das zweite ist etwas älter und auch etwas interessanter, denn zu seinem Glück besaß es von Anfang an ein paar recht schöne Lokomotiven, die von öffentlichen Eisenbahnen übernommen wurden. Dank der Unterstützung von Eisenbahnfreunden gehen aber beide Unternehmen recht gut.

Schmalspurbahnen gilt es in Deutschland ebenfalls drei zu erwähnen. Die älteste von ihnen ist zweifelsohne die Jagsttalbahn, eine 762-mm-Schmalspurlinie ungefähr in der Mitte zwischen Stuttgart und Würzburg. Dieses selbständige Unternehmen betreibt mit Diesellokomotiven einen recht intensiven Geschäftsverkehr, und obwohl es sich ausschließlich als Gütertransportunternehmen ausgibt, setzt es auch einige Personenzüge für Schulkinder ein. Diese sind allerdings sehr geschickt getarnt, indem sie nur auf dem Busfahrplan aufgeführt sind. Die Jagsttalbahn besitzt ein paar schöne, moderne Waggons, die eine zusätzliche Einnahmequelle darstellen, denn jedes zweite Sommerwochenende werden sie für Ausflüge an eine der hübschen Dampflokomotiven angehängt, die zwar älter als ihre Dieselkollegen sind, sie aber überlebt haben. Die riesige E-Tenderlokomotive mit Wasserkasten aus dem Jahre 1944 ist zwar nicht mehr in Betrieb, dafür aber zwei echte alte C-Lokomotiven, die aus der Zeit der Linieneröffnung im Jahre 1901 stammen und die hübschen Namen *Helene* und *Kunigunde von Crutheim* tragen. Eine Fahrt mit der Jagsttalbahn führt übrigens durch eine sehr schöne Landschaft.

Die beiden andern Schmalspurbahnen, beide mit einer Spurweite von 60 cm, wurden erst kürzlich eigens für Lustfahrten erbaut. Die Pulverbachbahn in Holm-Seppensen, einige Kilometer südwestlich von Hamburg, ist ein ziemlich bescheidenes Unternehmen, das eine nur 1 km lange Strecke sowie eine einzige B-Tenderlokomotive besitzt. Die Dampf-Kleinbahn Mühlenstroth in Isselhorst bei Bielefeld (wiederum im Gebiet zwischen Osnabrück und Hannover) ist um einiges größer. Auf eigenem Grund und Boden besitzt sie eine 4 km lange Rundstrecke mit Hauptbahnhof und Depot. Einsatzbereit stehen eine ganze Sammlung

Deutsche Bundesbahn: Die 2C1-Lokomotive, Nr. 01.1077, verläßt an der Spitze des Schnellzugs Hamburg–Köln die Station Diepholz, 1968.

von Waggons verschiedener ehemaliger Eisenbahnen und vier Dampflokomotiven. Zwei davon sind frühere B-Tender-Industrielokomotiven (eine dritte wird zurzeit instandgestellt). Die dritte ist eine D-Tender-Heereslokomotive, ein deutsches Heeresfeldbahn-Modell aus dem Ersten Weltkrieg, welches in vielen hundert Exemplaren gebaut worden war und noch jahrelang auf vielen kleineren Bahnstrecken von Frankreich bis nach Jugoslawien und noch weiter im Osten verkehrte. Die vierte ist ein ganz besonders eindrucksvolles Exemplar, nämlich eine C-Tenderlokomotive mit Wasserkasten. Diese sehr formschöne Lok wurde früher auf verschiedenen 75-cm-Linien in Ostdeutschland eingesetzt. Nach ihrem Kauf durch die DKBM wurde sie im Jahre 1974 auf eine Spurweite von 60 cm umgebaut. Irgendwo gibt es eine nette Fotografie dieser Lokomotive, wo sie unter Dampf auf dem Deck der kleinen Schmalspurbahn-Fähre nach der Insel Rügen in der Ostsee steht.

Für das Weiterleben der Dampfeisenbahnen ist in Deutschland im Moment also bestens gesorgt. Für den Einsatz auf Hauptlinien steht ein ansehnliches Potential an Dampflokomotiven zur Verfügung, und ein paar renovierte Maschinen haben denn auch schon große Fahrten hinter sich. Ungewiß ist allerdings, ob die Deutsche Bundesbahn auch später zu einer Zusammenarbeit bereit sein wird, wenn sie selbst einmal über keine Dampflokomotiven mehr verfügen wird. Möglicherweise wird es dannzumal den kleineren Linien überlassen bleiben, die Dampftradition weiterzuführen.

Deutsche Bundesbahn: Die 2C-Lok, Nr. 38.3885, verläßt mit dem Personenzug Koblenz–Trier die Station Bullay.

12. Österreich

Auch in Österreich gibt es nicht wenige Dampfbahnen. Die meisten Bahnen sind allerdings kommerzielle und touristische Unternehmen und demzufolge nicht so sehr auf Eisenbahnfreunde angewiesen. An erster Stelle sei die Linie Eisenerz-Vordernberg der Österreichischen Bundesbahn (ÖBB) erwähnt, obwohl auch sie streng genommen kein reines Vergnügungsunternehmen, sondern vielmehr eine kommerzielle Angelegenheit ist. Noch in den siebziger Jahren dampfen achtzigjährige C1-Tenderlokomotiven die teilweise als Zahnradstrecke angelegte Normalspurlinie zum Erzberg hinauf und auf der andern Seite wieder hinunter. Dabei schleppen sie lange Kolonnen mit erzbeladenen Wagen – und natürlich auch Passagiere – über Steigungen von bis zu 67‰ zu den Donawitzer Stahlwerken. Über zehn Jahre lang hat man vergeblich versucht, eine Diesellokomotive zu konstruieren, welche diese unverwüstlichen Veteranen einigermaßen zuverlässig hätte ablösen können; und so kommt es, daß diese Bahn – die, rein gefühlsmäßig, eigentlich seit gut 40 Jahren der Geschichte angehören müßte – immer noch fährt, vielen zur Freude und zum Vergnügen, vielen andern aber auch als Lebensnotwendigkeit.

Die ÖBB setzt noch auf einigen Strecken eine gewisse Anzahl von Dampflokomotiven ein, darunter ein paar ganz außergewöhnliche, ihren Dieselkollegen hartnäckig trotzende Engerth C + 2-Stütztender-Lokomotiven auf einem 762-mm-Spur-System in Gmünd, nahe der tschechoslowakischen Grenze. Die rein touristischen Dampflinien sind aber ausschließlich Schmalspurbahnen, auf denen fast nur Dampflokomotiven verkehren. Da ist einmal die bemerkenswerte Steyrtalbahn von Garsten nach Klaus; die rund 35 km lange Strecke (Spurweite 762 mm) ist ein Überbleibsel der klassischen österreichischen Schmalspur-Lokaleisenbahn. Sie fährt das ganze Jahr hindurch durch eine

Österreichische Bundesbahnen: Die für Zahnrad- und Adhäsionsbetrieb ausgerüstete C1-Tenderlok, Nr. 97.217, im Lokomotivschuppen Vordernberg.

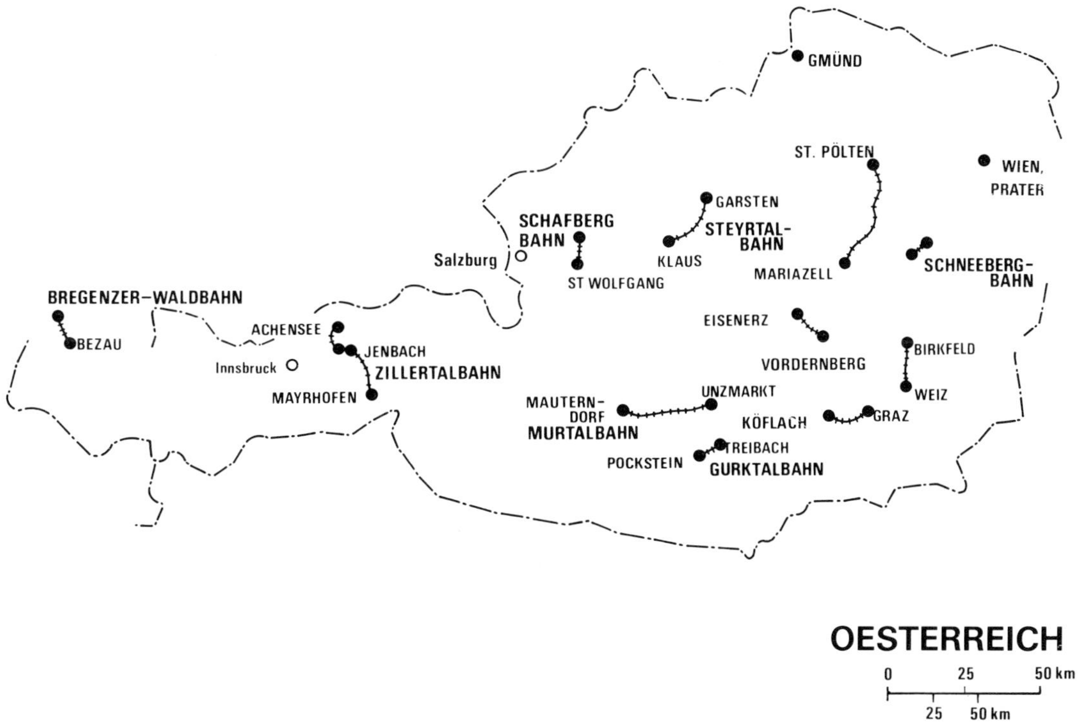
GMÜND
ST. PÖLTEN
WIEN, PRATER
GARSTEN
STEYRTAL-BAHN
KLAUS
SCHAFBERG BAHN
Salzburg
ST WOLFGANG
MARIAZELL
SCHNEEBERG-BAHN
BREGENZER-WALDBAHN
BEZAU
ACHENSEE
JENBACH
Innsbruck
ZILLERTALBAHN
MAYRHOFEN
EISENERZ
VORDERNBERG
BIRKFELD
WEIZ
UNZMARKT
MAUTERN-DORF
MURTALBAHN
KÖFLACH
GRAZ
TREIBACH
POCKSTEIN
GURKTALBAHN
OESTERREICH
0 25 50 km
25 50 km

97 217

Schneeberg: Die B1-Tender-Zahnradlok, Nr. 999.05, beim
Lokomotivschuppen von Puchberg.

Ganz links: Österreichische Bundesbahnen: Die C1-Tenderlokomotive, Nr. 298.52, in Klaus.

Links: Österreichische Bundesbahnen: Die B1-Tender-Zahnradlokomotive, Nr. 999.06, bei der Durchfahrt in St. Wolfgang.

Rechts: Achensee: Die B-Tender-Zahnrad- und Adhäsionslokomotive steht abfahrtbereit in Jenbach.

Unten: Zillertal: Die C1-Tenderlokomotive, Nr. 3, *Tirol*, in Mayrhofen.

äußerst reizvolle Berglandschaft, und bis auf den heutigen Tag wollte sie von Diesellokomotiven nichts wissen. Die Bahn befördert gerne Touristen, hat aber noch andere Ambitionen, die dadurch klar zum Ausdruck kommen, daß die Personenzüge nur bis Molln fahren, währenddem die restlichen 10 km bis nach Klaus dem Güterverkehr vorbehalten sind.
Als Höhepunkt schließlich besitzt die ÖBB nicht nur eine, sondern zwei herrliche Zahnradbahnen, die Puchberg–Schneeberg-Bahn südlich von Wien und die St. Wolfgang–Schafberg-Bahn östlich von Salzburg. Auf den Schneeberg fahren nur Dampflokomotiven, währenddem die Schafbergbahn einige Dieselloks in Reserve hat. Diesen «Fehler» macht sie aber dadurch wett, daß sie weit und breit die einzige Eisenbahn in der Gegend ist, obwohl sie einst beinahe in Verbindung stand mit der Schmalspurlinie der Salzkammergut-Lokalbahn seligen Angedenkens.
So gebührt der Österreichischen Bundesbahn also sicherlich ein Ehrenplatz innerhalb der Dampfwelt. Es gibt aber in Österreich noch andere Unternehmen, die sich ebenfalls große Verdienste um Dampfeisenbahnen erworben haben. Einige Kilometer östlich von Innsbruck liegt zum Beispiel die kleine Stadt Jenbach, wo Diesellokomotiven gebaut werden. Dessenungeachtet gibt es dort zwei selbständige Schmalspurbahnen. Die Zillertalbahn (Spurweite 762 mm) führt 25 km weit durch dieses schöne Alpental nach Mayrhofen. Auch hier ziehen Diesellokomotiven fahrplanmäßige Güter- und Personenzüge. Bis Ende der sechziger Jahre fuhr sie nur mit Dampfkraft; einige C1-Tenderlokomotiven wurden aber auch nachher betriebsbereit gehalten und ziehen nun täglich speziell angekündigte Personenzüge während der Sommer- und Wintersaison. Auf der andern Seite der Hauptlinie in Jenbach beginnt die Achenseebahn, eine alte, nach

Oben: Steirische Landesbahn: Die E-07-Lokomotive, Nr. Kh 111, bei einem Fotohalt auf einem Ausflug mit Eisenbahnfans von Unzmarkt nach Mauterndorf.

Steirische Landesbahn: In Österreich übliche Schmalspurlokomotiven des Typs C1 in Muren-Stobralpe.

dem Riggenbach-System erbaute Zahnradbahn. Seit den 1880er Jahren erklimmt sie den Berghang nördlich der Stadt, erreicht schließlich den Gipfel und führt dann – ohne Zahnschiene – sanft bergabwärts zum Achensee, wo die Reisenden ein Schiff zur Weiterfahrt erwartet. Wenn man nicht zu Fuß gehen oder reiten wollte, war diese Bahn viele Jahre lang die einzige Möglichkeit, in diese entlegenen Bergdörfer zu gelangen. Unter enormem Kostenaufwand wurde dann in den sechziger Jahren eine Super-Alpenstraße gebaut; trotz dieser Konkurrenz vermochte die Bahn aber schlecht und recht zu überleben.

Natürlich gibt es in Österreich auch ein paar Schmalspurbahnen. Nach deutschem Vorbild verfügen sie noch über ein paar – oft in Privatbesitz befindliche – Dampflokomotiven, die ab und zu für Ausfahrten eingesetzt werden. Die Eurovapor-Organisation, der wir schon in der Nähe von Basel begegnet sind, ist auch in Westösterreich tätig. Sie organisiert auf der recht langen Strecke der ÖBB-Bregenzerwaldbahn von Bregenz nach Bezau Fahrten mit einer E-TT-Lokomotive der alten Salzkammergut-Bahn. Die Steiermärkische Lokalbahn besitzt zwei Linien: die Murtalbahn von Unzmarkt nach Mauterndorf westlich von Graz und die Weiz–Birkfeld-Linie östlich von Graz. Auf diesen Strecken werden zu regelmäßigen Ausflugsfahrten sechs alte, schöne C1-Tenderloks eingesetzt. Überdies kann man auf der Murtalbahn der StLB eine B-Tenderlokomotive mieten und sogar selbst damit fahren. Auf einer Normalspur-Anschlußlinie der Weiz–Birkfeld-Bahn ist auch noch eine 1D1-Tenderlok in Betrieb. Als nächste ist die Normalspurbahn der Graz–Köflacher-Bahn zu erwähnen, die sehr geschäftsmäßig und eher im Stile einer Hauptlinie operiert. Für den Normalverkehr stehen 1D- und 1E-Lokomotiven zur Verfügung; daneben besitzt sie aber auch eine hundert Jahre alte C-Lok sowie eine nicht viel jüngere 2B-Lok, die sich hinter den Kulissen aufhalten, um im Notfall zum Einsatz zu kommen. Der Verein der Kärntner Eisenbahnfreunde besitzt seit 1974 eine eigene, 3 km lange 762-mm-Linie, die Gurktalbahn von Treibach nach Pockstein. Rund um Linz und Innsbruck existieren aber auch noch einige sehr schöne, alte und unabhängige elektrische Eisenbahnlinien. Und als letzte Attraktion wäre noch die 381-mm-Schmalspurbahn im Prater zu Wien zu erwähnen.

Nun sind Parkbahnen im allgemeinen nicht unbedingt eine große Reise wert, die Prater-Bahn ist jedoch etwas ganz Besonderes. In Europa gibt es nur noch eine einzige ihr ebenbürtige Linie, nämlich im ostdeutschen Dresden. Die Prater-Bahn ist weitgehend doppelspurig und besitzt drei herrliche alte Krauß-Pacific-Lokomotiven. Einer dieser Loks hat man allerdings Schreckliches angetan – die Worte Verbrennungsmotor und Weißblech mögen als Andeutung genügen –, die beiden andern sind aber noch gut erhalten und vollkommen intakt. So ist Wien – neben Romney Marsh – der einzige Ort auf der ganzen Welt, wo man noch erleben kann, wie sich auf einer 381-mm-Doppelspurstrecke 2C1-Lokomotiven in voller Fahrt gegenseitig überholen.

Wiederum reicht der Platz nicht aus, allen Dampfeisenbahnen in Österreich gerecht zu werden. Sie würden genügend Stoff für ein eigenes Buch liefern. Wir hoffen jedoch, daß es uns gelungen ist, die Dampfgemütlichkeit in diesem an und für sich sehr gemütlichen Land recht treffend zu beschreiben.

Graz–Köflacher-Bahn: Die 2B-Lok, Nr. 415, in Graz.

Prater-Bahn, Wien: Eine Miniatur-2C1-Lokomotive auf einem Niveauübergang auf dem doppelspurigen Abschnitt.

13. Die Schweiz

Man darf wohl sagen, daß die Schweizer die Touristenbahnen erfunden haben. Und so wird es kaum überraschen, daß heute – wo Dampf so groß in Mode ist – wieder viele Dampfzüge verkehren, und zwar nach einer langjährigen Pause nach der allgemeinen Elektrifizierung, wo die Schweiz zweifelsohne Pionierarbeit geleistet hat. Einige – darunter auch die größten – der rund fünfzig selbständigen Eisenbahnunternehmen hielten auch nach vollständiger Elektrifizierung ihrer Strecken weiterhin Dampflokomotiven als Reserve in Einsatzbereitschaft. Nachdem die Dampfmode wieder mehr und mehr aufgekommen war, setzten zuerst nur ein oder zwei Unternehmen wieder ihre Dampflokomotiven ein. Andere zogen bald nach oder versuchten, von alten Industriebahnen, von Organisationen von Eisenbahnfreunden oder andern Linien Dampflokomotiven aufzukaufen.
Sogar die großen Schweizerischen Bundesbahnen (SBB), die sich nicht so sehr vom allgemeinen Dampftaumel hinreißen ließen, halten im Verborgenen zwei ganz besondere Schätze für besondere Gelegenheiten bereit. Das eine dieser Schmuckstücke ist die kleine, vierzylindrige 2C-Lokomotive Nr. 705, welche zur Feier des 125. Geburtstages der ersten Eisenbahn in der Schweiz (1972) in immer noch ausgezeichnetem Zustand einige Sonderfahrten absolvierte. Das zweite steht neben den SBB-Reparaturwerkstätten in Olten: Es ist eine herrliche 1E-Lok, die eines Tages vielleicht auch wieder auf große Fahrt gehen wird.
Zur Jahrhundertfeier der ersten schweizerischen Eisenbahn – der sogenannten «Spanisch-Brötli-Bahn» von Baden nach Zürich – wurde ein Modell der *Limmat,* der ersten schweizerischen Lokomotive, nachgebaut. Mit einer dazu passenden Komposition dampfte die 2A-Lok im Jubiläumsjahr 1947 kreuz und quer durch das ganze Land und lud an allen Festorten zu Sonderfahrten ein. Auch heute darf sie noch hie und da ausfahren, obwohl es eine ziemlich mühevolle

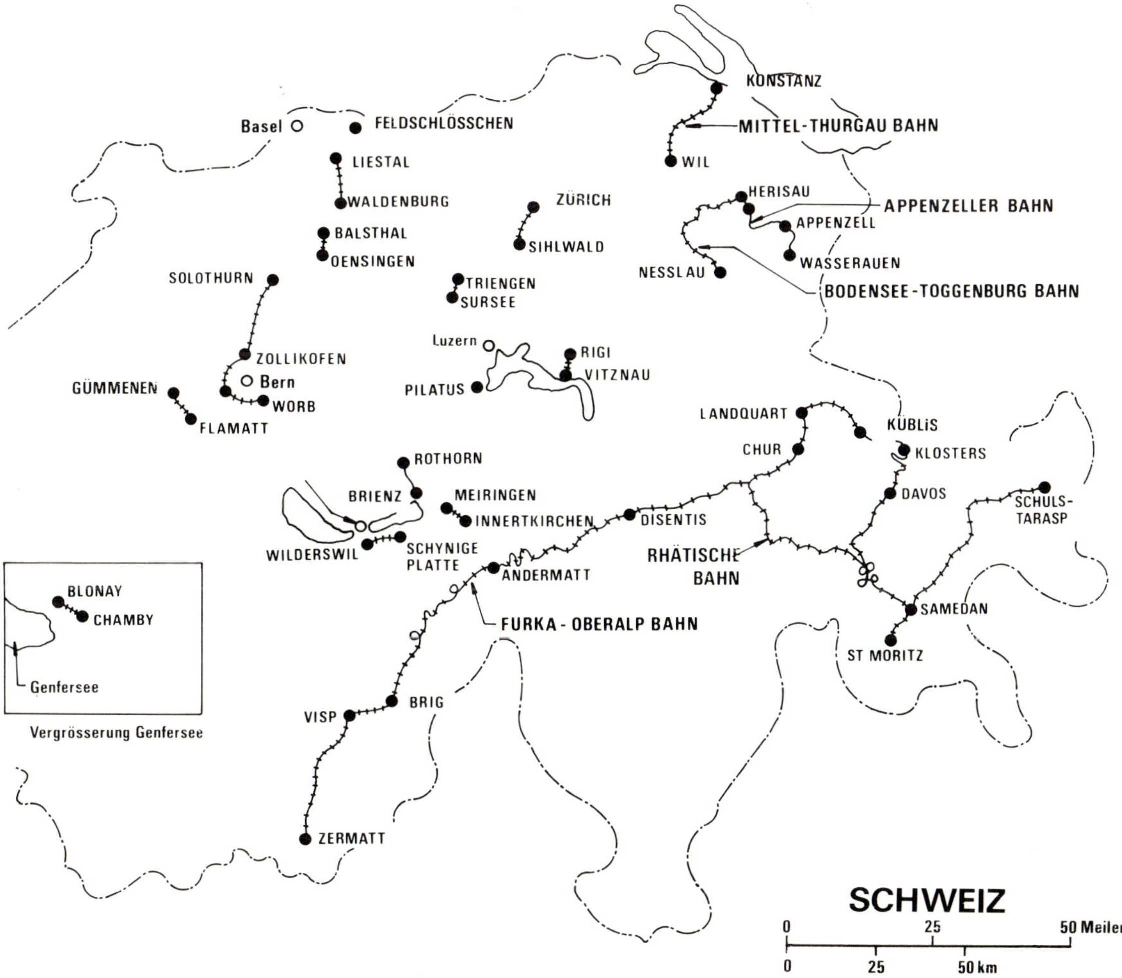

Angelegenheit ist, sie aus ihrem Museum, dem Verkehrshaus der Schweiz in Luzern, herauszuholen.
In der Schweiz existiert nur eine Bahn, die im wahren Sinne des Wortes «erhalten» geblieben ist. Der Grund dafür ist, daß nur sehr wenige Bahnen in der Schweiz überhaupt stillgelegt worden sind. Diese Bahn gehörte zum Netz der Chemins de Fer Electriques Veveysans (CEV) mit Sitz in Vevey, einer Stadt am Nordufer des Genfersees. Eine ihrer Linien führte von Vevey nach Blonay und hinauf nach Chamby. Dieser Ort lag nun aber an einer andern, viel besser frequentierten Linie, nämlich an der wahrlich aristokratischen Schmalspurlinie der MOB, die von Montreux aus ins Berner Oberland mit seinen weltbekannten Kurorten (Gstaad usw.) führt. So kam es, dass 1966 die Linie von Blonay nach Chamby geschlossen wurde und somit die Ausnahme von der Regel bestätigte, wonach

Schweizerische Bundesbahnen: Die nachgebaute B1-Lok *Limmat* in Aktion.

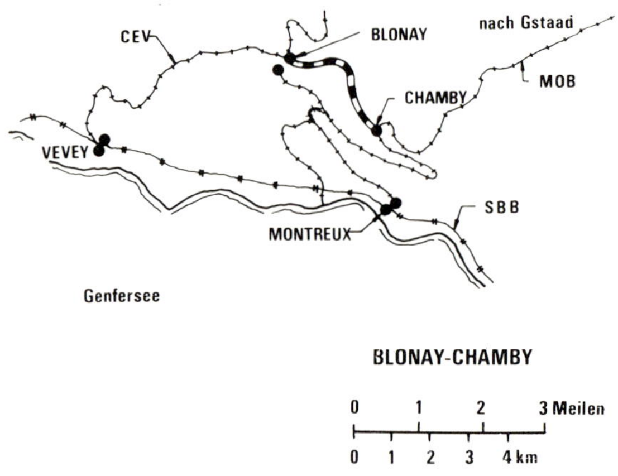

jede Eisenbahnlinie in diesem schönen Land, die einmal erbaut worden ist, sozusagen unantastbar ist. Auf eine solche Gelegenheit hatten die Eisenbahnfreunde nun schon längst gewartet, und am 20. Juli 1968 eröffneten sie die gut 3 km lange Strecke. Und damit hat für die Schweiz das neue Eisenbahnzeitalter begonnen.
Die Strecke von Blonay nach Chamby mag zwar kurz sein, ist aber deshalb keineswegs etwa uninteressant. Mit einer durchschnittlichen Steigung von 50‰ ist sie die steilste aller erhalten gebliebenen Adhäsionsbahnen; sie eignet sich daher weniger für Eisenbahnen, sondern vielmehr für Straßenbahnen, was denn die CEV bis zu einem gewissen Grade auch ist. Während der Fahrt genießt man eine herrliche Aussicht auf den Genfersee und auf einen schönen, im Bogen geschwungenen Steinviadukt über die Bucht von Clarens. Die Strecke erfordert natürlich starke Zugmaschinen: Eine deutsche E-Tenderlokomotive aus Württemberg (Esslingen, 1927) und eine ebenfalls deutsche Mallet C+C-Tenderlok (Hanomag, 1925) eignen sich besonders gut. Daneben verkehren aber auch zwei 1C-Tenderlokomotiven, je eine von den zwei längsten Schmalspurbahnen der Schweiz, nämlich von der Rhätischen Bahn und der Furka–Oberalp-Bahn, sowie eine 1C1-Tenderlokomotive aus Spanien und eine 2C-Tenderlok aus Frankreich. Überdies besitzt die Chemin de fer touristique Blonay–Chamby auch ein paar kleinere Zugmaschinen, zum Beispiel eine Straßenbahnlokomotive des Berner Dampftrams sowie eine einem Lokomotivtender ähnliche Maschine, die zu einer Dampfschneeschleuder vom Typ «Xrot 9212» der Rhätischen Bahn gehört hat.
Unter speziellen Charterarrangements dürfen die Dampflokomotiven der CTBC auch auf dem Nachbargeleise der MOB fahren – eine Linie, auf der im Normalbetrieb nie Dampfloks eingesetzt worden waren, und zwar auf der rund 30 km langen, ebenfalls stark steigenden Strecke nach Gstaad, dem Ferienort des Jet-Set. Ein anderer Nachbar, die Bahn Greyerz–Murten–Freiburg, stellt der CTBC ebenfalls gerne eine ungefähr gleich lange Anschlußstrecke zwischen Palézieux und Montbovon für Dampffahrten zur Verfügung.
Es ist nun gut fünfzig Jahre her, daß Starkstromleitungen über dem letzten noch dampfbetriebenen Abschnitt der Rhätischen Bahn eingerichtet worden sind. Die RhB verfügt über ein ausgedehntes Meterspur-Netz in der gebirgigen Südostecke der Schweiz und führt dabei Züge zu weltbekannten Ferienorten wie Davos und St. Moritz. Dennoch hat die Rhätische Bahn immer noch Dampflokomotiven, die 1C-Tender Nr. 11 und die 1D-Maschinen Nrn. 107 und 108, mit denen sie bei seltenen Gelegenheiten Vergnügungsfahrten durchführt, und zwar in den kurzen Zeiten zwischen der hektischen Sommer- und der noch hektischeren Wintersaison. 1889 baute die SLM fünf kleine 1C-Tenderlokomotiven mit den Namen *Rhätia, Prättigau, Davos, Flüela* und *Engadin* für die alte Bahn Landquart–Davos. Diese Strecke führte durch das Prättigau hinauf nach Klosters und dann in U-Kehren über den 1633 m hohen Wolfgang nach Davos. An der Spitze von kleinen Zügen mit zweiachsigen Wagen vollbrachten sie ansehnliche Leistungen, hatten sie doch Steigungen von 46,5‰ und Kurvenradien von knapp 100 Metern zu bewältigen. Unter den Gönnern und Fürsprechern dieser Bahn befanden sich auch jene

Blonay-Chamby: Die von der Bière–Apples–Morges-Bahn stammende C-Tenderlokomotive, Nr. 6, auf einem parallel zur Straße verlaufenden Streckenabschnitt.

Skipioniere, die erstmals einen Weg von der Parsennhütte zur Bahnstation von Küblis hinunter gefunden hatten und von dort per Bahn nach Davos zurückkehrten. Die Parsenn-Abfahrt ist heute vielleicht die berühmteste Skipiste der Welt, und pro Tag müssen während der Hochsaison oft mehrere Extrazüge geführt werden, um die riesige Touristenmenge zu bewältigen. Die 1C-Tenderlokomotiven, von denen zuletzt 15 Stück existierten (Nrn. 1–14), waren die letzten Dampflokomotiven, die die Rhätische Bahn im täglichen Normalverkehr eingesetzt hatte, die Nr. 14 war sogar noch bis 1950 als Einsatzfahrzeug in Samedan stationiert. Mehrere andere haben irgendwo überlebt, und die zu Hause gebliebene Nr. 11 erhielt schließlich den Namen *Heidi.*

Bei Ausbauarbeiten am Netz während der 1890er Jahre – der heutige Name der Bahn stammt aus dem Jahre 1895 – wurden Mallet-Lokomotiven ausprobiert, von denen die ersten vier ausnahmsweise nicht in Winterthur, sondern von Maffei in München konstruiert worden waren. Offensichtlich gab es mit diesen Lokomotiven Probleme, denn die folgenden Gruppen verfügten jeweils über andere Radformeln, angefangen von B + B-Tender über B + B1-Tender bis zu 1B + B-Tender; aus dieser Erfahrung zog man aber die notwendigen Lehren, denn die große Albula-Hauptlinie nach St. Moritz und ins Engadin, zweifelsohne eines der großen Eisenbahnwunder der Welt, ließ sich in den Jahren von 1902 bis 1912 29 gewöhnliche 1D-Lokomotiven bauen. Die Nummern 101 bis 106 waren Zweizylinder-Verbund-Maschinen, die restlichen Heißdampf-Lokomotiven. Die ganze Baureihe stand im Rufe großer Wirtschaftlichkeit, Zugkraft und Zuverlässigkeit.

Stark und sparsam waren sie wohl, doch besaß Elektrizität diese Eigenschaften in noch höherem Maße, und so eroberte sie denn auch ab 1921 die Albula-Linie mit ihren berühmten elektrischen «Mini-Krokodil»-C + C-Lokomotiven; nur 15 dieser neuen Maschinen vermochten alle 29 1D-Lokomotiven voll und ganz zu ersetzen. Die nun überflüssigen Dampflokomotiven ließen sich leicht verkaufen; sogar für die Mallets fanden sich Käufer (Madagaskar erwarb fünf von ihnen), und auch die 1C-Tenderloks fanden ohne weiteres ihre Abnehmer. Zur Dampfausrüstung gehörten auch zwei mächtige Schneeschleudern, die noch bis vor wenigen Jahren in Betrieb standen. Allerdings mußten sie von Lokomotiven geschoben werden, und normalerweise war dies die Aufgabe von elektrischen Lokomotiven.

Während des Zweiten Weltkriegs übernahm die Rhätische Bahn die benachbarte, von allem Anfang an elektrifizierte Bernina-Bahn, und damit auch einen auf italienischem Boden liegenden Streckenabschnitt sowie zwei selbstfahrende Rotary-Dampf-Schneeschleudern, Typ Kitson-Meyer. Auch heute noch werden sie im Bedarfsfalle (gelegentlich sogar zum Vergnügen) auf den Hauptlinien und sogar auf der Bernina-Linie mit 71‰ Steigung eingesetzt, obwohl die kleinen modernen, elektrischen Schneeschleudern natürlich viel handlicher sind.

Rund 40 Jahre lang waren die Lokomotiven Nrn. 107 und 108 den Augen der Öffentlichkeit entzogen. Sie standen entweder im Depot in Landquart oder im Lokomotivschuppen in Samedan. Man holte sie nur noch im Notfall heraus, wenn zum Beispiel die Oberleitung der elektrischen Bahn keinen Strom führte. Aus diesem Grunde waren auch die Drehscheiben und Wasserkrane erhalten geblieben. Als dann aber um 1961 das Dampffieber die ganze Schweiz angesteckt hatte, wurden auch diese beiden Lokomotiven wieder im Personenverkehr eingesetzt, und zwar mit Sonderzügen für Eisenbahnfans. Da diese Fahrten durch einen Großteil der insgesamt 38 km langen, engen und steilen Tunnel der Rhätischen Bahn führen, kommen die Fans sicher auf ihre Rechnung, was die romantische Dampfatmosphäre angeht.

Die Fahrten werden nicht regelmäßig nach Fahrplan durchgeführt, und die meisten sind von irgendeiner Organisation von Eisenbahnfreunden gechartert. Eine Fahrt über die ganze Strecke von 276,192 km (eine Angabe von typisch schweizerischer Präzision) dauert volle drei Tage mit allen Stopps zum Wassernachfüllen und Fotografieren, allen Aufenthalten zum Kreuzen oder Überholtwerden von fahrplanmäßigen Zügen

Rhätische Bahn: Die 1D-Lokomotiven, Nrn. 107 und 108, auf einer Fotosafari auf der Albulalinie zwischen Bergün und Preda.

Umstehend: Rhätische Bahn: Die 1D-Lokomotive, Nr. 108, mit einem Sonderzug. Der mit Stein verkleidete Viadukt ist typisch für die vielen Kunstbauten auf dieser Linie.

und zum «Verpflegen» von Lokomotive und Passagieren. Normalerweise dauern die Fahrten aber nur ein oder zwei Tage und führen dann nur über die interessantesten Streckenabschnitte, so zum Beispiel von Thusis nach St. Moritz mit vier Kehrtunnels und vielen meist steinernen Kunstbauten von unglaublicher Schönheit und Kühnheit. Am Landwasser-Viadukt (65 m hoch, Kurvenradius 100 m, ein Brückenbogen ruht auf einem schmalen Felsvorsprung unmittelbar unterhalb der Tunneleinfahrt) in der Nähe von Filisur wird ein Fotohalt eingeschaltet, dann geht es weiter über eine 12,5 km lange, sehr kurvenreiche Strecke: Auf nur 5,6 km muß – ohne Zahnstangengetriebe! – eine Höhendifferenz von 426 m überwunden werden. Zwei der Kehrtunnels liegen dabei senkrecht übereinander. Dies sind Erlebnisse, wie sie eine Dampffahrt nur selten bieten kann! In der Mitte des 6 km langen Albula-Tunnels wird dann die Wasserscheide Europas überquert: Das aus der Dampfstrahlpumpe ausgestoßene Wasser fließt nun nicht mehr in die Nordsee ab, sondern ins Schwarze Meer, weil die Albula vorher in den Rhein, der durchs Engadin fließende Inn aber in die Donau mündet. Bei einer solchen Fahrt in den alten Waggons fasziniert auch der Gedanke, daß man nun auf genau diese Art reist, wie es sich die Planer dieser berühmten Bahn einst vorgestellt hatten, daß aber rundherum gleichzeitig ein hektischer, gut organisierter moderner Eisenbahnbetrieb herrscht, der bereits auf das 21. Jahrhundert vorbereitet ist, in dem Eisenbahnen keinen Brennstoff mehr verbrauchen werden; denn die einzige Energieform wird Strom sein.

Zwei oder höchstens drei Dampfsonderfahrten pro Jahr bedeuten für ein Eisenbahnunternehmen, welches sonst pro Tag bis 350 normale Züge führt, sicherlich nichts Besonderes. Aber selbst wenn nun Diesellokomotiven für Leitungsmontagen und ähnliche Arbeiten zur Verfügung stehen, hat sich die Rhätische Bahn doch vor kurzem entschlossen, die alte Nr. 107 gründlich zu überholen. Dies läßt darauf schließen, daß diese herrlichen Dampffahrten der RhB zumindest auch in den nächsten Jahren noch durchgeführt werden.

Von Disentis aus führen Anschlußlinien durch die Berge bis nach Zermatt, dem weltberühmten Walliser Kurort am Fuße des Matterhorns. Mit Steigungen bis zu 125‰ ist die Bahn streckenweise als Zahnradbahn angelegt. Die Furka–Oberalp-Bahn (FOB) bringt die Reisenden von Disentis via Andermatt ins knapp 100 km entfernte Brig, wo sie für die restlichen 43 km nach Zermatt in die kleine Brig–Visp–Zermatt-Bahn (BVZ) umsteigen müssen. Beide Unternehmen besitzen noch Dampflokomotiven, die FOB eine mo-

Furka–Oberalp-Bahn: Eine 1C-Tender-Zahnrad- und Adhäsionslok mit einem Sonderzug auf dem Bugnei-Viadukt bei Disentis.

Brig–Visp–Zermatt-Bahn: Die B1-Tenderlok *Bresthorn* mit Sonderzug.

Rechts: Brienz–Rothorn-Bahn: Eine B1-Tender-Zahnradlokomotive auf einer Bergfahrt.

Einsatz: Die hervorragend instandgehaltene B1-Tender-Zahnradlok, Nr. 1, der Brienz–Rothorn-Bahn.

derne – wenn man das von einem Modell aus dem Jahre 1914 noch sagen kann – 1C-Tendermaschine, die BVZ eine hübsche alte B1-Tenderlok aus dem Jahre 1900, die den Namen *Breithorn* trägt. Beide Maschinen verfügen über getrennte Getriebe für Zahnrad- oder Adhäsionsbetrieb und damit über einen ziemlich komplizierten Mechanismus.
Obwohl die Schweizerische Verkehrszentrale äußerst zuversichtlich beide Linien in der offiziellen Liste der Dampfbetriebe aufführt, steht die eine oder die andere Lok doch nur hie und da für Spezialfahrten zur Verfügung. Wenn aber ein solches Ereignis stattfindet, dann bieten sich den Reisenden höchste – im wahrsten Sinne des Wortes – Genüsse an eisenbahnerischen und landschaftlichen Reizen.
Eine weitere Linie, die zur Kategorie «sehr selten» gehört, ist die sagenhafte Pilatus-Bahn bei Luzern. Sie überwindet auf einer Strecke von nur 4 km eine Höhendifferenz von 1520 m mit Maximalsteigungen von 480‰. Zum Einsteigen dienen keine Plattformen, sondern ganze Treppenfluchten. Die Leser mögen überrascht sein, zu erfahren, daß diese Bahn von 1889 bis 1937 mit Dampflokomotiven betrieben worden ist. Auch heute noch wird eine der zehn alten Dampfloks hie und da eingesetzt; da ihre Geschwindigkeit natürlich viel kleiner ist als die der üblichen elektrischen Lokomotiven, sind diese Ausflüge aus betriebstechnischen Gründen verständlicherweise sehr selten. Die Personenkabine läßt sich abnehmen, und somit kann das Zugfahrzeug zu reinen Transportzwecken eingesetzt werden.
Zur Bewältigung solcher Steigungen braucht es ein spezielles Zahnradsystem, das unter der Bezeichnung «Löcher»-System bekannt ist. Dabei greifen zwei horizontale Ritzel aus entgegengesetzten Richtungen in eine mittlere Doppelzahnschiene ein. Dieses System verunmöglicht nun allerdings die Konstruktion von Ausweichgleisen und zwingt zur Anwendung von Traversen. Die Pilatusbahn ist demzufolge äußerst einfach angelegt: Schnellere Lokomotiven können die langsameren nicht überholen.
Aber wenn die Fahrt auch nur kurz ist, so wird sie doch dank der Dampflok mit ihrem schrägen Dampfkessel zu einem Erlebnis; sie ist zweifellos eine einmalige Rarität auf der ganzen Welt.
Es gibt nur eine einzige Bahnlinie in der Schweiz, von der sich sagen läßt, sie sei von Anfang an bis jetzt mit Dampf betrieben worden. Es ist eine kleine Zahnradbahn am Brienzersee. Daß der Dampfbetrieb in diesem Fall hat überleben können, ist anscheinend auf die Tatsache zurückzuführen, daß die Bahn bankrott und zwischen 1915 und 1930 stillgelegt war. Diese Bahn ist auf ihre Weise absolut klassisch; sie ist nur für Touristen erbaut worden und typisch für eine ganze Reihe von andern Bahnen, die vielerorts auf der ganzen Welt um die Jahrhundertwende entstanden sind.
Die Brienz–Rothorn-Bahn führt vom See aus bis fast zum Gipfel des Rothorns hinauf. Sie wurde nach dem Abt-System erbaut, das heißt, die Zahnschiene verfügt über zwei leicht gestaffelte Zahnreihen, so daß ein Zahn der einen oder andern Schiene immer voll in einem Ritzel der Lokomotive eingerastet ist. Die Ma-

ximalsteigung beträgt 250‰, die Spurweite 80 cm und der Höhenunterschied – der größte aller Schweizer Bahnen – 1680 m auf einer Streckenlänge von 8 km. Es gibt neun Tunnels.
Die Schweizerische Lokomotiv- und Maschinenfabrik Winterthur – wer sonst? – lieferte zur Eröffnung der Linie vier Lokomotiven einer Bauart, wie sie für viele Zahnradbahnen im In- und Ausland gebaut worden waren. Für den Antrieb sorgte eine auf die Seite gelegte Balancierdampfmaschine. Zwei weitere, technisch bessere Lokomotiven folgten in den dreißiger Jahren. Kurz zuvor wurden aber noch eine siebente Lok aus zweiter Hand und – leider! – auch eine Diesellok angeschafft. Es erübrigt sich wohl zu sagen, daß die Lokomotiven der BRB bestens gepflegt werden und sich in einwandfreiem Zustand befinden.
Es ist wirklich ein herrliches Gefühl, an einem schönen Tag vor einer solchen Lokomotive – man wird nämlich geschoben – und vielleicht hinter einer andern Komposition her den Berg hinaufzudampfen, die wunderbare Aussicht zu genießen und sich am aufregenden Lärm schwer arbeitender, braver, alter Dampflokomotiven zu erfreuen.
Im nahen Wilderswil, auf der andern Seeseite, gibt es eine weitere Zahnradbahn. Diese elektrifizierte Linie führt von Wilderswil auf die Schynige Platte. Es handelt sich um eine Zahnradbahn nach System Riggenbach, deren Zähne wie die Sprossen einer Miniaturleiter aussehen. Aber an Donnerstagen im Sommer, frühmorgens, wenn noch keine allzu empfindlichen Seelen in der Nähe sind, macht sich ein Dampfzug auf den Weg. Die Lokomotive entstammt der gleichen Baureihe wie die alten Loks der BRB.

Kleinere Bahnen der Schweiz
Die Bahn Blonay–Chamby oder die Rhätische Bahn sind nicht typisch für die nostalgischen, kleinen Dampfbahnen der Schweiz. Diese basieren vielmehr

Vitznau–Rigi-Bahn: Auch auf dieser Bergbahn fahren noch Dampfzüge für Eisenbahnfans. Die B1-Tenderlokomotiven, Nrn. 16 und 17, aus dem Jahre 1929 mit einem Zahnstangengetriebe nach Riggenbach.

Waldenburger-Bahn: Eine aus Österreich stammende Standard C1-Tenderlok, Nr. 298.14, auf einer Sonderfahrt bei Liestal.

auf den zahlreichen eher Straßenbahn-ähnlichen Linien, die Dorf mit Dorf verbinden, von denen der Reisende höchstens einen kurzen Blick erhascht, wenn er im Schnellzug durch die Anschlußstationen braust. Ein solcher Ort ist Liestal, rund 35 km östlich von Basel. Liestal liegt an der großen Nord–Süd-Transversale Basel–Olten–Bern–Lötschberg–Simplon bzw. Basel–Luzern–Gotthard. Von diesem Ort aus fährt die kleine Waldenburger Bahn 16 km weit talaufwärts nach Waldenburg.

An einem Sonntag pro Monat im Sommer und an einigen ganz besonderen Tagen macht die WB einen Ausflug ins Dampfzeitalter zurück. Sie trotzte zwar der fortschreitenden Modernisierung viel länger als die meisten andern Bahnen, aber 1956 geschah es dann auch hier: Elektrische Oberleitungen wurden montiert und moderne, elegante Motortriebwagen eingeweiht. Mit Ausnahme von zweien wurden all die kleinen Dampflokomotiven mit ihren vertrauten Namen verschrottet; nur die C-Tenderlok *W. B. Thommen* – sie wird zurzeit überholt – und eine zweite Lok dieses Typs – sie steht im Verkehrshaus der Schweiz in Luzern – haben überlebt. Im Gegensatz zu den meisten vergleichbaren Linien in der Schweiz beträgt die Spurweite der WB nicht 1 m, sondern nur 750 mm. Dies sollte sich als Vorteil erweisen, als der Wunsch aufkam, wieder Dampflokomotiven einzusetzen. Geeignetes Rollmaterial fand sich dann im benachbarten Österreich – die dort üblichen Schmalspurbahnen waren mit 762 mm ähnlich genug – und an andern Orten, wo Schmalspurbahnen eben zu jener Zeit modernisiert oder stillgelegt wurden.

Somit herrschte wieder Dampfbetrieb auf den Gleisen der WB. Mit Unterstützung der Eurovapor-Organisation erwarb sie eine der in Österreich üblichen C1-Tenderlokomotiven der U-Klasse und dazu ein paar elegante, vierrädrige Personenwagen mit Endplattform. Eine Fahrt mit verschiedenen Fotohalten entschädigt wohl für den Aufwand, der notwendig ist, um eine der seltenen Fahrgelegenheiten ausfindig zu machen.

Diese kleinen Linien schrecken im allgemeinen etwas vor den Bergen zurück, und so muß man eines der berühmten gelben Postautos besteigen, um über den Paß nach Balsthal zu gelangen. Die Oensingen–Balsthal-Bahn (OeBB) – nicht zu verwechseln mit der vielfach größeren ÖBB im Nachbarland Österreich – ist ein praktisch selbständiges Unternehmen. Die Strecke ist nur 8 km lang, weist aber Normalspur und 15000-Volt-Fahrleitungen auf. In Organisation und Seltenheit gleicht der Dampfbetrieb auf dieser Strecke stark demjenigen der WB, ist aber insofern typischer, als die Lokomotive der OeBB von der ortsansässigen Firma Von Roll stammt. Ebenfalls typisch ist der Brauch, zwei hübsche Schweizer Mädchen auf der Fahrt Erfrischungen servieren zu lassen.

Schweizer Mädchen lieben es übrigens auch, den Tag, an dem sie in den Ehestand treten, mit einem Dampfausflug zu feiern. Solche Fahrten machen denn auch einen beträchtlichen Anteil des Schweizer Dampfmarktes aus.

Die Szenerie der OeBB ist nicht eben aufsehenerregend, aber doch ganz hübsch. Immerhin gibt es auf halbem Weg ein schönes Schloß zu bewundern.

Auf der Sursee–Triengen-Bahn bieten sich aber gar keine landschaftlichen Reize. Und ihre beiden Hauptmerkmale – es gibt keine normalen Passagierzüge und keine elektrischen Leitungen – sind zwar für die Schweiz so ziemlich einzigartig, aber doch eher negativ zu werten. Die STB sorgt aber auf ihre Art für Abwechslung, nicht unbedingt durch Sonderleistungen auf eisenbahnerischem Sektor, sondern durch ganz andere Dinge, die die erwähnten Mängel allerdings rasch vergessen lassen.

Der Zug verläßt Sursee mit alten, sechsrädrigen Waggons, gezogen von der unvermeidlichen, ehemals im Industriebetrieb tätigen C-Tenderlokomotive. Beim ersten Halt werden den Passagieren von blütenweiß gedeckten Tischen Gläser mit Weißwein kredenzt. Beim zweiten Halt folgt eine vorzüglich mundende, selbstgemachte Suppe. Und spätestens beim dritten Halt wird die Fahrt völlig unvergeßlich, denn da gibt es *Chäschüechli*. Das sind gebackene Käsetörtchen: Sie werden mit einer Käsemischung – ein Teil Emmentaler, ein Teil Greyerzer, Mehl, Eier und Milch – gefüllt (pro 250 g Käse ein Eßlöffel Mehl, eine Tasse Milch und drei Eier) und schließlich während 20 Minuten bei 200 °C im Dampfofen gebacken. Ein köstliches Dampfvergnügen ganz anderer Art!

Anschließend folgt der Hauptgang – Gulasch, und zu guter Letzt gibt es herrlichen Kuchen, Kaffee und Rahm in kleinen, eßbaren Schokoladeschälchen. Vor einer solchen Fahrt empfiehlt sich also unbedingt eine längere Fastenperiode. Für Reisende, denen es nichts ausmacht, ihre Siesta nach reichem Mahl zu unterbrechen, sind auch Fotohalts vorgesehen.

Ein ganz anderes Erlebnis wiederum bietet sich dem Besucher der Brauerei Feldschlößchen in Rheinfelden. In einem hübsch dekorierten Zug, gezogen von einer der zwei werkeigenen Dampfrangierlokomotiven, legt der Besucher die gut 1 km lange, steile Strecke vom Bahnhof zur Fabrik hinauf zurück. Man stelle sich aber nicht etwa dreckige, notdürftig aufpolierte Lokomotiven vor. Im Gegenteil: Wie alle Metallgegenstände in der Brauerei glänzen auch die beiden Loks in einem leuchtendgrünen Kleid (ein Geschenk der ersten

Ganz links: Oensingen–Balstahl: Eine früher bei Von Roll eingesetzte C-Tenderlokomotive und zwei Zugs-Hostessen.

Links: Feldschlößchen Brauerei: Mit der C-Tenderlokomotive *Feldschlößchen* werden Besucher vom Bahnhof Rheinfelden zur Brauerei hinaufgefahren.

«Herrin» der Feldschlößchen-Brauerei, einer Engländerin, die sich nach der Great Western Railway gesehnt hatte). Der Besucher sollte aber auch auf keinen Fall verpassen, nach dem Rundgang durch die Braueireianlagen eine Kostprobe ihres Erzeugnisses zu genießen.

Es gibt wahrscheinlich nicht viele Leute, die der Behauptung widersprechen würden, daß die Eisenbahnen der Schweiz den Schweizern selbst, aber auch den Gästen aus dem Ausland die besten Dienstleistungen der ganzen Welt anbieten. Und auch die Art ihres Dampfvergnügens paßt absolut in diesen Rahmen.

14. Skandinavien

Keiner der vier Staaten Skandinaviens verfügt über eigene Kohlevorkommen, und doch hatte es keiner von ihnen besonders eilig, die Dampflokomotiven von den Hauptlinien zu verbannen. Schweden begann zwar sehr früh mit der Elektrifizierung der Hauptstrecken, und noch vor Ende der zwanziger Jahre verkehrten auf den meisten wichtigen Linien elektrische Lokomotiven. Doch ihre Dampfkollegen behaupteten hartnäckig ihre Stellung; 2C1-Compound-Lokomotiven führten noch Mitte der fünfziger Jahre Schnellzüge durch das dicht bevölkerte Südschweden, und auch viele kleinere Modelle waren sehr langlebig. Und es sind auch die Schweden, die eine äußerst patente Einrichtung erfunden haben: die «Strategische Dampfreserve». In der Erkenntnis, dass die Dämme ihrer Stauseen, die sie zur Elektrizitätsproduktion benötigen, ohne weiteres durch ein paar Bomben zerstört werden könnten, hielten sie an einem geheimen Ort zu militärischen Zwecken eine ganze Flotte von Dampflokomotiven einsatzbereit. Der Autor besuchte Schweden im Juni 1963, kurz nach der ersten Meldung, wonach das Dampfzeitalter nun endgültig vorbei sei. Es war ihm eben gelungen, eine schöne alte E-Compound-Maschine bei Testfahrten zu fotografieren, als er angehalten und über das Werkgelände in Östersund abgeführt wurde. Dabei konnte er beobachten, wie in zwei riesige Dampfkessel neue Brennkammern eingebaut wurden. Nachdem er seine Anwesenheit einigermaßen plausibel gemacht hatte, wurde er von einer Eskorte aus dem Areal weggeführt, vorbei an einem guten Dutzend weiterer herrlicher Lokomotiven, angefangen von 1C2-Tendermaschinen bis zu dreizylindrigen 2D-Loks aus dem Jahre 1947. Als er dann kurze Zeit später bei einer Tasse Kaffee im Bahnhofrestaurant saß, erlebte er noch die Einfahrt eines Güterzuges, an dessen Spitze eine der zahlreichen, angeblich nicht mehr

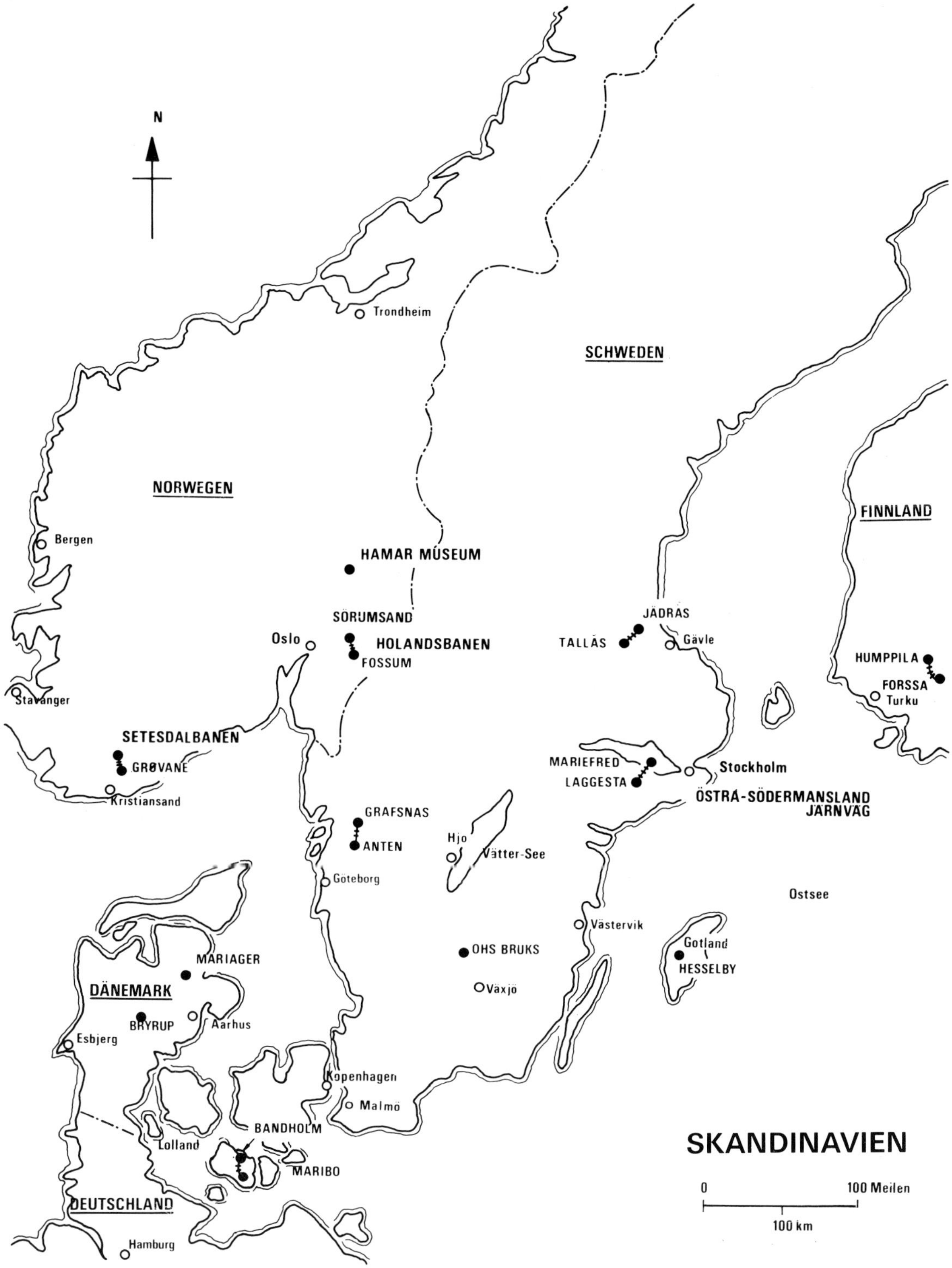

SKANDINAVIEN

existierenden 1D-Lokomotiven mit innenliegenden Zylindern fuhr. Selbstverständlich gab es in Schweden auch viele Schmalspurlinien mit Spurweiten von 610, 802 und 1067 mm; die häufigste Spurweite betrug aber 3 Schwedische Fuß, was 891 mm entspricht.

Daneben gab es natürlich auch eine ganze Reihe von Privateisenbahnen, so zum Beispiel die großartige Erztransportlinie Grängesberg–Oxelösund, die genau wie die staatlichen Linien schon längst elektrifiziert war, aber sogar in den sechziger Jahren zwei große Dampfturbinen-Lokomotiven betrieb; diese Modelle waren zwar weniger bekannt, dafür aber viel erfolgreicher als die englischen oder amerikanischen Turbolokomotiven, mit denen in den dreißiger und vierziger Jahren experimentiert wurde.

Was das Interesse an Dampflokomotiven anbelangte, war Schweden also nur schwer zu schlagen. Doch die drei andern skandinavischen Staaten standen dem kaum weit zurück. Dänemark hatte bereits in den zwanziger Jahren mit der Umstellung auf Dieselbetrieb begonnen, dieses Vorhaben aber bis 1968 noch nicht vollständig durchgeführt. Sogar das staatliche Eisenbahnunternehmen hielt für Sondereinsätze mehrere Dampflokomotiven in Reserve. Zweifellos spielte dabei auch die Tatsache eine Rolle, daß König Frederik ein begeisterter Eisenbahnfan war. Die Norweger, deren Bahnen stark gebirgiges Gelände zu bewältigen hatten, konzentrierten sich auf die Entwicklung einfacher Lokomotiven mit einem optimalen Verhältnis von Leistung zu Gewicht; dazu gehörten die 2D-Compound-Lokomotiven der zehner Jahre und später auch die eindrucksvollen «Dovregubben» 1D2-Loks der vierziger Jahre. So kam es, daß die letzten Dampflokomotiven auf den Hauptlinien Norwegens erst um die Mitte der sechziger Jahre endgültig verschwanden.

Finnland besaß trotz seiner eher flachen, nur leicht hügeligen Landschaft vielleicht die von allen skandinavischen Ländern eindrucksvollsten Eisenbahnen während der Dampfzeit. Ein Grund dafür war sicherlich, daß die finnischen Lokomotiven nicht nur Kohle als Brennstoff benützten. Nirgendwo in Europa, ja wahrscheinlich kaum irgendwo auf der ganzen Welt, konnte es in den siebziger Jahren noch passieren, daß sich ein Reisender aus dem Fenster eines Nachtschnellzugs lehnte und den Funkenregen der Holz verbrennenden 2C-Lokomotiven an der Spitze des Zuges beobachten konnte.

Die Dampffaszination war also in Skandinavien nicht nur groß genug, um die Öffentlichkeit zu beeinflussen, sondern sie blieb im kommerziellen Betrieb auch so lange erhalten, bis sich die Möglichkeit aktiver Erhaltung klar und deutlich abgezeichnet hatte. Aus diesem Grunde blieben so viele Dampflinien aktiv.

Norwegische Staatsbahnen: Zwei 2D-Lokomotiven mit dem Schnellzug Bergen–Oslo unterwegs südöstlich von Voss.

Finnische Staatsbahnen: Die mit Holz gefeuerte 1D-Lok, Nr. 1150, mit einem Personenzug in Rovaniemi.

Norwegen und Finnland mit ihrer dünn gesäten Bevölkerung haben in dieser Beziehung vielleicht etwas weniger geleistet, wenn auch die letzten Dampffahrten auf Hauptlinien in Finnland erst 1975 eingestellt worden sind. In beiden Ländern ist je eine Linie (Spurweite 75 cm) erhalten geblieben. In Norwegen handelt es sich um einen Abschnitt an der Hauptlinie Oslo–Stockholm bei Sørumsund, ein kurzes Teilstück einer alten staatlichen Linie, die bis 1959 nach Skulerud geführt hatte. Auch heute noch verkehren hier Kompositionen mit alten Waggons und einer 1C1-Tenderlokomotive mit rautenförmigem Kamin. In Finnland handelt es sich um ein Teilstück der letzten eigenständigen Schmalspurbahn, die bis zu Beginn der siebziger Jahre von Humppila (nördlich von Turku) nach Forssa geführt hatte. Ihr Stolz war eine erst 1948 in Belgien gebaute 1C1-Tenderlokomotive. Auch ein Teil des früher so weitverzweigten Eisenbahnnetzes der Spurweite 1,067 m besteht noch, und zwar in der Nähe von Gro-

Setesdalbanen: Die 1C1-Tenderlokomotive, Nr. 5, mit einem Güterzug. Die Aufnahme stammt aus der Zeit, bevor der Hobby-Klub gegründet wurde und den Betrieb übernommen hat.

Finnland: Ein Abschnitt eines einst ausgedehnten 75-cm-Eisenbahnnetzes hat überlebt. Einen Eindruck davon vermittelt diese Aufnahme aus dem Jahre 1960.

Hölandsbanen: In früheren Tagen zog die 1C1-Tenderlok, Nr. 6, *Höland*, Post- und Gemischtzüge von Skulerud nach Sörumsand (Aufnahme aus dem Jahre 1959).

vane (südwestlich von Oslo). Seltsamerweise ist auch hier noch eine 1C1-Lok mit rautenförmigem Kamin in Betrieb. All diese Unternehmen sind recht erfolgreich und veranstalten an Sommerwochenenden Ausfahrten mit Dampflokomotiven und alten Waggons (der finnische Betrieb ist allerdings noch nicht voll ausgebaut). Erwähnenswert ist aber auch noch das Norwegische Staats-Eisenbahn-Museum in Hamar, das neben vielen historisch interessanten Ausstellungsobjekten auch über eine eigene kleine 60-cm-Linie verfügt.

Die dänischen Staatsbahnen stehen Sonderfahrten mit Dampflokomotiven nach wie vor wohlwollend gegenüber. So mietete beispielsweise im Jahre 1970 eine englische Reisegruppe einen Zug, mit dem sie eine ganze Woche lang – jeden Tag mit einer andern Lokomotive! – kreuz und quer durch ganz Dänemark fuhr. Von großem Interesse waren dabei die Einsätze von Pacifics, 1D- und 1C2-Tenderlokomotiven. Höhepunkte dieses Erlebnisses waren aber die Einfahrten in Kopenhagen an zwei aufeinanderfolgenden Tagen, das erstemal mit einer sehr englisch aussehenden 2B-Lok mit innenliegenden Zylindern, das zweitemal mit einer in Italien gebauten, wundervoll restaurierten C-Lok, die in ihrer Bauart praktisch der normalen Stephenson-«Long Boiler»-Type der 1850er Jahre mit außenliegenden Zylindern entspricht. Diese Lokomotive erreichte dann auch trotz ihres hohen Alters von 85 Jahren spielend und mühelos eine Geschwindigkeit von 95 km/h.

Genau wie in Schweden haben auch in Dänemark recht viele selbständige Eisenbahnunternehmen überlebt, allerdings aber keine Schmalspurbahnen. Zu den erfolgreichsten gehört hier die Linie Maribo–Brandholm. Es ist eine Zweiglinie der normalspurigen Lolland-Bahn auf der Insel gleichen Namens, welche bis zur Einrichtung des neuen Eisenbahnfährbetriebs von Kopenhagen nach Hamburg via Rødby und Puttgarden im Jahre 1960 vom staatlichen Eisenbahnnetz vollständig abgeschnitten war. Damit verlor aber der kleine Hafen von Brandholm seine ganze Bedeutung, und auf der 5 km langen Strecke vom Hafen nach Maribo verkehrte nur noch ganz selten ein Güterzug, an Wochenenden lagen die Geleise sogar vollkommen verlassen da. Eine Gruppe von Eisenbahnfreunden erkannte die Gelegenheit und übernahm die Linie. Heute besitzt die Museumsbahn Maribo–Brandholm einen ganzen Park von hervorragend instandgestellten und hochinteressanten Wagen und Lokomotiven, die in der Hauptsache von verschiedenen kleineren und selbständigen dänischen Eisenbahnen stammen. In jüngerer Zeit nahm eine ähnliche Linie auf einer längeren Strecke in Mariager bei Aarhus auf Jütland ihren Betrieb auf.

Dänische Staatsbahnen: Die 2C1-Lokomotive, Nr. 978, mit einem Sonderzug im September 1970.

Dänische Staatsbahnen: Die 2B-Lok, Nr. 8, auf einer Sonderfahrt mit englischen Eisenbahnfans, September 1970.

Maribo-Bandholm: Die B-Tenderlokomotive, Nr. 3, in Maribo.

All dies deutet darauf hin, daß Schweden sich anstrengen muß, wenn es die führende Dampfrolle in Skandinavien behalten will. Was heute auf diesem Gebiet geboten wird, ist denn auch wirklich sehr eindrücklich. Zwar herrscht auf den Normalspurlinien kein reges Treiben mehr. Offiziell gibt es nicht einmal mehr die Strategische Dampfreserve (möglicherweise wird eines Tages die Geheimwaffe, die ihre Auflösung ermöglicht hat, der staunenden Welt vorgestellt; es handelt sich dabei zweifellos um Diesellokomotiven, die Holz verbrennen...). Linien mit einer Spurweite von 0,891 m (3 Schwedische Fuß) gibt es aber noch in Hülle und Fülle. So war das staatliche Netz (Spurweite 0,891 m), welches Göteborg mit der Nordostküste verband, noch bis in die Mitte der fünfziger Jahre zum größten Teil intakt. Mit einer Streckenlänge von 463 km gehörte dieses Netz bestimmt zu den größten – und am wenigsten bekannten – Schmalspursystemen in Westeuropa. Es führte durch sehr wegsames Gelände, das überdies auch von Normalspurbahnen recht gut erschlossen war. Die Hauptlinie endete nach 223 km in Gårdsjö, ungefähr auf halbem Weg nach Stockholm (von wo aus natürlich andere Linien der gleichen Spurweite weiterführten und -führen, die teilweise in elektrische Vorortsbahnen integriert sind). Und wenn man den Vätternsee von Hjo nach Hastholmen mit der Fähre überquerte, hatte man Anschluß an eine weitere 0,891-m-Linie: damit konnte man – stets per Schmalspurbahn – von Göteborg an der Nordseeküste 399 km weit bis nach Västervik an die Ostsee fahren. Wohl wurde der größte Teil dieser Strecken bereits ab 1954 mit Diesellokomotiven und Schienenbussen bedient, doch warteten immer irgendwo noch einige Dampflokomotiven, darunter ein paar moderne 2C-, 1D- und 1C1-Tenderloks. Acht von ihnen befahren heute noch einen 11 km langen, landschaftlich sehr reizvollen Abschnitt von Anten (49 km nördlich von Göteborg) nach Grafsnas; dieses kurze Stück ist alles, was von diesem einst großen Eisenbahnnetz übriggeblieben ist. Züge verkehren an Sonn- und Feiertagen während der Sommermonate.

Zwischen Jädrås und Tallås ist ebenfalls ein Stück einer Linie mit Spurweite 0,891 m erhalten geblieben. Der 4 km lange Abschnitt gehörte zu einer Holztransport-Bahn Dala–Ockelbo–Norrsundet, etwa 250 km nördlich von Stockholm, die in den sechziger Jahren stillgelegt wurde. In alten Zeiten zogen Mallet-Lokomotiven hier ziemlich eindrückliche Züge. Über den heutigen Betrieb ist uns nicht viel bekannt, angeblich sollen nur einige kleinere Lokomotiven noch einsatzbereit sein.

Auf Normalspurstrecken finden nur ziemlich selten Dampffahrten statt (ein paar wenige auf dem Netz der

Jädrås-Tallås: Die 1B-Tenderlok, Nr. 9, Tallås überquert den Fluß Jädrån.

Oben: Jädrås-Tallås: Die C + C-Mallet, Nr. 8.

staatlichen Eisenbahnen). Eine 1C2-Tenderlokomotive mit innenliegenden Zylindern (wie die 1D-Lok mit innenliegenden Zylindern eher selten in Schweden anzutreffen) wird von Zeit zu Zeit in der Nähe von Malmö eingesetzt. Die größte Dampfaktivität herrscht auf den Linien mit der Spurweite 60 cm.
In Schweden gab es einst sieben öffentliche und mehrere Industriebahnen dieser Spurweite; sie sind heute aber alle stillgelegt. Die Länge ihrer Strecken erreichte natürlich nie diejenige der Linien mit Spurweiten von 891 mm oder 1067 mm; vom wirtschaftlichen Standpunkt aus bieten ihre kleineren und leichteren Lokomotiven und Waggons aber einen großen Vorteil im Tourismus. Auf einer 5 km langen ehemaligen Industrielinie bei Ohs Bruks, ungefähr 50 km nordwestlich von Växjö in Mittelschweden, verkehren an Sommerwochenenden zwei D-Tenderlokomotiven. Das wahrscheinlich erfolgreichste Dampfunternehmen auf dem europäischen Kontinent ist die Östra Södermanlands Järnvag, wo heute Lokomotiven und/oder Waggons von allen sieben ehemaligen 60-cm-Linien zum Einsatz gelangen. Dieses Unternehmen stellt auch insofern eine Rarität dar, als es nicht eine erhaltene, sondern eine neuerbaute Linie ist. Es begann gegen Ende der fünfziger Jahre einfach damit, daß einige Eisenbahnfans auf dem Abstellgeleise einer Ziegelei-Bahn in Stockholm ein paar Dampflokomotiven abstellten und zu restaurieren begannen. 1966 erhielten sie dann von den Staatsbahnen die Erlaubnis, einen 3 km langen Abschnitt des Gleisunterbaus einer stillgelegten Normalspurstrecke von Läggesta nach Mariefred, 70 km westlich von Stockholm, zu benutzen. Zweifellos wurden beträchtliche Geldmittel aufgebracht, denn es wurden erstklassige Geleise verlegt und schöne, attraktive Werkstatt- und Stationsgebäude renoviert oder neu errichtet. Anfänglich konnten die Züge nicht in die an der Hauptlinie liegende Station von Läggesta einfahren, sondern mußten an einer etwas entfernten alten Station anhalten. 1973 wurde dann aber die 60-cm-Spur über die Normalspurstrecke hinweg verlängert und zu einer neuen Anschlußstation weitergeführt. Diese 1 km lange Anschlußstrecke war ein großes Werk, an dem viele freiwillige Mitarbeiter beteiligt waren. Steigungen von 4% fordern auch den Lokomotiven harten Einsatz ab. Aber auch auf der andern Seite, in Mariefred, wurde die Strecke verlän-

Ohs Bruks Järnväg: Die 1B1-Tenderlokomotive, Nr. 2, *Emsfors*.

Jädrås-Tallås: Der Dampf-Schienenbus *Majorn* (Der Major). Der Anhänger war ein königlicher Salonwagen, mit dem König Oskar II. auf Bärenjagd fuhr.

Östra Södermanlands Järnväg: Die 1B1-Tenderlokomotive, Nr. 2, *Viva* in Mariefred.

gert, und zwar bis zu einem Schiffssteg, an welchem im Sommer täglich ein beliebter Dampfer von Stockholm kommend anlegt. Die ÖSJ ist also ein blühendes Unternehmen mit acht kleinen Tenderlokomotiven, vier Dieselloks, einem Schienenbus, der einst auf einer 0,802-m-Spur gefahren war, und vielen Waggons, von denen die meisten hübsch zurechtgemacht sind. Fahrten gibt es an Wochenenden und Feiertagen im Sommer. Eine wirklich lohnende Attraktion.

15. Italien, Spanien und Portugal

Von den übrigen Ländern in Westeuropa, die eigene Eisenbahnen besitzen, müssen wir nur noch Italien, Spanien und Portugal bereisen. In keinem dieser drei Staaten kennt man Dampfvergnügungsfahrten im eigentlichen Sinne, doch sind überall noch Dampflokomotiven im Einsatz, und sehr oft kann man erreichen, daß sie zu Ausfahrten zur Verfügung gestellt werden.

In Italien nahm die allgemein unter der Bezeichnung GRAF bekannte Gruppo Romano Amici della Ferrovia die Organisation an die Hand. Ihre Dampfsafaris wurden von vielen Teilnehmern aus den meisten westeuropäischen Ländern und aus den USA kräftig unterstützt. Daraus darf man sicher auf die hervorragende Qualität des Gebotenen schließen. Der gute Ruf bezeugt auch die Fähigkeit der GRAF, gutes Material an alten, in Italien immer seltener werdenden Lokomotiven aufzutreiben. Die vier Tage dauernden Fahrten wurden immer über Wochenenden im Frühsommer durchgeführt. In den Pauschalpreisen sind nicht nur Hotelunterkunft und alle Mahlzeiten, sondern auch die erforderlichen Mengen Wein inbegriffen. Mit allen Mitreisenden aus den verschiedensten Ländern beteiligten sich durchschnittlich 150 Personen an diesen Ausflügen.

Normalerweise führen die Reiserouten durch bestimmte Regionen, zum Beispiel durch die Dolomiten. Ein anderes Mal ging es weit nach Süden, zu den faszinierenden Schmalspurbahnen Kalabriens, Sardiniens und Siziliens. In Süditalien kamen die Passagiere auch in den Genuß einer Fahrt mit einer der in Europa seltenen Normalspur-Zahnradbahnen mit Dampfbetrieb, die von Cosenza nach Paola am Tyrrhenischen Meer führt. Die GRAF ist üblicherweise sehr kühn bei der Wahl ihrer Zugmaschinen, und zweifellos wird sie dabei von der Leitung der Italienischen Staatsbahnen

Italien: Die 1C-Lok, Nr. 625.042, mit einem Sonderzug der GRAF in Lagonegro.

625 042

kräftig unterstützt, welche aus unergründlichen Quellen immer wieder neue, geradezu fossile Lokomotiven hervorzaubert. Wo möglich werden auch entsprechende Wagen zur Verfügung gestellt, um den Zug möglichst echt zu einem fahrenden Museum zu gestalten. Da die Dampflokomotiven in Italien von Jahr zu Jahr seltener werden, muß es ebenso von Jahr zu Jahr schwieriger sein, solche Leistungen zu vollbringen. Und da die Standardisierung der italienischen Bahnen schon ziemlich früh erfolgte, wurde in den letzten Jahren eine große Vielfalt von verschiedenen Lokomotiven gebaut, angefangen von Schnellzugslokomotiven des Typs 1C1 bis zu den kleinen schmalspurigen C-Tenderlokomotiven.

Spanien beherbergte einst eine große Auswahl verschiedener und interessanter kleiner Dampfeisenbahnen. Viele von ihnen fuhren von den Küsten Spaniens, von den Ferienorten – die heute jedermann im kühleren Norden kennt – ins Landesinnere. Und vielleicht gingen dort viele gute Gelegenheiten verloren, weil alle Voraussetzungen für erfolgreiche Touristenunternehmungen vorhanden waren. Das einzige, was fehlte, war der alles entscheidende Funken der Begeisterung. Aber wahrscheinlich hatten die Spanier im Laufe der Jahre zu sehr unter der Launenhaftigkeit ihrer kleinen Eisenbahnen gelitten, auf die sie aber einfach angewiesen waren. Und so ist es kein Wunder, daß sie sich wenig um deren Erhaltung kümmerten, sondern eher froh waren, sie vergessen zu können.

Auf den staatlichen Linien stehen heute keine Dampflokomotiven mehr im Einsatz, und es ist uns auch keine Strecke bekannt, auf der man sozusagen noch ein «fahrendes Dampfmuseum» bewundern könnte. Anders steht es aber bei privaten Eisenbahnunternehmen, deren Betriebsgrundlage oft der Erztransport bildet. Ein schönes Beispiel dafür ist die 77 km lange meterspurige Linie von Ponferrada nach Villablino im Nordwesten Spaniens. Auf ihren *mixtos,* den Güterzügen mit Personenbeförderung, sind auch heute Passagiere noch sehr willkommen. Bekannt ist diese Bahn für ihre Engerth-1C-Lokomotiven, ein Typ, den wir auch schon im österreichischen Gmünd begegnet haben.

Zumindest eine von vier Pacific-Modell-Lokomotiven (Spurweite 381 mm, Größenverhältnis 1:3), welche die deutsche Firma Krauß für eine Ausstellung in Sevilla im Jahre 1929 geliefert hatte, hat den Spanischen Bürgerkrieg überstanden und fährt heute noch unter dem Namen *Santa Maria* im Casa de Campo, einem Vergnügungspark in Madrid.

Auch in Portugal ist keine der alten Dampflinien am Leben geblieben. Allerdings sind auf den Schmalspurlinien der Vorortbahn von Porto und auf ihren Zweiglinien, die vom Dourotal aus nach Norden verlaufen, noch ein paar prächtige Dampflokomotiven in Betrieb. Zurzeit wird allerdings auf Dieselbetrieb umgerüstet, und mit dem Einsatz der ersten Diesellokomotiven haben die Dampffahrten auf dem Eisenbahnnetz rund um Porto stark abgenommen. Als dieses Buch geschrieben wurde, konnte man aber immer noch Mallet-1B + C-Compound-Lokomotiven, B + B-Loks mit Wassertanks und 1D1-Loks in voller Fahrt bewundern.

Von den Dourotal-Linien fuhren jene von Peso da Régua nach Chaves, von Tua nach Bragança und von Pocinho nach Duas Igrejas bis 1976 noch regelmäßig mit Dampf. Wenn die CP jedoch 1977 neue Dieselschienenbusse in Betrieb nimmt, werden die alten Dieselkompositionen, die heute von Porto aus fahren, möglicherweise nach Régua und Pocinho verlegt. Bis es aber soweit ist, bleibt Portugal das einzige Land in ganz Westeuropa, welches noch über ein fahrplanmäßig mit Dampflokomotiven befahrenes Schmalspurnetz verfügt. Und die vielen verschiedenen Lokomotiven, die der Besucher hier zu sehen bekommt, sind wahrlich eine Reise wert. Die 1C-Tenderlokomotiven von Kessler, von Orenstein und Koppel, von Decauville aus den 1880er Jahren kommen zwar heute außer auf der Tua-Linie kaum noch zum Einsatz. Doch sind da immer noch zwei verschiedene Modelle von 1D1- und 2C-Tenderlokomotiven, und natürlich die bereits früher erwähnten Henschel-B-B- und 1B-C-Mallet-Loks mit Wasserkasten mit ihren kupferüberdachten Kaminen, die wenigstens auf der Régua-Linie fleckenlos sauber bleiben. Daneben gibt es noch eine einzige 1B-C-Tenderlokomotive mit Giesl-Ejektor; sie steht jedoch meistens auf dem Gelände der Corgo-Werke in Régua, wo sie und alle andern Lokomotiven der CP gewartet werden.

Italien: Die Franco-Crosti-1D-Lok, Nr. 741.104, mit einem Ausflugszug der GRAF. Bemerkenswert der besondere Dampfkessel und der seitlich angebrachte Kamin.

Portugal: Die 1C-Tenderlokomotive, Nr. E81, in Bragança.

Ponferrada-Villablino: Die Engerth 1-C + B-Lok, Nr. 18, verläßt Ponferrada. Kurze Züge sind auf dieser Linie eher ungewöhnlich.

Portugal: Mallet-B + B-Tenderlokomotive, Nr. E168, in Senhora da Hora.

16. Osteuropa

In den meisten Staaten Osteuropas sind noch Dampflokomotiven im Einsatz, und zum bescheidenen Preis normaler Fahrkarten kann der Osteuropa-Reisende mit vielen wichtigen Zügen Tag für Tag Dampfvergnügungsfahrten erleben. Polen verfügt vielleicht noch über die größte – immerhin vierstellige – Zahl von Dampflokomotiven. Doch steht die DDR Polen kaum nach, denn auch hier ziehen herrliche Pacific-Lokomotiven noch lange Schnellzüge. In der Tschechoslowakei ist noch der Rest einer Dampflokomotivflotte in Betrieb, die einst zu den schönsten und modernsten der Welt zählte. In Ungarn finden sich nicht nur ausgezeichnet gepflegte und einsatzbereite 2D-Lokomotiven der Klasse 242, sondern auch hundert Jahre alte C- und C-Tenderlokomotiven, bei deren Anblick man sich unversehens in die Regierungszeit von Kaiser Franz Josef zurückversetzt fühlt. Die ungarischen Staatsbahnen sind gerne dazu bereit, für organisierte Gruppen Sonderfahrten mit Dampflokomotiven zu veranstalten, sind aber Einzelgängern gegenüber eher etwas vorsichtig. Ähnliches gilt für ein anderes, nicht

Ungarn: Die 2D-Lokomotive, Nr. 424.339, fährt im Ostbahnhof von Budapest ein.

Ganz rechts: Ungarn: Die C-Lok, Nr. 326.463, in Eger. Beileibe kein altes Museumsstück!

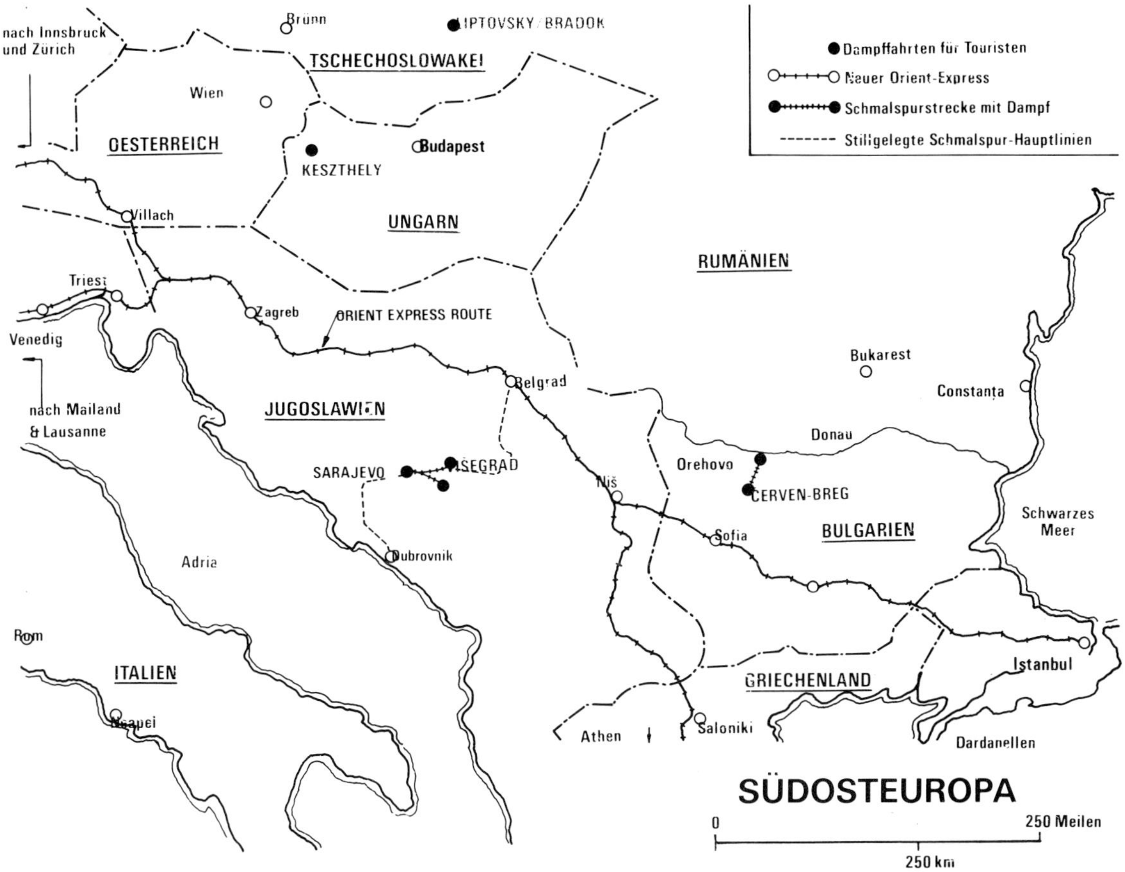

nach Innsbruck
und Zürich
Brünn
LIPTOVSKY BRADOK
TSCHECHOSLOWAKEI
Wien
OESTERREICH
KESZTHELY
Budapest
UNGARN
Villach
RUMÄNIEN
Triest
Zagreb
ORIENT EXPRESS ROUTE
Venedig
Bukarest
Belgrad
Constanța
nach Mailand
& Lausanne
JUGOSLAWIEN
Donau
SARAJEVO
VISEGRAD
Orehovo
Niš
CERVEN-BREG
Sofia
BULGARIEN
Schwarzes
Meer
Dubrovnik
Adria
Rom
ITALIEN
GRIECHENLAND
Istanbul
Neapel
Athen
Saloniki
Dardanellen
Dampffahrten für Touristen
Neuer Orient-Express
Schmalspurstrecke mit Dampf
Stillgelegte Schmalspur-Hauptlinien
SÜDOSTEUROPA
0
250 Meilen
250 km

326.463

Oben: Bulgarien: Eine 1E1-Tenderlok auf der Linie Čer-ven-Breg–Orehovo.

Links: Jugoslawien: Die D1-Lokomotive, Nr. 83.066, mit einem Schnellzug der Schmalspurlinie Sarajewo–Dubrovnik.

sehr bekanntes, aber sehr schönes Land, für Bulgarien: An der Spitze von Personenzügen fahren sehr deutsch aussehende 1E-Lokomotiven in leuchtendem Grün, verziert mit goldenen Flügeln, und auf der Rauchkammertür prangt der rote Stern. Auch Jugoslawien und Rumänien setzen noch in kleinem Rahmen Dampflokomotiven ein, und es bleibt nur zu hoffen,

Rechts: Rußland: Eine D-Lokomotive, die auf der Trans-Karpathen-Junior-Pionier-Bahn eingesetzt wird.

daß diese Länder – wenn für ihre Dampfloks einmal die letzte Stunde gekommen ist – einige der schönsten Exemplare in betriebstüchtigem Zustand erhalten werden, zur Freude der kommenden Generationen.
Der europäische Teil der Sowjetunion hat offiziell keine Dampfeisenbahnen mehr. Doch auch auf diesem Gebiet scheint die so oft auf die UdSSR angewandte Regel ihre Gültigkeit zu haben: «Glaube nichts von dem, was du hörst, und auch nur die Hälfte dessen, was du siehst.» Denn Rußlandreisende berichten auch heute noch von Dampflokomotiven, die zum Beispiel im Gebiet um Riga eingesetzt werden.
Ostdeutschland und Polen verfügen noch über verschiedene Schmalspurbahnen. In Jugoslawien erinnert aber nur noch wenig an die alten, glorreichen Dampfzeiten, in denen es noch möglich war, innerhalb von 26 Stunden mit einem «Schnellzug» (Spurweite 762 mm) die 760 km lange Strecke von Belgrad nach Dubrovnik (Luftlinie nur 290 km!) zurückzulegen. In Bulgarien gibt es nur noch eine Schmalspur-Dampflinie, doch kommt hier Qualität eindeutig vor Quantität; dies wird jeder bestätigen, der einmal Zeuge des Schauspiels gewesen ist, wie Züge mit 1E1-Tenderlokomotiven an der Spitze unter dem wachsamen Blick einer Storchenfamilie durch Lipniza fahren. Dieser Ort liegt auf der 762-mm-Schmalspurlinie von Červen-Breg nach Orehovo.
Wenn es in den Ländern hinter dem Eisernen Vorhang um irgendein Vergnügen geht, scheint man zuerst auf das väterliche Ja aus Moskau warten zu müssen, und so waren Vergnügungsfahrten mit Dampflokomotiven anscheinend bis vor kurzer Zeit entweder leichtsinnig oder aber revisionistisch, vielleicht auch beides zugleich. Da alle Ostblockstaaten früher sehr viele Dampflinien besaßen, war diese Sachlage zwar kaum problematisch; nachdem Dampflokomotiven in gewissen Regionen aber auch immer seltener werden, scheint sich eine gewisse Änderung anzubahnen. Kleine Eisenbahnen – darunter sicherlich viele Kandidaten für Museumsbahnen – gibt es in Hülle und Fülle, und wahrscheinlich ist kein Eisenbahnfreund, der diese Bezeichnung zu Recht trägt, um kleine Scharmützel mit den Volkswächtern der Freiheit herumgekommen. A. E. Durrant widmete sein Buch *The Steam Locomotives of Eastern Europe* sogar den Polizeimächten dieser Staaten, ohne deren gewissenhafte Bemühungen wahrscheinlich das Zusammentragen von Material für das Buch nur halb so lustig gewesen wäre.
Seit vielen Jahren hat es aber in Rußland und seit dem Krieg auch in den kommunistischen Satellitenstaaten die Pionier-Eisenbahnen gegeben. Sie hatten die ernste Aufgabe, Jugendliche im Betrieb von Eisenbahnen auszubilden. Es handelte sich hierbei meistens um Schmalspurbahnen, die in öffentlichen Parkanlagen angelegt und unter Aufsicht von Kindern betrieben wurden, die eine Eisenbahnkarriere einschlagen wollten. Mit einigen Ausnahmen sind die meisten von ihnen heute natürlich auf Dieselbetrieb umgestellt worden.
Die Idee von Pionier-Eisenbahnen löste auch elegant das Problem, was wohl mit der «wertlosen» Miniaturbahn im öffentlichen Park von Dresden in der DDR zu geschehen habe, die aus reinem Zufall den Krieg überlebt hatte. Warum sollte man sie eigentlich nicht in eine Pionier-Eisenbahn verwandeln und dabei die von Krauß im Maßstab 1:3 gebauten Pacific-Modell-Lokomotiven einsetzen? Dieses Vorhaben wurde realisiert, und so findet sich die Bahn heute in Dresden zu unserem Vergnügen. Die Lokomotiven gehören übrigens zu einer rund 20 Exemplare umfassenden Pacific-Serie. Jene, die heute in Wien und Madrid fahren, haben wir bereits erwähnt, und auf eine dieser Loko-

motiven in Indien werden wir noch zu sprechen kommen.
Ebenfalls im Raum Dresden gibt es noch eine weitere Linie, die die schöne Bezeichnung *Traditionsbahn* trägt, aber eigentlich viel mehr ist als das, da sie ins Dresdner Vorortnetz integriert ist. Es ist sicherlich keine Kompensation dafür, hinter der Mauer gefangen zu sein, aber doch zweifellos ein Erlebnis für sich, jeden Morgen hinter einer 75-cm-spurigen 1E1-Tenderlokomotive an die Arbeit fahren zu können.
An bestimmten Sommersonntagen setzt die Reichsbahn mit Hilfe des Dresdener Transport-Museums und des Nationalen Eisenbahn-Klubs verschiedene alte Schmuckstücke ein, so zum Beispiel eine Meyer-B-B-Tenderlok mit Gelenkantrieb aus dem Jahre 1899 und einige gut 50 Jahre alte E-Tenderlokomotiven. Auch die 1E1-Tenderlokomotiven – sie gehören zu den letzten in Europa gebauten Dampfloks – sind eine Reise wert, und zwar um so mehr, als es zur Zeit, da dieses Buch geschrieben wurde, noch möglich gewesen ist, mit einem Dampfschnellzug von Berlin nach Dresden zu reisen.
In der Tschechoslowakei, in Liptovsky Bradock, soll es eine schmalspurige Waldbahn mit Diesel- und Dampfbetrieb geben, wo Dampffahrten für Touristen organisiert werden. Wenn man jedoch noch echte, erhaltene Dampflokomotiven sehen will, muß man nach Ungarn fahren.
In einer der Parkanlagen von Budapest gibt es eine knapp 13 km lange Pionier-Eisenbahn, doch gibt es leider nur noch Dieselfahrten zum Vergnügen der Besucher, die Dampflokomotiven sind auf einem Sockel in einer der Stationen ausgestellt. Das kommunistische Ungarn verfügt – sicherlich zur Überraschung des Lesers – gemeinsam mit dem westlichen Nachbarn Österreich über ein großes «privates» Eisenbahnsystem, die Györ–Sopron–Ebenfurti Vasut (Raab–Oedenburg–Ebenfurt-Bahn). Dieser Nachkomme aus den Zeiten des Kaiserreichs wurde nach dem Vorbild von Talyllyn erhalten.
Die Spurweite beträgt 61 cm. Die Linie beginnt bei einem Depot und Werkstattanlagen und führt in Fertöboz zur Linie der GySEV-Bahn. Von dort aus geht es nach Süden, wo die Züge nach gut 3 km auf einer Kehrschleife wenden und in umgekehrter Reihenfolge über einen großen Halbkreis nach 6,4 km im neuen Bahnhof von Keszthely einfahren. Es werden kleine Industrielokomotiven eingesetzt. Nur ein Berufs-Eisenbahner macht hier Dienst, alle übrigen Belange des Unternehmens, auch das Fahren der Lokomotiven, liegen in den Händen von Jugendlichen im Schulalter. Sogar Besuchern wird zur Erinnerung ein Lokführer-Diplom ausgestellt, doch reicht dieses wahrscheinlich kaum aus, um sich allein im Führerstand einer Dampflokomotive zurechtzufinden. Gegenüber der Station von Keszthely stehen die Tore zum großen Landgut, das einst dem Grafen Szechényi gehört hatte, einem Aristokraten, der sogar in einem sozialistischen Staat noch hoch in Ehren gehalten wird für das, was er vor rund hundert Jahren für das ungarische Volk getan hat. Dieses Haus – heute ein Museum – und die Eisenbahn locken an Wochenenden viele Besucher an.
Als letztes Dampfvergnügen, das sogar West und Ost verbunden hat, ist schließlich der Orient-Expreß zu erwähnen, der erst vor kurzem als Verkehrsmittel aufgegeben, aber als Touristenattraktion weitergeführt worden ist. Rund neunzig Jahre nach der berühmten ersten Fahrt, an der sogar mehrere gekrönte Häupter teilgenommen hatten, trat er am 19. Mai 1977 seine letzte fahrplanmäßige Fahrt von Paris nach Istanbul an. Dieser letzte Zug war ein etwas trauriges Abbild des einstigen Muster-Luxuszuges, denn heute tragen nur noch zwei Waggons die faszinierende Aufschrift

Ostdeutschland: Die Miniatur-2C1-Lokomotive der Pionier-Eisenbahn in Dresden.

Ostdeutschland: Die Meyer-B + B-Tenderlokomotive, Nr. 99-5901-6. Eine Lokomotive gleichen Typs ist auch bei der Museums-Eisenbahn von Radebeul in Betrieb.

DIRECT ORIENT – PARIS – LAUSANNE – MILANO – VENEZIA – BEOGRAD – SOFIA – ISTANBUL. Selbstverständlich wird es auch in Zukunft möglich sein, per Bahn von Paris nach Istanbul zu gelangen, doch werden die Reisenden mehrmals umsteigen müssen.

Gleichzeitig hat aber eine nostalgische Wiederauferstehung des Zuges seine Fahrt durch Europa begonnen, ein neuer Orient-Expreß, rein dem Vergnügen vorbehalten, und wo immer möglich von Dampflokomotiven gezogen. 1976 wurden vier einfache Fahrten durchgeführt, für 1977 sind weitere zwölf geplant, die abwechslungsweise nach Athen und Istanbul führen sollen. Den einen Weg legen die Reisenden per Flugzeug zurück. Genauigkeitsfanatiker mögen vielleicht anmerken, daß dies nicht mehr der Orient-Expreß sei, wie er früher verkehrte, weil die blauen Stahlwaggons dieser Imitation die Zeiten längst nicht mehr erlebt haben, wo der Zug *die* Luxusverbindung in den Orient darstellte. Überdies führt die Komposition heute einen Pullmanwagen mit, was beim Originalzug niemals der Fall war, außer im Film «Mord im Orient-Expreß». Der Wirklichkeit viel näher kamen die normalen Züge, wie sie in Hitchcocks Film «The Lady Vanishes» und im James-Bond-Film «Liebesgrüße aus Moskau» zu sehen waren.

Die Route, die heute in der Schweiz beginnt, sieht Ausweichmöglichkeiten über Österreich oder Italien, vielleicht auch über Griechenland vor. Außer der Schweiz haben all diese Länder noch Dampflokomotiven im Einsatz, und sogar die Schweiz stellt für diesen Zug eine alte elektrische 2D1-Lokomotive aus dem Dampfzeitalter bereit. Für über 1500 Schweizer Franken ist dies zweifellos die luxuriöseste, wenn auch nicht eben die billigste Dampfvergnügungsfahrt der Welt. Sie ist aber ihren Preis wert, sorgen doch 20 Bedienstete auf der Fahrt für das Wohl der 75 Passagiere. Welche Atmosphäre unterwegs herrscht, erkennt man vielleicht daran, daß am ersten Abend für das große Gala-Diner Abendanzug vorgeschrieben ist.

Ostdeutschland. Normale schmalspurige 1E1-Tenderlokomotiven in Freital Hainsberg bei Dresden.

Ungarn: Die D-Tenderlokomotive *András* der Museums-Eisenbahn Keszthely–Fertöboz in der Zwischenstation Baratsag.

Tschechoslowakei: Die C-Tenderlok, Nr. U45.903, die für Waldarbeiter- und (wie behauptet wird) auch für Touristenzüge zum Einsatz kommt.

Orient-Expreß: Großes Gala-Diner bei Kerzenlicht im nachgeahmten Luxuszug.

Großbritannien und Irland

Festiniog: Die in Amerika gebaute 1C1-Tenderlok *Mountaineer* (sie gehörte der Tramway Pithiviers–Toury, nachher dem Britischen Kriegsministerium) nähert sich Tan y Bwlch.

17. Die großen kleinen Eisenbahnen von Wales

Die Swindon-Werke der ehemaligen Great Western Railway bauten im Vereinigten Königreich (Großbritannien und Nordirland) die letzte auf Hauptlinien eingesetzte Dampflokomotive. Sie wurde 1960 fertiggestellt; es war eine normale British-Railways-1E-Lokomotive, die den bedeutungsvollen Namen *Evening Star* (Abendstern) erhielt. Bedeutungsvoll auch insofern, als die erste Lok der GWR den Namen *North Star* (Polarstern) trug. 1968 stellte der Riesenkonzern der British Railways den Dampfbetrieb auf seinen Linien ein und leistete den feierlichen Eid, daß diese überholte und komplizierte Traktionsart auf Verwaltungsebene niemals wieder zur Sprache kommen sollte. Das Wort «Dampf» wurde aus dem Sprachschatz der BR gestrichen. Leider vergassen diese «modernen Männer» aber den Einfluß der öffentlichen und politischen Meinung – die ja beide an und für sich, wenn auch nicht gegen außen, die wahren Aktienbesitzer des Unternehmens waren.

Wie es dann doch dazu kam, daß Dampflokomotiven den Hauptlinien erhalten geblieben sind, soll etwas später geschildert werden. Das unüberwindliche Hindernis, an dem die BR schließlich in ihren Bemühungen, den Dampfbetrieb vollkommen auszutilgen, doch noch scheiterten, war die Vale-of-Rheidol-Bahn, deren 597-mm-Linie sich in vielen Windungen über große Steigungen von Aberystwyth an der walisischen Küste zum herrlichen Aussichtspunkt Devil's Bridge (Teufelsbrücke) emporschlängelt. Eine Lokomotive dieser Bahn befand sich nämlich 1976/77 wieder in den Swindon-Werken, wo sie mit einem Kostenaufwand von über £ 40 000 gründlich überholt wurde. Die Geschichte dahinter ist in ihren vielfältigen Aspekten wirklich faszinierend, ermutigend und offenbarend.

Nirgendwo auf der ganzen Welt finden sich auf so kleinem Raum so viele Museums-Dampfbahnen wie in Wales. Und es sei noch einmal wiederholt: Es war die 1950 drohende Stillegung der damals ältesten noch

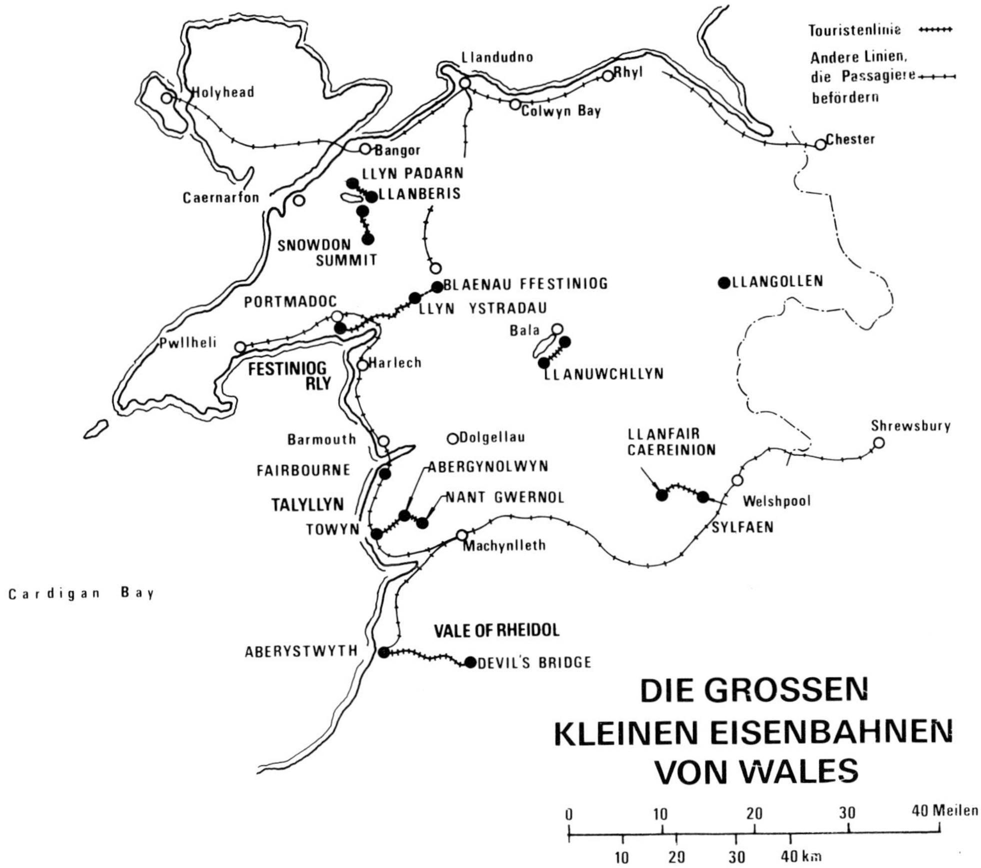

mit Dampf betriebenen Schmalspurbahn, der Talyllyn-Bahn, die jene Bewegung auslöste, welche sich nun über die ganze Welt verbreitet hat. In Wales gab es viele Schmalspurbahnen, deren Hauptzweck es ursprünglich gewesen war, Schiefer aus den Steinbrüchen in den Bergen an die Küste zu transportieren. Als dann der Wohlstand immer größer und bezahlte Ferien Mode wurden, hatten sie während der Sommermonate auch einen recht ansehnlichen Personenverkehr zu verzeichnen. Andere Bahnen wiederum, beispielsweise die Snowdon Mountain Railway und die Fairbourne Miniature Railway, waren ausschließlich für Feriengäste erbaut worden. Von allen walisischen Schmalspurbahnen fielen drei in die Hand einer Eisenbahngesellschaft mit Hauptlinien, die übrigen waren in privatem Besitz.

Die Geschichte der Rettung und Erneuerung der Talyllyn-Bahn ist gut bekannt und als *das* Ereignis für alle Dampfvergnügungslinien der Welt von großem historischem Interesse. Eine Gesellschaft von Eisenbahnfreunden – einer der Autoren dieses Buches war ihr erster Sekretär – übernahm die Bahn im Jahre 1951. Das Vertrauen in die Zukunft hat sich gelohnt, konnte doch 1975 die Strecke sogar über den alten Passagierabschnitt hinaus bis nach Nant Gwernol verlängert werden. Diese neuentstandene Bewegung erhielt 1955 starken Auftrieb; damals wurden die ersten paar Kilometer des Urahns aller Schmalspurbahnen, der Festiniog Railway, neu eröffnet, die 1946 vollständig stillgelegt worden war. Mehrere Jahre hindurch war schon hinter den Kulissen der Festiniog Railway gearbeitet worden, aber es bedurfte dann der Entschlossenheit von Alan Pegler und seiner Freunde, damit dieser lebenswichtige Schritt vollzogen und mit ihm die noch junge Bewegung zur Erhaltung der Dampfeisenbahnen mächtig unterstützt werden konnte. Auch die Festiniog Railway hat sehr gut gearbeitet und ist heute sicherlich die führende Touristenbahn im ganzen Land. 1956 schlossen die BR die Schmalspurstrecke zwischen Welshpool und Llanfair (die Corris Railway von Machynlleth aus war schon 1948 stillgelegt worden). Da aber die Kreisverwaltung der Western Region dem Dampf wohlgesinnt war, vermietete sie die Linie an Eisenbahnfreunde. Und so existiert diese Bahn heute noch und zieht sich in Mäandern durch die Felder von Powys. Offensichtlich war es dann der große Erfolg dieser drei Unternehmen, welcher den verstaatlichten Konzern allmählich unter Druck zu setzen begann. 1960 wechselte die Linie von Shrewsbury an die walisische Küste aus der Verwaltungshoheit der dampffreundlichen Western Region in jene der London Midland Region, und da deren zuständige Behörde in Euston offenbar gar nichts für kleine, gemütlich dahindampfende Züglein übrig hatte, erschien die Schließung der Linie unvermeidbar. Doch dann wurden die drei Autoren dieses Buches gebeten, eine Organisation zu finden oder zu gründen, welche die Devil's-Bridge-Linie übernehmen könnte. Es wurde auch in der Tat eine Gesellschaft gegründet, doch bis dies soweit war, hatte der Meinungsdruck so stark zugenommen, daß die BR nicht mehr zu verkaufen wagten! Und so sind die in den Swindon-Werken erbauten Lokomotiven in ihre Heimat zurückgekehrt und haben dort ein neues Leben begonnen; der Kreislauf hat sich geschlossen.

Als die Bewegung zur Erhaltung der Dampfeisenbahnen immer stärker wurde, zeigte es sich schnell, daß freiwilliger Arbeitseinsatz und Enthusiasmus – obwohl beide auf ihre Art grundlegend – allein nicht genügten. Was als engagierendes und gefühlsmäßiges Steckenpferd begonnen hatte, mußte zu einer Freizeitindustrie mit verwaltungs- und finanzmäßig stark geschäftlichem Anstrich entwickelt werden. Das Erbe eines Landes antreten und erhalten zu wollen ist eine Sache; pro Jahr mit fast einer Million Fahrgästen der «Great Little Trains of Wales» fertigzuwerden ist eine andere. Diese 1970 gegründete Vereinigung ist ein äußerliches und gut sichtbares Zeichen für den Erfolg der walisischen Schmalspurbahnen. Heute sind es acht: Zu den drei alten Pionier-Eisenbahnen und der verstaatlichten Rheidol-Linie sind noch vier weitere Linien gestoßen, nämlich die Snowdon Mountain Railway, die Fairbourne Miniature Railway (beides von Anbeginn an Touristenunternehmen), die Llanberis Lake Railway (auf einem Teilstück des Schienenbettes der ehemaligen Padarn-Quarry-Linie errichtet) und die Bala Lake Railway (vor nicht allzu langer Zeit auf einem Abschnitt der alten Great Western Railway eingeweiht). Der Versuch dieser Linien, gemeinsam mit der Touristenbehörde von Wales und – man würde es kaum glauben! – mit den BR die Werbetrommel zu rühren, hat sich als sehr erfolgreich erwiesen – so gibt es heute zum Beispiel sechstägige Busreisen mit der National Bus Company, die alle Bahnen besuchen.

Das große Kapital in den gegenwärtigen Zeiten der Inflation ist, daß all die kleinen großen Eisenbahnen als Schmalspur- oder Miniaturbahn gebaut worden sind; ihr Betrieb und Unterhalt ist daher finanziell weniger aufwendig. Somit zeigt sich die Lage ziemlich genau umgekehrt als in jenen Zeiten, wo die Eisenbahnen noch Gütertransportunternehmen waren; damals hatte das Umladen der Fracht von Normal- auf Schmalspur an den Kreuzungspunkten sehr hohe Kosten verursacht. Dies war für die Schmalspurbahnen ein großer Nachteil, weil durch hohe Ausgaben und Baukosten die zurückgelegten Ersparnisse praktisch aufgebraucht wurden. Vielleicht weil sie schmalspurig waren, vielleicht aber auch weil sie ziemlich abseits lagen, hatten die beiden Pionierlinien niemals – weder durch Aufkauf noch durch Zusammenarbeitsverträge – irgendwelche Verbindungen zu den Haupteisenbahnunternehmen gehabt. Diese absolute Unabhängigkeit veranlaßte sie, eigene Werkstattbetriebe zu errichten; so konnte sich die Talyllyn-Bahn im Einklang mit ihrer ländlichen Atmosphäre zu einem kleinen Teil selbst mit Rollmaterial versorgen, und die Festiniog-Bahn verfügte sogar über Werkanlagen, in denen sie eigene Lokomotiven montieren konnte. Dies war natürlich eine ausgezeichnete Ausgangslage für die erste Schmalspurbahn im Vereinigten Königreich. Dank ihrer Einmaligkeit, ihrer Schmalspur und ihrer geographischen Lage konnten die privaten Linien in Wales nicht nur unter neuen Besitzern als Touristenunternehmen überleben, sondern auch blühen und sich vergrößern. Die verstaatlichte Linie im Vale of Rheidol war dagegen viel schwieriger zu unterhalten. Jede der acht Bahnen hat je nach Anlage, Lokomotivstärke und Grundlage des Unterhalts durch Touristen oder Eisenbahnfreunde ihren eigenen Charakter. Die einen werden von Gesellschaften geführt, die andern von Handelsgesellschaften unter Trust-Arrangements geleitet, und wieder andere werden auf rein kommerzieller Basis betrieben.

Die **Talyllyn-Bahn** mit ihrer eher ungewöhnlichen Spurweite von 686 mm wurde 1865 erbaut. Ursprünglich hatte sie vor allem die Aufgabe, Schiefer aus den Steinbrüchen mitten in den Bergen nach Bryn Eglwys, ungefähr 13 km vor der Küste, zu transportieren. Eigentlich hatte man geplant, die Linie bis an den Hafen von Aberdovey zu führen, verlegte aber dann die Endstation nach Towyn (heute: Tywyn), wo sie Anschluß an die damalige Cambrian Railway hatte. Die wenigen Passagiere – hauptsächlich Arbeiter und Einheimische – wurden vom Ausgangspunkt 10,8 km weit bis ins Dorf Abergynolwyn befördert. Das Unternehmen besaß keine Genehmigung, Fahrgäste über diesen Streckenpunkt hinaus zu transportieren, und war von dort aus eigentlich nur noch eine Transportbahn, die mit Hilfe von Seilzügen die recht steilen Steigungen zu den Schieferbrüchen hinauf bewältigen mußte. Mit dem starken Rückgang der Schieferindustrie und dem immer gefährlicher werdenden Zustand der Schieferbrüche nahm auch der Verkehr immer mehr ab; doch fuhr die Eisenbahn bis zum Tod ihres eigentlichen Besitzers, Sir Henry Haydn Jones, im Jahre 1950 unentwegt weiter, gegen Ende ihrer Zeiten allerdings nur noch dreimal pro Woche. Nach Sir Henrys Tod wurde die erste Gesellschaft zur Erhaltung von Dampfeisenbahnen gegründet, und dank der Großzügigkeit seiner Erben konnte sie über eine neugebildete Holdinggesellschaft die Kontrolle über die Talyllyn-Bahn übernehmen. Es sollte aber doch gesagt werden, daß dieses Wohlwollen – obwohl natürlich allgemein anerkannt und lobend begrüßt – vielleicht nicht ganz so altruistisch war, wie es auf den ersten Blick geschienen haben mag, denn die Talyllyn-Bahn war eine statutarische Gesellschaft, und es hätte eines Parlamentsbeschlusses bedurft, dieses Erbe loszuwerden. Die Talyllyn Railway Preservation Society machte sich nun an die keineswegs leichte Aufgabe, Monat um Monat, Jahr um Jahr die in sehr schlechtem Zustand befindliche Bahn zu sanieren. Vorher war nur ungenügend oder gar nicht für das Wichtigste gesorgt worden; es wurden noch die alten, schmiedeeisernen Schienen benutzt, Waggons aus dem Jahre 1865 und eine der beiden ausgedienten und überalterten Lokomotiven, die B-WT *Dolgoch.* Vielleicht stimmt sogar die Behauptung, daß das Gleis an vielen Stellen nur dank der dazwischen gewachsenen Grasnarbe noch die richtige Spurweite aufgewiesen habe.

Die Talyllyn Railway war immer von ihrer ruhigen, ländlichen Atmosphäre geprägt worden, und man bemühte sich auch, diese beizubehalten, als man sie zu einer Touristenbahn entwickelte. Die Berge in diesem Teil von Wales sind grün, und irgendwie scheint diese kleine Eisenbahn wie geschaffen für diese Landschaft mit grünen Wiesen, Schafen, Wäldern und Hügeln. Die Züge fahren vom ehemaligen Knotenpunkt Tywyn Wharf weg und halten erstmals wieder in Tywyn Pendre, gegenüber den Depots und Werkstätten der Linie. Nachher führt der Weg durch ein immer enger werdendes Tal, und die Geleise sind nun richtiggehend

Talyllyn: Die B-Tenderlokomotive *Dolgoch* in Abergynolwyn in den Anfangszeiten der Gesellschaft. Auf dem Trittbrett steht einer der Autoren dieses Buches, John Snell.

Talyllyn: Die *Dolgoch* in voller Fahrt zu einem späteren Zeitpunkt. Zu beachten sind die verbesserten Schienen.

in die steilen Wände der Dolgoch-Schlucht eingebettet; bergaufwärts geht es an herrlichen Wasserfällen vorbei nach Abergynolwyn (10,5 km), und von dort aus schauen die Reisenden auf die kurvenreiche Straße hinunter, die durch die Bäume hindurch zum Talyllyn-See führt. Auf dem letzten Abschnitt schlängelt sich die Bahn am Rande einer steilen Schlucht entlang, von wo aus tosende Wasser weit hinunter in den Bach fallen. Die Hügel werden nun immer wilder, und am Ende der Fahrt erinnern schräg abfallende Hänge an den nun verlassenen und aufgegebenen Steinbruch. Unter der Aufsicht der Preservation Society arbeitet die Talyllyn Railway mit vielen Freiwilligen, verfügt aber doch über ein Minimum an festangestelltem Personal. Diese Mischung der zwei Arbeitsformen hat eine glückliche und freundliche Atmosphäre geschaffen, aber auch den aufrichtigen Wunsch, zu erhalten und zugleich den heutigen Bedürfnissen nachzukommen. Als zusätzliches Abenteuer erreichten Gesellschaft und Eisenbahn im Jahre 1976 ein weiteres Ziel: Sie erneuerten und eröffneten dem Personenverkehr (unter Governmental Light Railway Order) den 1,2 km langen, kurvenreichen Abschnitt in die Schlucht von Bryn Eglwys hinunter an den Fuß der ersten von mehreren schiefen Ebenen, die alle zum alten Steinbruch hinaufführen. Wahrlich eine energische und bewundernswerte Leistung. All die kleinen, vierrädrigen Dampflokomotiven der Talyllyn-Bahn sind grün gestrichen und tragen einen Namen; die Waggons, heute übrigens fast ausnahmslos mit Drehgestellen, leuchten in einem gefälligen Rotton.

Heute sind die Schienen auf der ganzen Streckenlänge erneuert, alle Lokomotiven und Wagen renoviert und auch neue Einheiten hinzugekauft worden. Jeden Sommer werden nun regelmäßige Passagierfahrten durchgeführt. Die Beweggründe, die zur Errichtung der ersten erhaltenen *Eisenbahn* der Welt geführt haben, sind voll gerechtfertigt worden. Am einen Ende der Bahn, in Tywyn, wartet noch eine weitere Attraktion auf den Besucher, nämlich das Narrow Gauge Railway Museum (Schmalspurbahn-Museum), welches einem von der Bahn getrennten, selbständigen wohltätigen Konzern gehört. Es liegt unmittelbar neben dem Stationsgebäude und zeigt Relikte und Objekte der meisten Schmalspurlinien, die es im Vereinigten Königreich je gegeben hat und noch gibt.

Weiter nördlich, vom alten Seehafen Porthmadog (früher: Portmadoc) aus, fährt die **Festiniog Railway,** ohne Zweifel die älteste, längste und geschäftigste aller walisischen Schmalspurbahnen. Sie war bereits 1836 erbaut worden, um Schiefer aus den Steinbrüchen in der Gegend um Blaenau Ffestiniog ungefähr 22 km weit an die Küste zu transportieren, von wo aus der Weitertransport in die entstehenden Industriezentren erfolgte. Von der obern Endstation aus fuhren die Züge, ursprünglich nur durch die Schwerkraft getrieben, auf Meereshöhe nach Boston Lodge hinunter; die ganze Strecke verlief ständig abfallend bis zum östlichen Ufer der Flußmündung hinunter. Für die Bergfahrt spannte man Pferde vor die Waggons. Die Festiniog Railway war 1863 die erste Bahn, die Dampflokomotiven auf der 597-mm-Spur einsetzte, ja eigentlich war sie die erste dampfbetriebene Schmalspurbahn überhaupt, denn erst 1865 folgte die Talyllyn-Bahn. Zwei der Original-Lokomotiven, *Prince* und *Princess,* gibt es immer noch; erstere wird gegenwärtig vollständig überholt, war aber immer noch im Einsatz. Die schnelle Entwicklung der Schieferindustrie und vor allem der riesigen Steinbrüche in Nord-Wales brachte der Festiniog-Linie gegen Ende der Viktorianischen Epoche große Gewinne ein, und der ständig zunehmende Verkehr spornte zu weiteren Pioniertaten an, beispielsweise zum Bau kompletter Werkstätten und zur Konstruktion der einmaligen und berühmten Fairlie-Doppellokomotiven. Der Rückgang der Industrie in der Zwischenkriegszeit traf die Festiniog Railway schwer; auch die Touristenfahrten, die sie wie die Talyllyn-Bahn im Sommer durchführte, waren nicht kostendeckend. Und so wurde die Eisenbahn 1946 vollumfänglich stillgelegt.

In den späten vierziger Jahren wurden verschiedene Versuche unternommen, die Linie wieder zu eröffnen; aber im Gegensatz zum Besitzer der Talyllyn-Linie waren die Aktieninhaber der Festiniog-Bahn nicht in der Lage, sie als Schenkung zu veräußern. Für einen Pappenstiel (in heutiger Währung) konnte 1954 schließlich Alan Pegler die Aktienmehrheit der Bahn kaufen. Diese Aktien sind nun treuhänderisch verwaltet, jedoch wird der Betrieb von der Aktiengesellschaft kontrolliert und geführt (nicht etwa von einer Gesellschaft zur Erhaltung von Dampfeisenbahnen!). Es gibt zwar die Festiniog Railway Society, die eine sehr wertvolle und bedeutende Hilfe darstellt. Die Zusammenarbeit zwischen den beiden wird dadurch gewährleistet, daß die Direktoren jeweils ausgetauscht werden. Die Gesellschaft unterscheidet sich nach außen insofern etwas von einer normalen «Gesellschaft von Eisenbahnfreunden», als sie wie ein Touristenbetrieb arbeitet. Wie bei jeder funktionierenden Eisenbahn hängt auch die Zukunft der Festiniog Railway von der Frequentierung ab, die sie hat und natürlich auch hart erarbeiten muß. Aufgrund ihrer Größe, der notwendigen Bauarbeiten und der allgemeinen Lage kann und darf sie nicht einfach ein Spielzeug für gutmeinende Eisenbahnfreunde sein. Die Pionierlinien der Talyllyn- und der Festiniog-Bahn sind beides normale Bah-

nen; trotzdem ist die erstere so weit wie möglich eine hübsche, gemächliche Museumsbahn geblieben, währenddem die letztere ziemlich aggressiv, unternehmend und äußerst touristenorientiert ist.
Die Passagierfahrten auf der Festiniog-Linie wurden im Juli 1955 auf einem gut 3 km langen Abschnitt wieder aufgenommen. Später wurde Stück für Stück eröffnet, und 1976 erreichte der befahrbare Streckenteil 14,4 km. Das Hauptproblem beim Ausbau war, daß der untere See eines Pumpspeicher-Kraftwerks den obern Gleisabschnitt überflutet hatte. Dies bedingte den Bau einer Umleitung – 3,2 km brandneue Gleisanlagen über und durch harten Fels – mit einem neuen Tunnel und einer Kehrschleife unter freiem Himmel, die einzige in England. Ungefähr drei Viertel der neuen Route sind bereits fertiggestellt, und so konnten die Züge im Jahre 1977 die neue Kehrschleife und den Tunnel bereits befahren und schließlich in der vorläufigen Endstation in Llyn Ystradau, in der Nähe des Kraftwerkes, einfahren.
Ein weiterer Unterschied der Festiniog-Bahn besteht auch in ihrer geographischen Situation. Sie fährt durch das Snowdon-Gebirge, das viel zerklüfteter und unfreundlicher ist als Südwales. Die Geleise führen auf Terrassen an den Berghängen entlang, folgen ihnen in scharfen Kuven stetig bergauf und enden schließlich an breiten Halden ehemaliger Schieferbrüche, die anfangs als ungemein störend empfunden wurden, neuerdings aber als eine Art industriell-archäologisches Erbe Englands geschätzt werden. Die Züge der Festiniog-Bahn sind alle mit Unterdruckbremsen ausgerüstet, die Wagen verfügen über Verbindungsgänge, und die Werkstätten sind nach wie vor in der Lage, Lokomotiven zu überholen oder sogar neu zu bauen. Die Lokomotiven der Festiniog Railway tragen – genau wie diejenigen der Talyllyn-Bahn – Namen und sind grün gestrichen, erwecken aber allgemein einen etwas mehr geschäftsmäßigen Eindruck. In den Werkhallen von Boston Lodge stehen immer noch zwei der berühmten B + B-gekoppelten Fairlielokomotiven, renovierte Exemplare der Penrhyn-Quarry-Linie, und sogar die allererste Garratt-Lokomotive, noch nicht einsatzbereit und im Moment leihweise dem National Railway Museum in York zur Verfügung gestellt. Ebenfalls interessant ist zu wissen, daß beide Bahnlinien noch zwei Passagierklassen führen, 1. und 3. Klasse. Diese Einteilung stammt noch aus der Zeit, wo die Eisenbahnen in Europa üblicherweise drei Klassen hatten. Der Anblick eines langen Festiniog-Zuges, der vor dem imposanten Hintergrund des Snowdon-Gebirges über den Treath Mawr Kai in Porthmadog dampft, ist etwas vom Eindrucksvollsten, was man heute in Wales erleben kann.
Landschaftlich ebenso reizvoll ist die 20 km lange Strecke der **Vale of Rheidol Railway.** Sie ist die einzige Schmalspurbahn und die einzige noch mit Dampf betriebene Strecke der British Railways. Die 597-mm-Linie stammt aus dem Jahre 1902 und führt vom Kü-

Dampfvergnügen vor dem Krieg: Die B + B-Tenderlokomotive *Taliesin* der Festiniog Railway ist bereit, ihre Fahrt von Portmadoc nach Blaenau Festiniog anzutreten, 1936. An die Lok sind «Bug Box»-Waggons angekoppelt.

Festiniog: Die Fairlie-B + B-Tenderlok *Merddyn Emrys* faßt in Tan y Bwlch Wasser.

stenferienort Aberystwyth zur Devil's Bridge auf 207 m über Meer. Diese Bahn blieb selbständig, bis sie 1913 von den Cambrian Railways übernommen wurde. 1923 ging sie an die Great Western Railway und schließlich bei der Verstaatlichung im Jahre 1948 an die British Railways über. Die Rheidol-Linie war von allem Anfang an in erster Linie Passagierbahn und hat viele Jahre lang überhaupt keine Fracht befördert. Wie ihre Kolleginnen der «Great Little Trains of Wales» ist sie nur während der Touristensaison in Betrieb. Die Fahrten beginnen nun bei einem Bahnsteig des Hauptbahnhofs in Aberystwyth, und die drei 1C1-Tenderlokomotiven sind im ehemaligen Normalspur-Dampfdepot bei diesem Bahnsteig untergebracht. Eine von ihnen gehört zu den zwei Loks, welche die Firma Davies and Metcalfe in Stockton zur Eröffnung der Linie gebaut hatte. Zwei ähnliche Lokomotiven wurden 1923 von der Great Western in Swindon gebaut, wo auch eine der ersten beiden umgebaut wurde. Sie haben heute alle Namen und tragen spezielle Messing-Typenschilder der GWR und Messingnummern auf der Seite des Führerstandes. Ihr Kleid ist natürlich jetzt das Blau der British Railways, deren Emblem sie auch tragen. Die Verwaltung gibt speziell große Fahrkarten heraus, welche die Reisenden als Andenken behalten können.

Die Rheidol-Linie vereinigt in sich etwas von allen ihren nördlichen Nachbarn. Wie auch bei den zwei andern Linien verläuft der erste Streckenteil durch ebenes Gelände (ist allerdings etwas länger als bei den beiden andern). Die großen Steigungen beginnen erst nach gut 7 km hinter der Station Capel Bangor. Nach weitern vier Kilometern gelangt der Zug nach Aberffrwd, wo die Lokomotiven bei der Bergfahrt Wasser

Vale of Rheidol: Die 1C1-Tenderlok *Prince of Wales* überquert den Afon Rheidol in Llanbadarn.

Rechts: Vale of Rheidol: Aufstieg zur Devil's Bridge (Teufelsbrücke).

aufnehmen müssen. In dieser Station gab es früher eine Ausweichschleife, wo berg- und talwärts fahrende Züge sich kreuzen konnten; während einer etwas unglücklichen, schlechten Zeit wurde sie aber entfernt. Deswegen konnte der Fahrbetrieb später auch nicht mehr erweitert werden. Nach Aberffrwd wird die Landschaft immer eindrücklicher, und dem Reisenden bietet sich ein herrlicher Ausblick ins Rheidoltal hinunter. Auf schmalen Felsbändern winden sich die Gleise dem Berghang entlang, die Züge drehen und wenden sich, um schließlich durch eine Felsöffnung in die Endstation von Devil's Bridge einzufahren. Da die Rheidol-Linie dem Staat gehört, stellt sich das Problem ihrer Erhaltung an und für sich nicht. Die British Railways unterstützen aber eine etwas scheue Vale of Rheidol Railway Supporters Association, die in Aberystwyth einen Waggon der London and North Western Railway benützen darf. Diese Vereinigung hält in regelmäßigen Abständen Versammlungen ab und gibt auch ein Bulletin heraus, doch dürfen ihre Mitglieder nur bei Angelegenheiten mitreden und -helfen, die nicht die Interessen und Vorrechte des bezahlten Personals tangieren, denn dies würde gegen die Politik der BR und der Gewerkschaft verstoßen.

Die netteste Linie ist bestimmt die **Welshpool and Llanfair Light Railway.** Diese ländliche, anachronistisch anmutende Linie führt knapp 9 km weit durch die Felder von Powys und endet zurzeit an der Station Sylfaen an der Straße nach Welshpool. Sie wurde 1903 unter einer Light Railway Order eröffnet und beförderte von Anfang an Passagiere. Die Fahrt beginnt in einem Bahnhof gegenüber der Station der Cambrian Railways, unmittelbar hinter dem Viehmarkt von Welshpool. Die Züge schlängeln sich dann gemütlich

Welshpool & Llanfair: Die von der Bowater Corporation stammende B + B-Tenderlokomotive *Monarch* auf der Brücke über den Fluß Banwy. Man beachte die erneuerten Pfeiler.

Rechts: Snowdon Mountain Railway: Der Zug fährt in Llanberis ab.

Welshpool & Llanfair: Ankunft der C-Tenderlok *The Earl* in Llanfair Caereinion.

durchs Tal des Flusses Banwy. Die 762-mm-Spur endete nach rund 14 km in der Grafschaftshauptstadt Llanfair Caereinion. Genau wie die Rheidol-Bahn gehörte auch diese Linie nacheinander den Cambrian Railways, der Great Western Railway (welche die Linie 1931 für Passagiere sperrte) und den British Railways (die sie 1956 ganz stillegten). In den letzten Tagen beförderte die Bahn hauptsächlich Kohle und landwirtschaftliche Produkte von Welshpool aus sowie Schafe und Rindvieh zum montäglichen Viehmarkt nach Welshpool. Der Erfolg der wieder zum Leben erweckten Bahnen von Talyllyn und Festiniog veranlaßte eine kleine Gruppe zur Gründung der Welshpool and Llanfair Light Railway Preservation Co. Ltd., die – wie schon erwähnt – anfänglich die Linie von den BR mietete. Kürzlich wurde sie von der Gesellschaft käuflich erworben, ebenso wie die zwei alten Beyer Peacock C-Tenderlokomotiven und die übriggebliebenen Güterwaggons. Beide Loks tragen Namen und erinnern in ihrem Aussehen an die Great Western Railway, obwohl die Bemalung etwas verschieden ist. Die kleine GmbH hat in jahrelanger Arbeit die Strecke renoviert, und zwar mit großem Erfolg. Einzig die Endstation im Osten liegt nun in den Außenbezirken von Welshpool, und nicht mehr im Zentrum dieser Stadt, deren Behörden zur Zeit des Kaufes nichts von Geschäften mit Touristeneisenbahnen wissen wollten. Der Erfolg kam langsam, aber sicher, ganz im Einklang mit der ruhigen Landatmosphäre, die der Zug ausstrahlt. Als echte Eisenbahnfreunde, die wirklich Eisenbahnen erhalten wollen, haben die Mitglieder der Gesellschaft gespart und konnten schließlich weiteres Material aus nah und fern aufkaufen, so zum Beispiel eine französisch-belgische D-Tenderlokomotive aus Österreich und eine Hunslet 1C1-Tenderlok aus Sierra Leone, aber auch alte, ebenso interessante Waggons. Gleichfalls interessant ist eine B-B-Lok mit Wasserkasten, welche Bagnall für die Sittingbourne & Kemsley Railway, eine private Industriebahn in Kent, gebaut hatte. Die Bahn verfügt über kleinere Reparaturwerkstätten, die sehr gut zum ganzen Unternehmen passen. An der Endstation Llanfair Caereinion stehen auch ein paar hervorragend erhaltene (und auch gebrauchte) Signale der Great Western Railway. Zusammen mit andern Schmalspurbahnen hat auch die Welshpool and Llanfair Company in den letzten Jahren von der walisischen Touristenbehörde beträchtliche finanzielle Unterstützung erhalten.

Die landschaftlich vielleicht interessanteste von allen

Llanberis Lake: Die B-Tenderlokomotive *Elidir* steht abfahrtbereit in Gilfach Ddu.

Rechts: Bala Lake: Die B-Tenderlok *Maid Marian* in Pant yr Hen Felin.

Fairbourne: Die 1B1-Lok *Sian* in Golf Links Halt.

walisischen Touristenbahnen ist wahrscheinlich die **Snowdon Mountain Railway,** die einzige Zahnradbahn auf den Britischen Inseln. Sie ist 7,6 km lang (Spurweite nach kontinentaler Norm 80 cm) und fährt auf den Gipfel des Snowdon, des höchsten Berges von Wales. Die Bahn stammt aus dem Jahre 1896. Die Talstation steht in Llanberis, unweit vom Ufer des Llyn Padarn, und besteht aus nett angeordneten Sta-

tions- und Werkstattgebäuden. Die Zahnradbahn wurde nach dem aus der Schweiz stammenden Abt-System erbaut; auch die Lokomotiven stammten alle aus der Schweizerischen Lokomotivfabrik in Winterthur. Vier der sieben Zahnradlokomotiven wurden 1895/96, die übrigen drei 1922/23 gebaut. Sie sind alle grün bemalt und haben einen Namen. Die Werkstätten sind gut ausgerüstet und sind im Bedarfsfall in der Lage, alle Reparatur- und Überholungsarbeiten selbst auszuführen; nur die Dampfkessel werden anderswoher beschafft. Genau wie es in der Schweiz üblich war, folgen sich mehrere bergwärts fahrende Züge unmittelbar hintereinander und kreuzen die Talkurse auf Ausweichstellen. Die Kompositionen bestehen normalerweise aus einem einzigen Wagen oder aus einem Wagen und einem Wasserwaggon. Die Bahn ist nur während der Saison in Betrieb und fährt auch dann nur bei einigermaßen gutem Wetter, das ja in den Bergen eine sehr wichtige Rolle spielt. Bei der Bergstation gibt es ein Restaurant, das aber – wie die Fahrt auch – nicht gerade billig ist. An den hohen Preisen sind zum Teil die recht hohen Reparatur- und Unterhaltskosten, zum Teil aber auch die Wetterlaunen schuld. Trotzdem ist dies eine der schönsten Fahrten, die man in Wales erleben kann. Wenn die Bergbahn mit der erlaubten Höchstgeschwindigkeit von 8 km/h die öden und steilen Abhänge des Snowdon-Berges hinaufkriecht, bietet sich bei günstigen Witterungsbedingungen eine Aussicht, die sonst nur Bergsteiger genießen können.

Die letzte Schmalspurbahn in dieser Region ist die **Llanberis-Lake-Linie,** die gegenüber vom Snowdon am Ufer des Llyn Padarn entlangführt. Die Bahn ist verhältnismäßig jung, wurde erst 1971 eröffnet und benutzt das Trassee (Spurweite 597 mm) der ehemaligen Padarn–(Dinorwic–)Quarry-Linie. Sie setzt die gleichen Lokomotiven ein, die bereits zu Zeiten des Steinbruchs gefahren waren. Sie tragen denn auch noch die typischen Farben des Steinbruchs und haben Namen. Es stehen rund zwölf Waggons mit Drehgestell zur Verfügung. Diese Linie soll von allen acht Bahnen der Gruppe am besten rentieren; dies ist gut möglich, verfügt sie doch über alle Voraussetzungen: Schmalspurbahn, kleine Lokomotiven, kurze Strecke und günstige Lage in einer der besten Ferienregionen der Welt. Unmittelbar neben der Endstation steht heute übrigens ein hervorragend bestücktes industriellarchäologisches Steinbruch-Museum.

Die letzte der acht Schmalspurlinien wurde ebenfalls auf dem Gleisunterbau einer früheren Eisenbahn angelegt. Es ist die 1922 erbaute **Bala Lake Railway.** Sie ist 4,8 km lang, hat eine Spurweite von ebenfalls 597 mm und führt über einen Streckenteil der Zweiglinie der ehemaligen Great Western Railway von Ruabon nach Dolgelley. Die Bahn ist zurzeit ungefähr 4,8 km lang und verkehrt zwischen Llanuwchllyn und Llangywain, plant aber eine Streckenverlängerung bis nach Bala. Die Zugfahrzeuge verfügen größtenteils über Verbrennungsmotoren, doch stehen auch zwei Dampflokomotiven im Einsatz. Eine davon ist die 1903 von Hunslet gebaute B-S-Tenderlok *Maid Marian;* sie gleicht in mancher Hinsicht jenen Lokomotiven, die auch die Llanberis Lake Railway betreibt, und stammt vom Dinorwic-Steinbruch. Der einzige Unterschied besteht darin, daß die *Maid Marian* über eine Dampfbremse verfügt, weil die Bala-Linie einige steile Steigungen aufweist. Die Eisenbahn wird von einer Gesellschaft unterstützt, die vor allem beim Unterhalt und Betrieb der Dampflokomotiven hilft.

Die einzige Miniaturbahn der «Great Little Trains of Wales»-Gruppe ist die **Fairbourne Railway.** Sie begann schon 1890 als Pferdebahn mit einer Spurweite von 61 cm, hat aber heute eine Spurweite von nurmehr 381 mm. In ihrer jetzigen Form wurde sie 1916 von der Narrow Gauge Railway Ltd. erbaut, einer Tochtergesellschaft der bekannten Modelleisenbahn-Firma Bassett-Lowke Ltd. Damit wurde sie eine Zeitgenossin der noch zu beschreibenden Ravenglass & Eskdale Railway. Die Linie war hauptsächlich ein Saison-Touristenbetrieb, der Passagiere aus dem rasch größer werdenden Ferienort Fairbourne zur Mawddach-Mündung in Penrhyn Point brachte, wo Anschluß an die Fähre nach Barmouth bestand. Seit den ersten Jahren besaß die Bahn eine Bassett-Lowke-2B1-Lokomotive mit dem Namen *Count Louis.* Der Zweite Weltkrieg setzte dem Tourismus vorübergehend ein Ende und bewirkte so die Stillegung der Linie, die später von einer neuen Gesellschaft von Eisenbahnfreunden aufgekauft und 1947 wieder eröffnet wurde. Seit 1950 änderte sich auch das Äußere der Bahn, indem speziell entworfene und gebaute Lokomotiven und Waggons eingesetzt wurden. Die neuen Dampflokomotiven wurden von Ernest Twining konstruiert und von Trevor Guest in Stourbridge gebaut. Sie trugen alle Namen; die letzten beiden, *Sian* und *Katie,* gleichen in ihrer Bauweise und ihrem Äußern eher Schmalspurlokomotiven als den allgemein bekannten maßstabgetreuen Miniaturloks. Die Bahn verfügt auch über ein paar Benzin- und Diesellokomotiven. 1976 wurde in Barmouth Point ein neuer Bahnhof eingeweiht, der auf drei Seiten von Wasser umspült wird. Von diesem Kai aus hat man einen atemberaubenden Ausblick auf die Küste, die Flußmündung, die große Barmouth-Brücke der British Railways und die Berge im Hintergrund.

18. Südengland

Währenddem alle Touristenlinien in Wales schmalspurig sind, gibt es im übrigen Teil Englands auch Strecken, die früher kommerziell betriebene Normalspur-Nebenlinien waren. Die auf der Insel Man und in Nordirland erhaltenen Eisenbahnen sind durchwegs Schmalspurlinien. Zuerst berichten wir von Dampfeisenbahnen, die südlich einer imaginären Grenzlinie liegen, die vom Fluß Mersey bei Liverpool aus zum Wash, einem Meerbusen an der Norfolk-Küste, verläuft.

Bluebell Railway
Die Wiedereröffnung eines 8 km langen Abschnitts der sogenannten «Bluebell Railway» im Jahre 1960 war eine Pioniertat: Erstmals wurde eine Normalspurbahn von Freiwilligen betrieben. Die Linie führt von East Grinstead nach Lewes in Sussex Weald. Diese Teilstrecke der British Railways fiel ziemlich früh der «Beeching Axe», einer strikten Spar- und Abbaukampagne, zum Opfer. Sofort begannen die Möchtegern-Retter – ermutigt durch das Vorbild der walisischen Schmalspurbahnen – mit den Besitzern zu verhandeln. Die damals unter der Bezeichnung «Bluebell Railway Preservation Society» bekannte Gesellschaft gründete die Bluebell Railway Limited, schloß den Kaufvertrag ab, erhielt eine Betriebsgenehmigung (Light Railway Order) und machte sich ans Werk. Seit damals hat der Konzern großen Erfolg gehabt; er bemühte sich nicht nur, die Bahn selbst zu restaurieren und zu erneuern, sondern verlieh dem Ganzen auch eine stark viktorianische Atmosphäre, welche den Eisenbahnfanatiker, den Historiker und das breite Publikum gut anspricht. Die Bluebell Railway – die Bezeichnung stammt übrigens vom Übernamen, welchen die ursprüngliche Linie erhalten hatte – hat sich darauf konzentriert, die

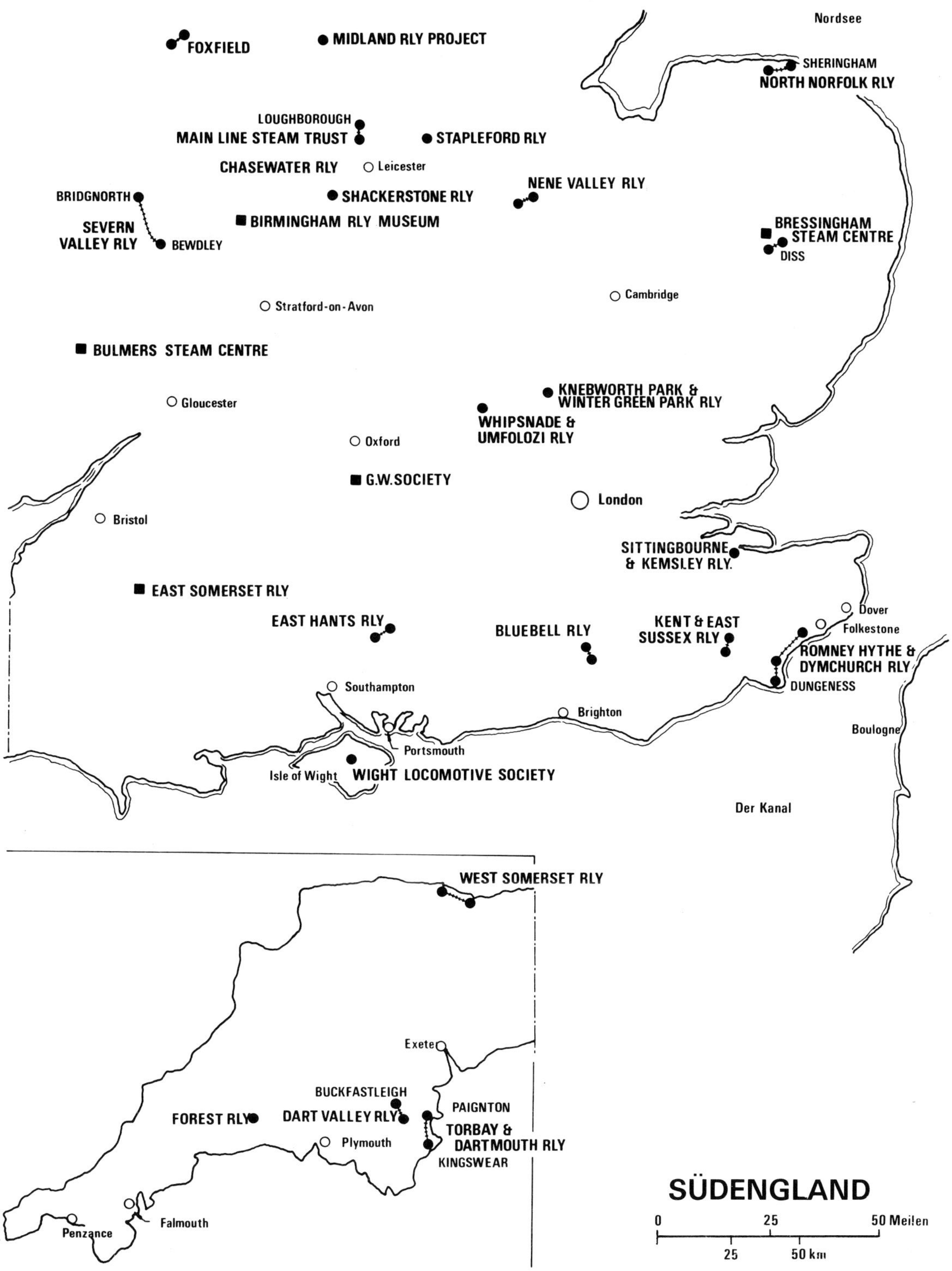

Nordsee
FOXFIELD
MIDLAND RLY PROJECT
SHERINGHAM
NORTH NORFOLK RLY
LOUGHBOROUGH
MAIN LINE STEAM TRUST
STAPLEFORD RLY
CHASEWATER RLY
Leicester
NENE VALLEY RLY
BRIDGNORTH
SHACKERSTONE RLY
SEVERN VALLEY RLY
BEWDLEY
BIRMINGHAM RLY MUSEUM
BRESSINGHAM STEAM CENTRE
DISS
Cambridge
Stratford-on-Avon
BULMERS STEAM CENTRE
KNEBWORTH PARK & WINTER GREEN PARK RLY
Gloucester
WHIPSNADE & UMFOLOZI RLY
Oxford
G.W.SOCIETY
London
Bristol
SITTINGBOURNE & KEMSLEY RLY.
EAST SOMERSET RLY
Dover
EAST HANTS RLY
BLUEBELL RLY
KENT & EAST SUSSEX RLY
Folkestone
ROMNEY HYTHE & DYMCHURCH RLY
DUNGENESS
Southampton
Brighton
Boulogne
Portsmouth
Isle of Wight
WIGHT LOCOMOTIVE SOCIETY
Der Kanal
WEST SOMERSET RLY
Exeter
BUCKFASTLEIGH
PAIGNTON
FOREST RLY
DART VALLEY RLY
TORBAY & DARTMOUTH RLY
Plymouth
KINGSWEAR
SÜDENGLAND
0
25
50 Meilen
25
50 km
Penzance
Falmouth

«Southern»-Verbindungen zu unterhalten. Sie gehörte ursprünglich der ehemaligen London, Brighton and South Coast Railway, die ihrerseits 1923 von der «Southern»-Gruppe übernommen wurde. Die typische Form der Gebäude und der wichtigsten Anlagen hat sich kaum geändert, obwohl sie sich allgemein – und durchaus verständlich – etwas mehr auf den Touristen ausgerichtet hat. Die Bluebell-Linie führt durch die schöne Landschaft von Sussex; ihre südliche Endstation befindet sich in Sheffield Park. Ihre Lokomotivflotte besteht zum Teil aus Exemplaren, die schon in alten Zeiten auf der ursprünglichen Linie gefahren sind, zum andern Teil aber hauptsächlich aus Lokomotiven, die der Southern Railway und ihren Vorgängerinnen, der London, Brighton and South Coast Railway, der South Eastern & Chatham Railway und der London & South Western Railway, gehört hatten. Unter anderem besitzt die Bluebell-Linie folgende Prunkstücke: eine kleine LBSCR-«Terrier»-C-Tenderlokomotive von Stroudley – sie ist jetzt über hundert Jahre alt –; eine Adams LSWR-2B1-Tendermaschine – die einst im Londoner Vorortsnetz fuhr –; kleine, von Wainwright für die SE&CR konstruierte C-Tender-Rangierlokomotiven; eine herrliche C-Lok der C-Klasse selben Ursprungs sowie eine Southern Region Bulleid Pacific, die den Namen *Blackmore Vale* trägt. Sozusagen ein Fremdling ist die *Earl of Berkeley,* eine «Dukedog»-2B-Lok der GWR. Die Wagenflotte ist in ähnlicher Weise zusammengewürfelt. Waggons und Lokomotiven sind so echt wie möglich in den Farben ihrer alten Besitzer bemalt. Zu den «fremden» Wagen gehören ein paar Exemplare der Metropolitan Railway und ein Aussichtswagen der London & North Western Railway. So finden sich die Farben der LSWR, Grün und Schwarz, aber auch zwei Farben der LBSCR, ein Braun und ein Gelb-Braun. Die Bluebell Railway ist nun seit gut 17 Jahren im Tourismus tätig und befördert jährlich über 250000 Passagiere. In weiser Voraussicht hat die Gesellschaft viele kleine Dampflokomotiven für den täglichen Einsatz erworben und neue Lokomotiv-Werkstätten gebaut. Vielleicht etwas weniger weise sind die Pläne, die Linie über das ursprüngliche Trassee von Horsted Keynes in nördlicher Richtung nach East Grinstead zu verlängern.

Dart Valley

Am Samstag, 26. Juni 1965, brachte die Zeitung *Western Morning News* wie üblich eine Liste der neu eingetragenen Gesellschaften. Darunter befand sich auch die Dart Valley Light Railway Ltd., die als Zweck angab, «alles und jedes aufzukaufen, was zu der zwischen Totnes und Ashburton existierenden Eisenbahn gehört». Diese nüchterne Feststellung war der Höhepunkt von Vorbereitungsarbeiten, die drei Jahre gedauert hatten und zur Gründung der ersten privaten GmbH führten, die einen Abschnitt der British Railways aufkaufen und auf geschäftlicher Basis zu Unterhaltungszwecken betreiben wollte. Schließlich besaß die neue Dart Valley Light Railway Company 10,5 km der insgesamt 12 km langen Strecke. Dieser Teilabschnitt beginnt in der Nähe des Knotenpunktes mit der Westengland-Linie der British Railways, unweit der Station von Ashburton, und endet am Rand des Bahnhofes von Buckfastleigh. Das restliche Teilstück wurde der Gesellschaft mietweise für kurze Zeit zur Verfügung gestellt, da damals die Entscheidung noch ausstand, ob die neue Straße A38 verbreitert werden sollte; dies geschah, und die Straße beansprucht nun einen Teil des ehemaligen Bahntrassees. Die Linie folgt über weite Strecken dem Fluß Dart und hat Stationen in Buckfastleigh und Staverton. Die Initianten beabsichtigten, die Bahn ähnlich wie die Great Western aufzuziehen und sie zu einem lebenden Beispiel für eine Nebenlinie dieses Unternehmens auszugestalten, soweit dies überhaupt möglich war. Demgemäß stammten alle Lokomotiven und Wagen, die aufgekauft wurden, ursprünglich von der GWR. So besitzt die Dart-Valley-Bahn heute unter anderem: C-Lokomotiven mit Senkwasserkästen (Klasse 64XX), B1-Loks mit seitlichen Wasserkästen (Klasse 14XX) und 1C1-Lokomotiven mit seitlichen Wasserkästen (Klasse 45XX).

Die DVR konzentrierte sich zunächst auf eine Eisenbahnspezialität: Lokomotive und Wagen wurden im Pendelbetrieb eingesetzt. Dabei konnte die Lokomotive vom Zugende aus mechanisch ferngesteuert werden; das hatte den großen Vorteil, daß die Zugskomposition am Ende ihrer Fahrt nicht gewendet werden mußte. Man war auf dieses System gekommen, weil es den Zügen der DVR unter normalen Umständen nicht erlaubt war und ist, ihr Gleis zu verlassen und über die Hauptlinie der BR in den Bahnhof von Totnes einzufahren. Am 30. Mai 1969 meldete die *Devon Times:* «Alle Systeme der Dart-Valley-Linie OK!» Sie wurde am Mittwoch, 21. Mai 1969, offiziell von Lord Beeching eröffnet.

Den nächsten größeren Schritt unternahm die Gesellschaft im Jahre 1972, als die BR ihren 10,5 km langen Streckenabschnitt von Paignton über den Fluß bei Dartmouth nach Kingswear stillegten. Sie kaufte diesen Abschnitt sofort und betreibt ihn heute unter dem Namen Torbay & Dartmouth Railway. Man hatte gefürchtet, daß andere Unternehmen die Initiative ergreifen könnten, wenn die Dart-Valley-Gesellschaft nicht selbst handelte, und das hätte natürlich eine un-

Bluebell: Die LSWR 2B1-Tenderlok, Nr. 488, und die SECR B2-Tenderlok, Nr. 263, kurz vor Horsted Keynes.

willkommene, ja vielleicht sogar ruinierende Konkurrenz ergeben können. Ein Reiz dabei war die von den Lokalbehörden angebotene Subvention für den Fall, daß die Bahn das ganze Jahr hindurch Schulkinder transportieren würde. Um die notwendigen Geldmittel für das neue Projekt bereitzustellen, gab die Gesellschaft ihren privaten Charakter auf und gab mit großem Erfolg Aktien zur Zeichnung aus.

Obwohl kaum 16 km voneinander entfernt, sind die beiden Teile der DVR recht verschieden. Die Buckfastleigh-Linie führt durch eine waldreiche Gegend; sie hat keinen regelmäßigen Anschluß an die BR und kann nur mit Motorfahrzeugen erreicht werden. Alle Fahrten beginnen und enden in Buckfastleigh, wo die Station glücklicherweise nahe der ziemlich bekannten Buckfast Abbey liegt. Die Torbay-Linie ihrerseits war

Dart Valley: Die B1-Tenderlokomotive, Nr. 1420, mit einem Autozug in Buckfastleigh.

Torbay & Dartmouth Railway: Die 2C-Lok *Lydham Manor* auf dem Hookhills-Viadukt.

Torbay & Dartmouth Railway: Die 1C1-Lok, Nr. 4588, in der Steigung hinter der Ortschaft Goodrington Sands.

Romney, Hythe & Dymchurch: Die 2D1-Lok *Hercules* erweckt großes Interesse in Hythe.

Romney, Hythe & Dymchurch: Die 1976 auferstandene B-Lok *The Bug*.

einst der Schlußabschnitt der GWR-Hauptlinie nach Kingswear. Auf ihr verkehrte in den großen Zeiten der stolze Torbay-Expreß, der auf seiner ganzen Reise, auch auf der einspurigen Strecke von den Außenbezirken von Paignton aus, von einer Lokomotive der King-Klasse gezogen wurde. Die T&DR ist zwar nicht so kurvenreich wie die DVR, hat dafür aber Probleme mit starken Steigungen und größeren Kunstbauten, nämlich mit dem Broadsands-Viadukt und einem ziemlich langen Tunnel. In Paignton liegt die Station der T&DR mitten in der Stadt, und gelegentlich werden dank einer Direktverbindung mit den BR auch Transitfahrten organisiert, die allerdings ziemlich teuer zu stehen kommen.
Neben den bereits erwähnten Lokomotivtypen kommt auf diesem Abschnitt auch eine ehemalige GWR-Manor-2C-Lok zum Einsatz, und zur Zeit der Entstehung dieses Buches, 1977, hoffte man, eine 1D-Tenderlokomotive (Klasse 42XX) in Betrieb nehmen zu können. Obwohl die Linien der Dart Valley Company mit bezahltem, festangestelltem Personal arbeiten, kommen dank der 1966 gegründeten Dart Valley Railway Association auch die Eisenbahnfreunde auf ihre Kosten. Die Mitglieder dieser Vereinigung erhalten ein regelmäßig herausgegebenes Bulletin, sind bei der Geldbeschaffung für verschiedene Projekte behilflich und helfen schließlich – nach entsprechender Ausbildung – auch im Bahnbetrieb mit, und zwar hauptsächlich auf der Linie Buckfastleigh–Totnes. Devon ist eine der größeren Ferienregionen Englands und sollte genügend Passagiere stellen können, damit zumindest ein Teil der DVR noch viele Jahre lang weiterbestehen kann.

Romney, Hythe & Dymchurch Railway

Eine weitere öffentliche Touristenbahn in Südengland mit täglichen Fahrten während der Saison ist die 381-mm-Schmalspurlinie durch das Moorgebiet bei New Romney in der Grafschaft Kent. Die Romney, Hythe & Dymchurch Railway ist die einzige Miniatureisenbahn in Großbritannien, die mit einer Light Railway Order fährt. Sie ist 22 km lang und war 1927 gebaut worden, um den Personen- und Güterverkehr auf lokaler Ebene sicherzustellen. Der geistige Vater der Bahn war Captain J. E. P. Howey, der sie bis zu seinem Tod im Jahre 1963 hegte und liebte. Die Strecke führt im allgemeinen durch flaches Moorland und ist vor allem deswegen bekannt, weil sie auf einem knapp 13 km langen Teilstück der Hauptlinie doppelspurig ausgebaut ist. Nur ganz wenige Vergnügungsbahnen verfügen über eine derartige Anlage.
Mit den Lokomotiven hat es eine ganz besondere Bewandtnis: Es sind nämlich alle, die jemals für diese Linie gebaut worden sind, auch heute noch in Betrieb. Begonnen hat das Unternehmen mit fünf Pacific-Lokomotiven, die Henry Greenly nach den *Flying Scotsman* der London & North Eastern Railway entworfen hat; sie tragen die Namen *Green Goddess, Southern Maid, Northern Chief, Hurricane* und *Typhoon.* Kurz darauf ergänzten *Samson* und *Hercules,* zwei 2D1-Lokomotiven ähnlicher Bauart, den Maschinenpark. Ein paar Jahre später kamen *Doctor Syn* und *Winston Churchill* hinzu, zwei nach kanadischem Vorbild erbaute 2C1-Lokomotiven. 1976 konnte die Bahn schließlich noch eine deutsche, von Krupp in Essen gebaute 2C1-Lok aus zweiter Hand aufkaufen; sie trägt jetzt den Namen *Black Prince.* Kürzlich konnte sogar noch eine kleine B-Tender-Lokomotive – *The Bug* (Käfer) genannt –, die beim Bau der RH&D eingesetzt worden war, vor dem Verschrotten gerettet und vollständig überholt werden.
Genau wie für die großen Linien, so brachen nach dem Zweiten Weltkrieg auch für die RH&D härtere Zeiten an; nach Howeys Tod wurde sie an lokale Interessenten verkauft, rentierte in der Folge aber nicht. Die Rettung bedeutete schließlich der Verkauf der Linie an eine Vereinigung von Eisenbahnfreunden, welche die Bahn zum Glück in altem Glanz und alter Tüchtigkeit, wenn auch als reines Touristenunternehmen, wieder aufleben ließ. Dymchurch ist eine der beliebtesten Campingregionen der St. Mary's Bay, und die andere Endstation, Dungeness, liegt ganz in der Nähe des gleichnamigen, riesigen Kraftwerkes. Dazwischen erstrecken sich, vor allem um New Romney, weite Moorlandschaften und üppige Felder. Die RH&D darf – genau wie ihre Normalspur-Kollegen – mit einer Höchstgeschwindigkeit von 40 km/h fahren. Dennoch empfinden die Fahrgäste ein viel intensiveres Tempogefühl, weil sie nicht sehr hoch über dem Boden dahinfahren. Und die Tüchtigkeit der kleinen, hübsch herausgeputzten Lokomotiven hat der Sache der Dampfeisenbahnen viele Freunde und Anhänger gewonnen. Die Linie kann auf sehr loyales und begeistertes Personal zählen, das von einer kleinen Gruppe gut ausgebildeter und regelmäßig eingesetzter Eisenbahnfans unterstützt wird. Aber selbst wenn die Bahn in einer Region mit sehr vielen Ferienorten liegt, hatte sie doch Schwierigkeiten, nur mit den Einnahmen allein größere Anschaffungen zu tätigen; deshalb mußte sie sich kürzlich mit der Bitte um finanzielle Hilfe an die Öffentlichkeit wenden und Aktien herausgeben.

Severn Valley Railway

Weiter nördlich in den West Midlands befindet sich eine 22,5 km lange Normalspur-Linie, die Severn Valley Railway. Dieses Unternehmen basiert auf einer

Linie der ehemaligen Great Western Railway, die von Bewdley in Worcestershire nach Bridgnorth in Shropshire führt. Die Inhaberin, die Severn Valley Railway (Holdings) Ltd., ist eine öffentliche Gesellschaft, welche die Linie im Mai 1970 als Touristenbahn eröffnete. Im Gegensatz zu den beiden zuletzt erwähnten Bahnen unterhält die SVR keinen durchgehenden Fahrbetrieb während der Touristensaison, sondern fährt nur an Wochenenden und in der sommerlichen Hochsaison. Sie verfügt auch nicht über fest angestelltes Personal, sondern verläßt sich in erster Linie auf die Hilfe von Freiwilligen. Die Bahn wird von einer großen Gesellschaft von Eisenbahnfreunden unterstützt, deren Mitglieder und Unter-Gruppierungen die Mehrheit der Lokomotiven und des Rollmaterials besitzen. Die Gesellschaft ist in jeder Hinsicht äußerst aktiv. Die allgemeine Atmosphäre ist ebenso wie bei der Dart Valley Railway stark von der Great Western beeinflußt, doch gibt es unter den Anhängern auch viele Fans der LMS Railway. So setzt sich der Lokomotiv- und Wagenpark hauptsächlich aus diesen zwei Gruppen zusammen, wobei aber auch die British Railways mit einigen Exemplaren vertreten sind. Die SVR verfügt so über die folgenden, einsatzbereiten Lokomotiven, die früher der Great Western Railway gehört haben: eine schöne Churchward-1C1-Tenderlok, die vor dem Verschrotten bewahrt und restauriert worden ist, eine C-Lok der Klasse 2251 und eine der so weit verbreiteten C-Loks mit Senkwasserkasten. Letztere fährt nun bereits für ihren dritten Besitzer und wurde von der London Transport vorher für Bau- und Lokalzüge eingesetzt. Zu den von der LMS ziemlich regelmäßig eingesetzten Loks gehören eine Stanier-2C-Lokomotive der Klasse 5, zwei Ivatt-1C-Loks (eine große und eine kleine) sowie eine Fowler-C-Tendermaschine, die ursprünglich der Midland Railway gehört hatte. Im weitern besitzt die SVR noch eine der LMS Ivatt ähnliche 1C-Lokomotive (Normalspur, Klasse 2) der British Railways, die ebenfalls vor dem Verschrotten bewahrt und vollkommen restauriert werden konnte.

Die Bahnhöfe an den beiden Endstationen Bewdley und Bridgnorth befinden sich noch im gleichen Zustand wie zu Zeiten der GWR und sind für den Eisenbahnhistoriker von großem Interesse. Diese beiden und alle dazwischenliegenden Bahnhöfe sind sorgfältig renoviert worden. Wie der Name des Unternehmens verrät, folgt die Bahn über weite Strecken dem Tal des Flusses Severn. Unterwegs hat der Reisende herrliche Ausblicke auf Weiden und Schafherden. An beiden Endstationen stehen viele Lokomotiven, die restauriert werden. Die Linie bietet aber auch Sonderleistungen: in ihren Zügen führt sie alte Büffetwagen mit, die Snacks und Nachmittagstee servieren. Damit eifert sie der erfolgreichen langen Tradition der Festiniog Railway nach.

Kurze Linien

Zu den bekanntesten Kurzstreckenbahnen, die während Wochenenden in der Saison und in der Hochsaison in Betrieb sind, gehören die North Norfolk Railway mit Sitz in Sheringham, East Anglia, und die Kent & East Sussex Railway mit Sitz in Tenterden, Kent. Die Begeisterung für die North Norfolk Railway war so groß, daß die zur Aufbringung des Startkapitals notwendigen Aktien im Handumdrehen gezeichnet waren, obwohl mit aller Deutlichkeit gesagt wurde, daß für die künftigen Aktieninhaber keine Dividenden drinliegen würden. Die North Norfolk Railway ist ein

Severn Valley: Die GWR 1C1-Tenderlokomotive, Nr. 4566, in Bridgnorth.

Severn Valley: Die ehemalige LMS C-Tenderlok *Jinty,* Nr. 47383, in Aktion.

No 23

North Norfolk: Unterwegs von Sheringham nach Weybourne. Eine mit Gelenkantrieb ausgerüstete Vorortskomposition mit vier Waggons.

Links: Kent & East Sussex: Die «Austerity»-C-Tenderlok, Nr. 23, verläßt Rolvenden.

West Somerset: Der erste Zug fährt am Eröffnungstag im März 1976 in Minehead ab.

Abschnitt der ehemaligen Midland & Great-Northern-Railway-Linie von Sheringham nach Melton Constable. Während der Fahrt genießt der Reisende herrliche Aussicht auf die Landschaft von Norfolk und auch auf die Küste. Hübsche kleine ehemalige Industrielokomotiven dampfen an der Spitze der Züge.

Die Kent & East Sussex Railway ist ein Teil der alten gleichnamigen Light Railway, die ihrerseits zu einer Gruppe von Light Railways gehört hatte, welche im Volksmund unter der Bezeichnung «Colonel Stephens Railways» bekannt war. Die K&ESR stellte ursprünglich die Verbindung her zwischen der Hauptlinie der South Eastern Railway nach Headstone an der Küste von Kent und der Hastings-Linie der gleichen Gesellschaft in Robertsbridge. Diese Bahn verwirklichte die Träume jedes Karikaturisten: Züglein mit alten Waggons und ebenso alten Lokomotiven, die durch die Gegend des Sussex Weald dampften und alle paar Kilometer zum Rangieren anhielten. Die heutige Gesellschaft hat ihr Bestes getan, um diese reizvolle Atmosphäre zu erhalten. Sie operiert von der Station in Tenterden aus. Unter anderem verfügt sie über «Terrier»-C-Tenderlokomotiven der London, Brighton & South Coast Railway; eine von ihnen, die *Bodiam,* war aus zweiter Hand für die alte K&ESR gekauft worden.

Die Isle of Wight Railway Co. Ltd. besitzt eine knapp 3 km lange Linie, deren Hauptquartier an der Haven Street etwas ausserhalb von Ryde liegt. Sie folgt der Tradition der alten Islands Railways, indem sie immer noch eine Brighton «Terrier» aus dem Jahre 1878 und eine B2-Tenderlokomotive der ehemaligen London & South Western Railway aus dem Jahre 1891 besitzt. Lokomotiven dieser beiden Typen fuhren regelmäßig auf dieser Insel, als diese Linie zwischen dem Ersten und dem Zweiten Weltkrieg noch der Southern Rail-

Bressingham Nursery Railway: Die einsatzbereite Lokomotivflotte.

Rechts: Leighton Buzzard: Die B-Tenderlok *Pixie* auf Sonderfahrt.

Sittingbourne & Kemsley: Die B1-Tenderlok *Premier* verläßt Kemsley.

way gehört hatte. Die Eisenbahnen auf der Isle of Wight besaßen immer einen besondern Reiz, und diese kurze, in ihrem Andenken erhaltene Linie ist eine weitere Attraktion im Touristenprogramm der Insel.
Die West Somerset Railway nahm 1976 ihren Betrieb auf, und zwar auf einer alten Nebenlinie der Great Western Railway von Taunton nach Minehead. Die Geschichte dieser Bahn ist etwas anders, denn sie war ursprünglich als öffentliche Personentransportlinie gedacht gewesen. Es ist noch zu früh, um Prognosen zu stellen, doch wenn man die Anlage ernsthaft überdenkt, kommt man zum Schluß, daß Hoffnung und Optimismus anscheinend Schlüsselwörter für diese Bahn sind.
Als letzte Normalspurbahn in dieser Region wäre die vom Main Line Steam Trust unterstützte Great Central Railway Ltd. mit Sitz in Loughborough, Leicestershire, zu erwähnen. Dieses nun etwas eingeschränkte Projekt begann mit dem ehrgeizigen Plan, die 16 km lange, außer Betrieb gesetzte Doppelspur-Strecke von Loughborough nach Leicester im Schnell-

zugstempo zu befahren, ungeachtet der Tatsache, dass die von der Regierung Ihrer Majestät ausgesprochene Genehmigung (Light Railway Order) den Zügen wahrscheinlich eine Höchstgeschwindigkeit von 40 km/h auferlegen würde. Finanzielle Überlegungen haben schließlich dazu geführt, daß die Streckenlänge auf den gut 3 km langen, einspurigen Abschnitt von Loughborough nach Quorn reduziert wurde. Die Bahn hat unter anderem eine 2C-Lok der Klasse 5 der LMS und eine 1C-Lok der Norwegischen Eisenbahn eingesetzt. Der Bahnhof in Loughborough ist in gutem Zustand, und seine Gebäude sind ein gutes Beispiel für die Architektur der Great Central Railway an der Strecke nach Marylebone – der letzten Hauptstrecke in Großbritannien.

Ebenfalls in den Midlands liegen die beiden Bahnen im Chasewater Pleasure Park in der Nähe von Brownhills und von Foxfield nach Blythe Bridge. Beide Unternehmen liegen in der Grafschaft Stafford.

Auf dem Messe- und Gartenbaugelände von Bressingham Hall in der Nähe von Diss, Norfolk, erwarten den Besucher an Sonntagen während der Saison noch andere Attraktionen: Normalspur-, Schmalspur- und Miniatureisenbahnen. Auf der Normalspurstrecke sind unter anderem folgende Dampflokomotiven zu bewundern: die *Duchess of Sutherland* und die *Oliver Cromwell,* zwei berühmte 2C1-Loks der LMS und der BR, die *Royal Scot,* eine 2C der LMS, eine riesige, in Amerika gebaute 1D1-Lok der Klasse 141R aus Frankreich sowie die einzige noch existierende Garratt-Lokomotive, die für eine britische Eisenbahn gebaut wurde. Leider können die immer noch regelmäßig eingesetzten Dampflokomotiven auf diesem Gartenbaugelände nur sehr kurze Strecken hin- und herfahren. Die Garden Railway (Spurweite 241 mm) ist ebenfalls eine ziemlich bescheidene Angelegenheit. Bessingham verdient aber trotzdem, hier angeführt zu werden, denn noch zwei weitere Linien sind zu erwähnen.

Da gibt es die 3 km lange Nursery Railway, auf deren Strecken verschiedene alte Industrielokomotiven (Spurweite 61 cm) umherdampfen. Die meisten von ihnen stammen aus walisischen Schiefersteinbrüchen. In einer andern Richtung über das Ausstellungsgelände führt die 4 km lange Waveney Valley Railway (Spurweite 381 mm). Sie besitzt zwei von Krupp gebaute 2C1-Lokomotiven, die *Rosenkavalier* und die *Männertreu,* die beide aus einem Vergnügungspark in Köln stammen.

Die Whipsnade & Umfolozi Railway fährt die Besucher des Whipsnade Zoos auf einer 4,8 km langen Rundstrecke (Spurweite 762 mm) Tag für Tag durch die Freigehege. Von der rechten, nicht eingezäunten Seite der W&UR aus kann man die wilden, aber frei lebenden Tiere aus nächster Nähe beobachten. Dank Viehrosten unter dem Gleis können die Züge in die verschiedenen Abteilungen des Freigeheges ein- und ausfahren, ohne daß die Tiere hinüberwechseln könnten. Das Prinzip ist sehr einfach: Man sperrt die Besucher in Käfige und läßt die Tiere frei leben. Die Lokomotiven der W&UR, unter denen sich ein paar ziemlich seltene Exemplare befinden, stammen von der Sittingbourne & Kemsley-Industriebahn, von der im folgenden Abschnitt noch die Rede sein wird. Ebenfalls rund 65 Kilometer von London entfernt, diesmal aber nicht nordwestlich, sondern nördlich, befindet sich die Knebworth Park & Wintergreen Railway (Spurweite 61 cm). Sie untersteht der gleichen Verwaltung wie die Whipsnade-Bahn und fährt durch einen Erholungspark in der Nähe der Stadt Knebworth.

Es gibt noch andere Schmalspurbahnen, die – wie die Whipsnade-Linie – normalerweise an Wochenenden in Betrieb sind. Da ist zum Beispiel die schöne 61-cm-Schmalspurbahn in Leighton Buzzard, Paynes Park, die gelegentlich eine de-Winton-Lokomotive mit vertikal stehendem Dampfkessel einsetzt. Und schließlich ist noch die Sittingbourne & Kemsley zu erwähnen, die zur Bowaters-Gruppe gehört. Sie hat ihre 762-mm-Bahn in großzügiger Weise an den Locomotive Club of Great Britain verpachtet. Lokomotiven dieses Unternehmens stehen auch bei der Welshpool & Llanfair Railway und in Whipsnade im Einsatz.

19. Linien im nördlichen Teil von England

Weiter nördlich, mit Sitz in Leeds, befindet sich jene Eisenbahn, die schon im Jahre 1812 erstmals Dampflokomotiven kommerziell eingesetzt hat. Die Middleton Railway wurde 1758 durch einen Parlamentsbeschluß ins Leben gerufen und diente – bis zu ihrer Übernahme durch eine Vereinigung von Eisenbahnfreunden – ausschließlich als Industriebahn. Heute ist das Unternehmen eine Stiftung und betreibt eine ganze Reihe von Industrielokomotiven, die in Charakter und Dienstalter gut zu ihr passen. Die gesamte Streckenlänge der Bahn beträgt 3,2 km, die an Wochenenden durchgeführten Touristenfahrten gehen jedoch nur über die halbe Strecke.

Unweit von Leeds, an der Hauptlinie der alten Midland Railway nach Schottland, stößt man auf die zweitälteste noch erhaltene Normalspurlinie, die 1968 für den Touristenbetrieb eröffnet wurde. Es ist die Keighley & Worth Valley Railway, die über 8 km von

Middleton: Lokomotiven im Depot von Leeds.

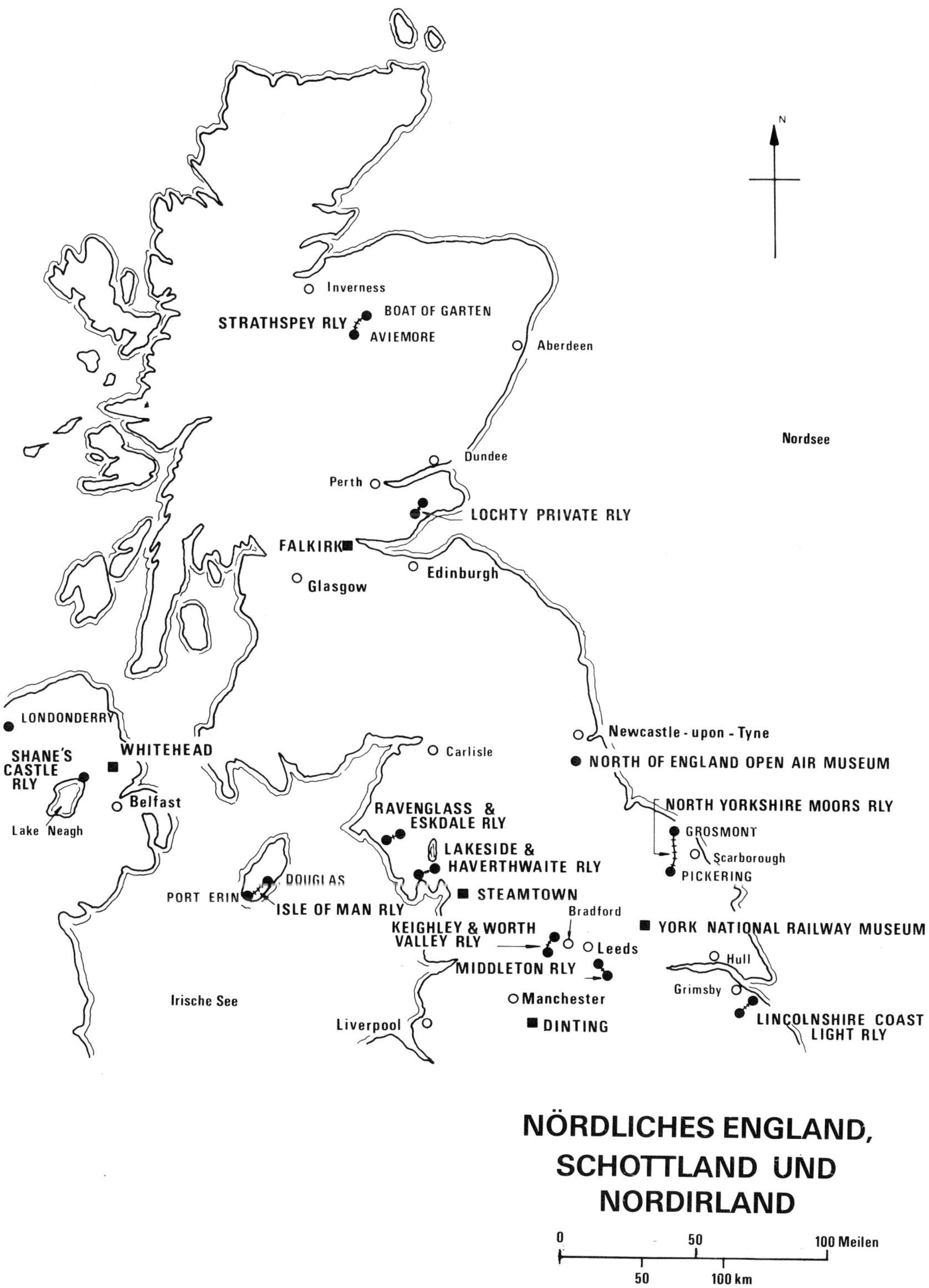

NÖRDLICHES ENGLAND, SCHOTTLAND UND NORDIRLAND

Keighley nach Oxenhope in Yorkshire führt. Unmittelbar außerhalb der Station von Keighley beginnt die Linie anzusteigen und windet sich durch die Industrie-Außenquartiere, bevor sie die zerklüftete Landschaft am Rande des Moores erreicht. Die K&WVR hat den Bahnhof von Keighley gemeinsam mit British Railways, weil die Linie ursprünglich an einem Bahnsteig in der alten Midland Station begonnen hatte. Obwohl die Linie verhältnismäßig kurz ist, verfügt sie doch über alles, was für eine Eisenbahn typisch ist: zwei Tunnels, zwei Niveauübergänge und Viadukte. Verwaltung und Werkstätten der Bahn befinden sich in Haworth, wo man immer viele große und kleine Lokomotiven bestaunen kann, angefangen von den großen 1E-Loks bis zu den kleinen C-Tenderlokomotiven. Die Linie erlangte durch den Film *The Railway Children* (Die Eisenbahnkinder) Berühmtheit. Als Kurzstrecke brauchte die Worth-Valley-Linie keine Schnellzugslokomotiven; das heißt aber nicht, daß sie – wie die Bluebell-Linie – nur kleine Zugmaschinen besaß. Im Laufe der Jahre standen die verschiedensten Zugfahrzeuge auf dem Dienstplan der Linie, so zum Beispiel eine LMS 2C der Klasse 5, eine Ivatt-LMS-1C1-Tenderlok, eine amerikanische C-Tender, die im Zweiten Weltkrieg nach England gekommen war, und britische C-Satteltank-Lokomotiven aus der gleichen Periode. Im Depot von Haworth stehen auch Lokomotiven, die vom Schrottplatz gerettet werden konnten, und die Linie gehörte zu den ersten Unternehmen, die eine solche Lok wieder einsatzfähig machte – eine LMS-Fowler-C-Güterzuglokomotive der Klasse 4. Mit einer Stanier-1E- und einer englischen «Austerity»-1E-Lokomotive, die aus Schweden gekauft wurde, dampften auch zwei Güterzugloks mit vier Triebachsen nach Oxenhope. Zwei der bekanntesten Lokomotiven – sie waren in der Serie *The Railway Children* oft am Fernsehen zu bewundern – sind die GWR C-Lok mit Senkwasserkasten, die jetzt ein braunes Kleid trägt, und eine etwas altertümliche, aus der Viktorianischen Zeit stammende C-Lok der Lancashire & Yorkshire Railway.

Ein größeres Unternehmen ist die North Yorkshire Moors Railway. Auch sie hat an ihrem einen Endpunkt eine gemeinsame Station mit der Linie Whitby–Middlesborough der British Railways, nämlich Grosmont, von wo aus die NYMR über 29 km nach Pickering führt. Die Dampfzüge fahren üblicherweise aber nur bis Levisham. Wie ihr Name verrät, zieht sich die Linie durch die Moorgebiete von North Yorkshire, wodurch dieser Nationalpark einer breiteren Öffentlichkeit zum Vergnügen und zur Erholung zugänglich gemacht wird. Die ursprüngliche Gesellschaft zur Erhaltung von Dampfeisenbahnen kaufte die ersten 9,5 km bis nach Goathland, der Grafschaftsrat von North Riding erwarb später die restlichen 19,5 km. Dieser Rat führte eine damals einzigartige Studie über die Eisenbahn als Grundlage für die Erschließung eines Erholungsgebietes durch. Ein Ergebnis dieser Untersuchung war, daß auch die Englische Touristenbehörde Unterstützung anbot.

Ganz abgesehen von der schönen Landschaft, die sich dem Reisenden darbietet, wird der Eisenbahnfan auch von den Geräuschen einer Dampflokomotive gefesselt, die sich über starke Steigungen hinaufarbeiten muß. Da die Linie ursprünglich der North Eastern Railway und deren Nachfolger, der London & North Eastern Railway, gehört hatte, stammen auch die meisten Lokomotiven von diesen beiden Gesellschaften. Von der NER kommen Exemplare der zwei wichtigsten Lokomotivmodelle, die zum Gütertransport eingesetzt worden waren, nämlich eine T2 E und eine P C. Die T2 war eine so ausgesprochene Güterzuglok, daß sie während der ersten 50 Jahre ihrer Existenz nicht einmal mit zentral betätigten Unterdruckbremsen ausgerüstet werden mußte. Weitere Lokomotiven der NYMR sind: eine Standard-LNER-1C-Lok der Klasse K1, zwei C1-Tenderlokomotiven der National Coal Board, die direkt von den Kohlegruben im Nordosten Englands zu den Verschiffungshäfen fuhren, eine Great-Northern-C-Tenderlok (übrigens die erste auf Hauptlinien fahrende Lokomotive, die von privater Seite aufgekauft und somit erhalten wurde) und

Ganz rechts: North Yorkshire Moors: Die von National Coal Board stammende C1-Tenderlok, Nr. 5, in der Steigung nach Goathland hinauf.

Keighley & Worth Valley: Eine weitere Standard «Austerity»-C-Tenderlokomotive unterwegs.

NYMR

schließlich zwei «Black Five»-2C-Loks der London Midland & Scottish Railway. Auch die beiden letztgenannten haben eine gewisse Beziehung zum Nordosten; die *Eric Treacy* wurde von der Firma Armstrong-Whitworth bei Newcastle-upon-Tyne erbaut, und die *George Stephenson* trägt in ganz ungewohnter Weise die Ventilsteuerung ihres berühmten Namensvetters außen gut sichtbar. Diese lange Linie wird von all jenen besonders beobachtet werden, die die finanzielle Lage von Touristenbahnen in den nächsten Jahren aufmerksam verfolgen. Ihre Landschaft und die Nähe eines Nationalparks sind sicher große Vorteile, doch muß sie aufgrund der verhältnismäßig kurzen Saison sehr gut frequentiert werden, damit genügend Einnahmen erzielt und größere Anschaffungen gemacht werden können.

Die letzte Normalspurbahn in dieser Region, die während der Saison täglich fährt, ist die Lakeside & Haverthwaite Railway in Lancashire. Die Verwaltung dieser Linie befindet sich in Haverthwaite in der Nähe von Ulverston. Diese Strecke ist der letzte Abschnitt der Nebenlinie der Furness Railway nach der Station Lakeside am Ufer des Lake Windermere. Dieses Teilstück war ursprünglich in der Absicht gekauft worden, einen Anschluß an das Dampfdepot beim Bahnhof von Carnforth herzustellen. Dieses Depot steht jetzt unter Schutz und ist ein Museums-Zentrum. Die Idee ließ sich jedoch nicht verwirklichen, und nun arbeiten die beiden Unternehmen gänzlich unabhängig voneinander. Die Linie ist 5,5 km lang, und die tiefer gelegene Endstation in Lakeside gehört der Sealink (der Schiffahrtsabteilung der British Railways), die die Schiffslinie auf dem Lake Windermere betreibt. Sealink offeriert kombinierte Schiffs- und Eisenbahnausflüge. Unter den eingesetzten Dampflokomotiven finden sich 1C2-Tenderloks der London-Midland-Region und Hunslet-«Austerity»-C-Loks mit Satteltanks.

Etwas nördlich der Lakeside & Haverthwaite Railway, aber immer noch im Lake District, befindet sich eine der ältesten englischen Touristenbahnen, die 381-mm-Schmalspurlinie der Ravenglass & Eskdale Railway. Sie war 1873, damals mit einer Spurweite von 914 mm, als Zubringer für einen Steinbruch gebaut worden. 1915 wurde sie dann von der Narrow Gauge Railways Ltd., einer Tochterfirma der bekannten Modellbaufirma Bassett-Lowke, übernommen. Die Spur wurde auf der ganzen Länge von 11 km mit dem gleichen Material von 914 auf 381 mm umgebaut. Auch mit dieser geringen Spurweite bediente die Bahn den Beckfoot-Steinbruch noch bis zu dessen Schließung im Jahre 1953. Heute fahren die Züge in Ravenglass, der Endstation an der Küste, ab und dampfen mit ihren Fahrgästen durch eine reizvolle Hügellandschaft – eine wahrlich unberührte Region des Lake District – nach Eskdale und Dalegarth.

Im Stall der R&ER stehen vier wundervolle Vollblut-Dampflokomotiven, denen es keine Mühe bereitet, die vollen und beliebten Züge über die Strecke zu ziehen. Die D1-Lok *River Irt* aus dem Jahre 1894 ist die älteste von ihnen; sie war ursprünglich eine D-Lok namens *Muriel,* die kein geringerer als Sir Arthur Heywood, der Vater der Miniatur-Eisenbahnen, konstruiert hat. Als nächste folgte die 1D1-Lok *River Esk;* sie stammte vom Reißbrett von Henry Greenly und war um einiges verbessert worden, nachdem die R&ER in den Anfangszeiten mit ungeeigneten Dampflokomotiven sehr schlechte Erfahrungen ge-

North Yorkshire Moors: Die 2C-Lok *Eric Treacy* wartet mit ihrem Zug auf die Abfahrt nach Goathland. Interessant sind die alten North-Eastern-Balkensignale.

Ravenglass & Eskdale: Die 1D1-Lok *River Esk* bei der Abfahrt in Ravenglass.

Italien: Die 1C-Lokomotive, Nr. 625.42, mit einem Sonderzug der GRAF.

Umstehend: England: Eine ehemalige C-Lokomotive der South Eastern Railway, die heute der Bluebell Railway gehört.

592

Oben links: Vale of Rheidol Light Railway: Eine der drei Dampflokomotiven von British Rail, die 1C1-Tenderlok, Nr. 9, Prince of Wales, während einer Vergnügungsfahrt.

Oben rechts: Nordengland: Der farbenfrohe «Santa Special» der Keighley & Worth Valley Railway.

macht hatte. Eine zweite 1E1-Lok, die *River Mite,* wurde von der Gesellschaft 1966 bei einer Modellbaufirma in York bestellt. Die *Northern Rock* schließlich, eine 1C1-Lokomotive, wurde in den eigenen Werkstätten gebaut und 1976 in Dienst genommen. Die Bahn feierte 1976 ihren hundertsten Geburtstag mit einer besondern Ausstellung; überdies lud sie andere Lokomotiven von 381-mm-Linien zu Sonderfahrten mit einigen ihrer Züge ein. Höhepunkt der Feier war eine große Lokomotivparade, wie sie auch die Stockton & Darlington Railway anläßlich ihres 100. und 150. Geburtstages in den Jahren 1925 und 1975 durchgeführt hatte.

Im Westen, mitten in der Irischen See, liegt die Insel Man. Sie beherbergte einst ein umfangreiches 914-mm-Eisenbahnnetz, dessen Verwaltung und Hauptbahnhof in der Nähe des Hafens von Douglas, der Hauptstadt der Insel, lagen. Das System wurde als öffentliches Transportunternehmen im Jahre 1965 stillgelegt, doch versuchte man von privater Seite, weiterhin Züge auf Pachtbasis fahren zu lassen. Anfänglich wurde das ganze Netz befahren, 1968 schloß man aber die Linien nach Peel und Ramsey. Aber auch der Rest stand wirtschaftlich auf schwachen Beinen, worauf der Mietvertrag 1971 aufgelöst wurde. Nach diesem Reinfall übernahm die Isle of Man Railway Company selbst wieder den Betrieb von Douglas nach Port Erin als Touristenattraktion. 1975 mußte aber auch diese Strecke gekürzt werden. So ist nur der Abschnitt von Castletown nach Port Erin übriggeblie-

Links: British National Railway Museum: Die 1B-Lok Hardwicke der London & North Western Railway und die 2B-Verbund-Lok, Nr. 1000, der Midland Railway.

Ravenglass & Eskdale: Die 1D1-Lok *River Mite* auf der Drehscheibe in Ravenglass.

ben, auf dem nun an Sonntagen und während der Saison noch Züge verkehren. Es gibt eine starke Supporters Association, die sich zum Ziel gesetzt hat, diesen Betrieb aufrechtzuerhalten, doch ist die Zukunft immer noch ungewiß. In Port Erin steht ein Museum, in dem Exemplare aller auf der Insel vorkommenden Lokomotiven ausgestellt sind. Alle wurden von Beyer Peacock in Manchester gebaut; typisch sind die schräggestellten Zylinder, die Messingdeckel der Dampfdome und die Kupferdeckel der Kamine. Mit einer Ausnahme – einer C-Tenderlok – sind alles 1B-Lokomotiven mit Wasserkästen, wobei die ältesten aus dem Jahre 1874 stammen. Fünf der 1B-Tenderloks sind noch in betriebstüchtigem Zustand. Die Züge verfügen über Unterdruckbremsen, die Waggons sind aus Holz, und im großen und ganzen hat sich seit der Jahrhundertwende nicht viel verändert. Wenn auch die Isle of Man Railway als Ganzes nicht mehr existiert, so sind die «Überbleibsel» doch echt und haben als echte Touristenattraktion überlebt, wobei einige Ausstellungsobjekte nach über hundertjähriger Dienstzeit noch immer einsatzfähig sind.

Schottland bietet nicht sehr viel an Touristen-Eisenbahnen. Einzig die 2,5 km lange Lochty Private Railway bei Ardeer, Fife, ist an den meisten Sommersonntagen in Betrieb. Sie ist die kürzeste Passagierlinie und arbeitet mit Industrie-Dampflokomotiven. Früher wurden auch die *Union of South Africa* – eine stromlinienförmige Pacific A4 der LNER – und ein mit Drehgestellen ausgerüsteter Aussichtswagen der LNER eingesetzt. Interessant an dieser Bahn sind ein paar ziemlich seltene Lokomotiven und die Tatsache, daß sie keiner behördlichen Bewilligung zum Personentransport bedarf, weil die Strecke vollständig auf privatem Grund und Boden liegt. Es besteht übrigens auch die Hoffnung, daß unter der Ägide der Strathspey Railway demnächst die Teilstrecke der früheren Highland Railway von Aviemore nach Boat of Garten wieder als Touristenlinie eröffnet wird. Dank ihrer geringen Streckenlänge und ihrer ausgezeichneten Lage in der Ferienregion von Aviemore sollte die Bahn genügend frequentiert werden, um wirtschaftlichen Krisen standhalten und am Leben bleiben zu können.

Auch in Irland gibt es nicht viele Touristenbahnen. Erst spät erinnerte man sich der 914-mm-Linien und nahm die 2,5 km lange Shane's Castle Light Railway in Betrieb, die auf dem Land des traditionellen Wohnsitzes der Lords O'Neill liegt. Die Linie führt durch Waldgebiete, am Ufer des Lough Neagh vorbei zu den Ruinen von Shane's Castle, die mitten in einem Naturschutzgebiet stehen. Als Zugmaschinen dienen zwei B-Tenderlokomotiven. Im weitern ist vielleicht noch erwähnenswert, daß die alte Londonderry-Station des

County Donegal Railways Joint Committee (eine der ersten 914-mm-Linien Irlands) heute teilweise unter der Kontrolle der North West of Ireland Railways Society steht, die mit ein paar Lokomotiven und Waggons des CDRJC eine Touristenbahn eröffnen will.

In Schottland und Nordost-England gibt es nur sehr wenige Schmalspurbahnen. Bemerkenswert ist nur die kleine Lincolnshire Coast Light Railway von Humberstone in der Nähe von Grimsby mit ihren Lokomotiven, der C-Lok *Jurassic* mit Satteltank von Peckett aus dem Jahre 1903 und der Hunslet-B-Tenderlok *Elin* aus dem Jahre 1899.

Strathspey: Die 2C-Lok, Nr. 5025, in Aviemore.

Oben rechts: Isle of Man: Die alte viktorianische Dampfbahn, die sich seit der Regierungszeit der großen Königin Victoria überhaupt nicht verändert hat.

Shane's Castle Light Railway: Die B-Tenderlok *Tyrone* wartet auf dem Landgut von Lord O'Neill auf Fahrgäste.

20. Aktive Dampfmuseen und Museumsfahrten auf den Britischen Inseln

Bis zur Mitte der sechziger Jahre – also 15 Jahre nach der Übernahme der Talyllyn Railway – hatten sich die Dampftouristenbahnen doch recht gut etabliert. Doch genügte dies der Begeisterung und dem nostalgischen Denken nicht, das um so stärker wurde, als immer mehr und mehr Dampflokomotiven von den englischen Hauptstrecken, ja eigentlich vom ganzen Streckennetz der British Railways verschwanden. Die Riesen des Dampfzeitalters landeten einer nach dem andern auf dem Schrotthaufen. Immerhin konnten Private bis 1966 mehrere Klassen von Schnellzugslokomotiven aufkaufen und vor ihrem Schicksal bewahren, indem sie sie irgendwo abstellten, denn von aktivem Einsatz dieser Lokomotiven wollten die BR überhaupt nichts hören. Gerettet wurden unter anderem Exemplare von zwei Typen der LNER-Pacific-Lokomotiven, die A3, Nr. 4472, *Flying Scotsman* und drei stromlinienförmige A4-Pacific-Lokomotiven sowie zwei «Castles» der Great Western Railway. Zur Zeit, als sie gekauft wurden, und auch später bis 1967, gab es eigentlich keine großen Probleme, denn einige Beamte der BR, Nelson zum Beispiel, drückten beide Augen zu und mißachteten einfach Anordnungen, wonach keine privaten Lokomotiven neben solchen der BR abgestellt werden durften. Dies konnte aber nicht immer so weitergehen, und schließlich wurden ab November 1967 keine privaten Dampflokomotiven mehr auf den Geleisen der BR geduldet.

Möglicherweise hat diese ziemlich unpopuläre Anordnung aber das Leben der aktiven Museumsdampfbahnen auf Hauptlinien verlängert, denn sie zwang im letzten Moment die Privatbesitzer dazu, sich ernsthafte Gedanken zu machen. Für sie gab es nur drei Möglichkeiten: Erstens konnten sie ihre Lokomotiven irgendwohin schicken, wo Dampftouristenbahnen existierten oder geplant waren; zweitens konnten sie einfach nichts tun und abwarten; drittens konnten sie schließlich eigene Dampfzentren aufbauen, in denen sie womöglich selbst alle Unterhalts-, Reparatur- und Renovationsarbeiten durchführen konnten. Die letzte Möglichkeit war naturgemäß nicht einfach zu verwirklichen. Von da an hat aber die Begeisterung – oder vielleicht die Nostalgie – den gesunden Menschenverstand verdrängt; mehrere hundert Lokomotiven wurden – ungeachtet ihres Zustandes – aus den Händen der Schrotthändler gerettet, und alle möglichen Eisenbahnartikel wurden gemietet oder gekauft, um sie der Nachwelt erhalten zu können. Von all diesen Unternehmen können wenige, ja nur ganz wenige wirklich etwas bieten, was fachgerechte und passende Unterbringung und Reparaturmöglichkeiten anbetrifft. Die gut eingerichteten sind aber anderseits wirklich bemerkenswert und lohnen einen Besuch wohl.

Von diesen leistungsfähigen Unterhalts- und Reparaturdepots sind drei öffentlich zugänglich. Sie befinden sich alle in oder unmittelbar neben einem ehemaligen Dampflokomotivdepot. Es sind dies Steamtown in Carnforth, Lancashire, Didcot in Berkshire und Tyseley, Birmingham. Das erste ist in Privatbesitz, das zweite gehört der Great Western Society und das dritte dem Birmingham Railway Museum. Jedes dieser drei Museumsdepots ist für seine Aufgabe bestens ausgerüstet. Alle drei stehen dem Publikum an Wochenenden, Steamtown sogar täglich, zum Besuch offen und veranstalten regelmäßig offene Dampftage.

Steamtown erstreckt sich über eine Fläche von 8 Hektaren, die einst zum alten Dampfdepot der London & North Western Railway gehört hatten. Dies war die letzte Eisenbahn in England, die noch mit Dampflokomotiven fuhr, und zwar bis 1968. Das Depot wird heute von einer privaten Gesellschaft gepachtet. Auf dem Gelände gibt es einen durchgehenden Schuppen, eine Bekohlungsanlage, eine Drehscheibe (∅ 21 m), Büros und Werkstätten. Die Anlage stößt an die Station der BR, die ihrerseits an der elektrifizierten Hauptlinie London–Glasgow liegt. Eine Schienenverbindung zum nördlichen Ende des Depots ermöglicht den Zugang zu der westwärts nach Barrow-in-Furness führenden Linie der BR; die Züge auf dieser Linie sind die einzigen, die in Carnforth anhalten. Dieses Museum verfügt über eine große Auswahl von Lokomotiven, von denen mehrere für Dampffahrten auf den BR-Linien zur Verfügung stehen. Zu diesen Lokomotiven gehören Berühmtheiten wie die *Flying Scotsman,* die *Green Arrow* (vom National Railway Museum gemietet) und die *Pendennis Castle,* aber auch weniger bekannte, jedoch nicht weniger nützliche 2C-Lokomotiven: mehrere «Black Fives» der LMS und eine B1 der LNR namens *Mayflower.* Steamtown besitzt auch einige große Lokomotiven aus Übersee, die der Ausstellung und dem Depot einen internationalen Hauch verleihen. Schließlich sind da auch einige französische und deutsche Pacific-Loks, die ab und zu unter Dampf gesetzt und auf der 1,5 km langen, zum Depot gehörenden Versuchsstrecke zur Probe gefahren werden. Ihrer Größe wegen können sie leider nicht außerhalb des Depotgeländes eingesetzt werden.

Auch das Didcot-Depot ist ein 1932 gebautes ehemaliges Dampflokomotivdepot. Die Great Western Society hat es gepachtet und unterhält es als Museum, das der Great Western Railway gewidmet ist. Zur Anlage gehört ein 60 m langer, viergleisiger Lokomotivschuppen mit Büros, Hebebühne, Bekohlungsanlage und Wassertank sowie ein erst kürzlich erbauter großer Wagenschuppen. Die Drehscheibe wurde vor einigen Jahren demontiert, soll aber unter Umständen

Steamtown: Die 2C1 *Flying Scotsman* und die 1C1 *Green Arrow* (ehemals LNER) neben dem Kohlenbunker in Carnforth.

Great Western Society: Die Lokomotivausstellung in Didcot. V. r. n. l.: C1-Tender, Nr. 6697, 2C *Cookham Manor,* die 6998, *Burton Agnes Hall,* und die 1C, Nr. 5322.

Great Western Society: Die 2C-Lokomotiven *Cookham Manor* und ***Burton Agnes Hall*** mit einem alten Originalzug der GW Society in der Nähe von Ledbury.

Birmingham Railway Museum: Die 2C-Lokomotiven *Clun Castle, King George V.* und *Kolhapur* im Depot von Tyseley.

wieder aufgebaut werden. Da das Depot mitten in einem Gleisdreieck der BR liegt, können die Lokomotiven vorläufig auf diese Weise gewendet werden. Auf dem Gelände steht auch eine Probestrecke zur Verfügung, die aus Sicherheitsgründen eingezäunt ist. Da es nun der Gesellschaft gelungen ist, mehr Land zu pachten, will sie die Anlagen beträchtlich erweitern. Sie hat sich zum Ziel gesetzt, eine Sammlung von Lokomotiven und Waggons anzulegen, die einen Querschnitt durch die Great Western Railway darstellt. Zu diesem Zweck hat sie eine ansehnliche Auswahl von Loks und Wagen erworben und restauriert. Besondere Aufmerksamkeit verdient dabei eine ganze Komposition alter Wagen, die regelmäßig von Didcot-Lokomotiven über die Schienenwege der BR gezogen werden. Einsatzbereit sind drei 2C-Lokomotiven, die *Hinderton Hall,* die *Burton Agnes Hall* und die *Cookham Manor.* Zu Demonstrationsfahrten stehen auch eine 1C1-Tender-, eine C1-Tender- und eine 1C-Lokomotive zur Verfügung. Unter anderem wird zurzeit eine vierzylindrige «Castle», die *Earl Bathurst,* renoviert. Die Gesellschaft wird von Mitgliedern aus dem ganzen Land unterstützt, so daß im Didcot-Werk wirklich ausgezeichnete Arbeit geleistet werden kann. Der Zugang zum Depot ist erschwert und erfolgt vom Bahnhof Didcot der BR aus.

Besitzer des dritten großen Depots ist das Birmingham Railway Museum in Tyseley. Es liegt teilweise auf dem Grund und Boden des alten Dampflokomotivdepots und der Bahnwerkstätten der Great Western Railway. Es grenzt an die Hauptlinie Paddington–Birmingham und ist auch von der Straße her zugänglich. Auch diese Anlage ist von den BR gepachtet; das einzige übriggebliebene Gebäude ist die Bekohlungsanlage, Schuppen und Werkstätten sind erst kürzlich neu gebaut worden. Auch eine 21-m-Drehscheibe – einst Zentrum des nun abgerissenen Rundhauses – und ein Wasserturm stehen zur Verfügung. Die Anlage in Tyseley ist in viel stärkerem Umfang als die beiden andern ein Werkstattkomplex, denn man hat von allem Anfang an großen Wert darauf gelegt, in dieser Beziehung möglichst selbständig zu sein. Da die Anlage ursprünglich der Great Western Railway gehört hat, ist das Museum auch auf sie ausgerichtet; trotzdem besitzt es aber auch Schnellzugslokomotiven von andern Linien, unter anderem eine LMS-«Jubilee»-2C-Lok, die *Kolhapur,* eine London & South-Western-T9-2B-Lokomotive (vom National Railway Museum gepachtet) und eine Reihe von Pullmanwagen für Sonderzüge. Von den Great-Western-Lokomotiven sind noch eine vierzylindrige 2C-Lok, die *Clun Castle,* und eine der berühmten 2C-Loks mit Senkwasserkasten einsatzfähig. Die *Albert Hall* wird zurzeit gründlich überholt.

Es gibt noch weitere, kleinere Dampfzentren, die der Öffentlichkeit an Wochenenden zugänglich sind: Dinting bei Glossop, Derbyshire, Bulmers Siding in Hereford und Whitehead in Nordirland. All diese Depots verfugen uber große Dampflokomotiven, die für Schnellzüge eingesetzt werden können. Auch das britische National Railway Museum in York fährt hie und da mit einigen seiner Lokomotiven, meistens leiht es sie jedoch an andere große Dampfzentren aus. Ein weiteres Depot gehört dem Künstler David Shepherd; es liegt in Cranmore, Dorset. Dann gibt es noch das Quainton Railway Centre bei Aylesbury in Buckinghamshire und das Depot der Scottish Railway Preservation Society in Falkirk.

Es wäre nun allerdings falsch anzunehmen, daß die oben erwähnten Zentren die einzigen Orte wären, an

Bulmer's Sidings, Hereford: Die 2C-Lok *King George V.* wird ausgestellt.

East Somerset Railway: Die 1E-Lok *Black Prince* am Eröffnungstag vor dem neuen Depotgebäude in Cranmore.

denen noch einsatzfähige oder ausrangierte Dampflokomotiven zu bewundern sind. Die Begeisterung für diese Dampfmaschinen war in den letzten zehn Jahren so groß, daß man auf den Britischen Inseln insgesamt nicht weniger als 320 normalspurige Dampflokomotiven aller Größen, Klassen und Typen in verschiedenen Stadien der Renovation an 75 Orten finden kann. Eine vollständige Liste erscheint alljährlich im Handbuch *Steam,* das sich mit diesem Themenkreis befaßt. Herausgeber ist die Association of Railway Preservation Societies (Adresse: 34 Templegate Road, Whitkirk, Leeds 15, England).

Fast ein Jahr bevor die British Railways die letzte Dampflokomotive von ihren Strecken verbannten, hatten sie beschlossen, den Einsatz von privaten Maschinen zu Sonderfahrten auf ihrem Liniennetz zu verbieten. Diese Entscheidung war ziemlich gefühlsbetont: Weil die eigene Dampfflotte ihrem Ende nahe war, paßten auch andere Dampflokomotiven einfach nicht mehr in die «moderne Konzeption» der Bahnverwaltung. Nach personellen Umbesetzungen im Top-Management des British Railway Board änderte sich diese Einstellung aber wieder: Es wurden mehrere Streckenabschnitte – insgesamt rund 560 km – auf verhältnismäßig schwach befahrenen Linien ausgesucht, auf denen ab 1972 wieder bestimmte private Dampflokomotiven eingesetzt werden durften. Mit der Zeit wurde diese Bewilligung auf immer mehr Teilstrecken ausgedehnt, und – was noch viel wichtiger war! – 1975 wurde den Besitzern dieser Loks garantiert, daß ihre Konzession – wie man dies nannte – nicht vor 1979 ablaufen würde. Die meisten dieser Zugmaschinen sind Schnellzug- oder Personen/Güterzuglokomotiven vom Typ 2C oder größere. Damit wollte man sicher sein, auch entsprechend gewinnbringende Lasten befördern zu können. Die Anzahl dieser Sonderzüge, die alle auf Charterbasis verkehren, wird aus zwei Gründen genau kontrolliert: Erstens soll das Angebot nicht unüberschaubar werden, und zweitens soll genügend Spielraum freigehalten werden für den Einsatz der großen und vielfältigen Dampflokomotivflotten von Carnforth, Didcot, Tyseley, Hereford und Dinting. All diese Depots liegen an BR-Linien, die für solche Dampffahrten freigegeben sind.

Für diese Exkursionen steht wirklich ein herrliches Angebot von Schnellzug- und Personen/Güterzuglokomotiven bereit, in dem mit der London Midland & Scottish Railway, der London & North Eastern, der Southern und der Great Western Railway alle der vier größten Unternehmen vertreten sind. Die größten und äußerlich eindrucksvollsten Loks sind die Pacifics, unter ihnen die LMS *Princess Elizabeth,* die berühmte LNER A3 *Flying Scotsman* und ein paar großartige

A4-Stromlinienlokomotiven sowie einige Exemplare des letzten in England gebauten Typs, der von Bulleid konstruierten Riesen der Southern Railway in der ursprünglichen oder umgebauten Form. Zur 2C-Reihe gehören die herrliche *Clun Castle* der Great Western Railway sowie die «Halls» und «Manors» der gleichen Gesellschaft; von der LMS stammen folgende Loks mit gleicher Achsfolge: die weitverbreiteten «Jubilee»- und «Black Five»-Personen/Güterzuglokomotiven; auch eine B1 der LNER und eine S15 der Southern stehen auf der Liste, die die BR zu Dampfexkursionen bewilligt haben. Großen Anklang finden – wie bereits erwähnt – auch ein paar Typen aus der National Collection im Museum von York. Die größte von ihnen ist die Standard-1E-Güterzuglok Nr. 92220, die *Evening Star* der British Railways, die letzte Dampflokomotive, die zum Einsatz auf ihrem Liniennetz gebaut

Birmingham Railway Museum: Die ehemalige GWR 2C-Lok *Clun Castle* in Gresford Bank bei Chester.

Merchant Navy Locomotive Preservation Society: Von einer großen Menschenmenge bewundert fährt die 2C1-Lok *Clan Line* beim ersten Dampfausflug nach langer Zeit bei Gresford Bank in der Nähe von Chester vorbei.

worden war. Sie wurde von den Swindon-Werken hergestellt und präsentiert voller Stolz ihr Markenzeichen, den kupferbedachten Kamin. Das National Railway Museum hat auch die alte LNWR-1B-Lok Nr. 790 *Hardwicke* und die berühmte Midland-2B-Compound-Maschine Nr. 1000 eingesetzt. Eine wirkliche gefällige und abwechslungsreiche Auswahl.
Dampfexkursionen sind von April bis Juni und von September bis November gestattet, nicht aber – und das ist einigermaßen verständlich – während der Hochsaison. Großen Wert legt man auf strenge Inspektionen und ausreichenden Versicherungsschutz, und während der Fahrten auf Strecken der BR werden die Lokomotiven ausschließlich von Personal der British Railways bedient. Da diese Exkursionen von einem Sponsor mit einer bestimmten Garantiesumme gedeckt sind, erzielt der verstaatlichte Konzern doch einigen Gewinn, denn die Charterpreise liegen beträchtlich höher, als wenn die BR eigene Diesel- oder elektrische Lokomotiven einsetzen würden. Oberflächlich betrachtet scheint die Zukunft der Dampflokomotiven auf Hauptlinien wesentlich gesicherter zu sein als in früheren Zeiten; dennoch hängt ein Damoklesschwert über diesen Unternehmungen, weil British Rail den Besitzern bisher noch keine Garantie gegeben hat, daß die Fahrten auch nach 1979 durchgeführt werden können. Außerdem steigen die Unterhalts- und Reparaturkosten in diesen inflationären Zeiten ständig – manchmal sogar in astronomische Höhen – an, und vielleicht kommt bald eine Zeit, wo das Spiel den hohen Einsatz einfach nicht mehr rechtfertigt.
Bevor wir die Dampfszene Englands verlassen, wollen wir doch noch auf ein Phänomen zu sprechen kommen, das künftige Generationen vielleicht «Chronik der Abstellgeleise von Woodham» nennen werden. Dies ist doch ein wichtiger Teil von Englands Geschichte der Erhaltung von Dampfeisenbahnen. Als viele verschiedene und oft unerprobte Diesellokomotiven als Inbegriff moderner Zugmaschinen auftauchten, wurden Dampflokomotiven massenhaft an Schrotthändler verkauft. Dies geschah alles in einem Zeitraum von rund fünf Jahren. Die meisten von ihnen wurden sofort verschrottet und verschwanden damit von der Bildfläche. Nur Eisenbahnfreunde trauerten ihnen nach. Es gab jedoch eine einzige Ausnahme, die Firma Woodham Brothers, Scrap Merchants and General Dealers, in Barry, Glamorgan. Auch heute, nach zwölf Jahren, hat Woodham nur wenige Lokomotiven verschrottet – so wenige, daß man sie an den Fingern einer Hand abzählen kann. Mehr als 200 alte Dampflokomotiven standen Reihe an Reihe mehr als 10 Jahre lang da und verrosteten in der weichen, salzigen Meerluft von Süd-Wales. Dies heißt aber nicht, daß die Gebrüder Woodham keinen Geschäftssinn gehabt hätten; seit dem Ankauf ihrer Lokomotiven ist der Schrottpreis nämlich um das Fünffache gestiegen. Anfänglich wurden die ankommenden Lokomotiven rasch aller gewinnbringenden Messing-, Bronze- und Kupferteile entledigt, übrig blieben nur die schweren Stahlteile, Räder, Rahmen, Zylinder und Dampfkesselhüllen. So wurde der Lokomotivfriedhof von Barry zu einer Sehenswürdigkeit, und Tausende von Lokomotivfreunden aus dem ganzen Land pilgerten dorthin, um ihre alten, verloren geglaubten Freunde noch einmal zu sehen: Die meisten von ihnen waren noch da.
Die späten sechziger und die frühen siebziger Jahre waren die Ära der neuen Eisenbahn-Begeisterung, und die Gebrüder Woodham fanden für ihren Schrott bessere Absatzmöglichkeiten als den Schmelzofen: Sie freuen sich, Ihnen eine Dampflokomotive zu einem bestimmten Preis – natürlich inklusive Mehrwertsteuer – zu verkaufen. Auf diese Weise erwarben Eisenbahnfreuen sich, Ihnen eine Dampflokomotive zu einem beven, als jemals wieder irgendwo eingesetzt werden können. Manchmal waren diese Veteranen sogar in besserem Zustand als diejenigen, welche man am Ende des Dampfzeitalters direkt von den BR kaufen konnte, weil diese noch bis an die Grenzen ihrer Leistungsfähigkeit ausgenützt worden waren. In der ersten Zeit landeten viele Dampflokomotiven ungeachtet ihres Zustandes beim Schrotthändler, weil ganze Depots einfach geschlossen und geräumt wurden. So war es möglich, daß Fachleute mit dem notwendigen Wissen und Können Maschinen aussuchen konnten, die zwar vollkommen ausrangiert aussahen, aber nach einer Überholung wieder ausgezeichnete Arbeit leisten konnten. Die meisten dieser Lokomotiven wurden von Fans gekauft, die sie wieder auf einer der Touristenlinien oder in einem der vorher erwähnten Dampfzentren einsetzen wollten. In Tat und Wahrheit haben denn auch viele Touristenlinien und Dampfzentren bei Woodham eingekauft. Wer es wirklich geschafft hat, diese Wracks wieder in fahrtüchtigen Zustand zu versetzen, verdient großes Lob und Anerkennung. Viele der alten Loks sind aber nach wie vor dazu verurteilt, einen langsamen Tod zu sterben, weil ihre Besitzer die Restaurationsarbeiten gewaltig unterschätzt haben. Nachdem nun schließlich 76 Dampflokomotiven vor dem Verschrotten gerettet worden sind, kann man sich doch gut vorstellen, daß mit den ständig steigenden Kosten das Ende dieser faszinierenden und zum Teil auch lohnenden Dampfsaga abzusehen ist.
Das Ende der «geretteten» Dampflokomotiven in England ist aber noch nicht gekommen. Dank vielen

Railway Preservation Society of Ireland: Die ehemals der Northern Ireland Railway gehörende 1C2-Tenderlok, Nr. 4, verläßt den Bahnhof York Road in Belfast.

dampffreundlichen Industriefirmen zischen und rattern noch viele kleine Lokomotiven, die früher in Kohlengruben, Gießereien und andern großen Fabriken gedient haben, gemeinsam mit ihren großen Kollegen durchs Land. In vielen kleinen Ortschaften gibt es Organisationen zur Erhaltung von Dampfeisenbahnen, die kurze Schienenstrecken gemietet oder aufgekauft haben. Nur die Zeit wird zeigen können, welche dieser kleinen Unternehmen stark genug sind, um auf lange Sicht überleben zu können.

Die Behörden der Republik Irland und von Nordirland waren im allgemeinen freundlich gesinnt, wenn es darum ging, Dampfeisenbahnen zu erhalten und mit ihnen in beschränktem Umfang Exkursionen durchzuführen. Trotzdem gibt es nur ein einziges Eisenbahn-Museum, und zwar im Norden der Insel, in Belfast. 1964 wurde die Railway Preservation Society of Ireland gegründet; sie setzte sich zum Ziel, ein paar von Irlands Dampflokomotiven in fahrtüchtigem Zustand zu erhalten und wieder einzusetzen. Der Sitz der Gesellschaft befindet sich bei der Whitehead Excursion Station. Zur Anlage gehören ein langer Bahnsteig, der alte, zweigleisige Lokomotivschuppen, ein neuer, dreigleisiger Schuppen und ein Wasserturm. Die Reparaturanlagen halten einem Vergleich mit den größten englischen Dampfzentren zwar nicht stand, doch können mit freundlicher Hilfe von Eisenbahn- und Baufirmen kleinere Arbeiten ausgeführt werden. Besucher sind an Wochenenden herzlich willkommen. Jedes Jahr veranstaltet die Gesellschaft auf den Hauptlinien der Northern Ireland Railways und der Coras Iompair Eireann mehrere Ausfahrten mit den erhaltenen Dampflokomotiven. Bei diesen Touren werden Exemplare der wichtigsten Lokomotiven dieser beiden Gesellschaften aus der Vorkriegszeit eingesetzt. Eine J15-C-Lokomotive der Great Southern Railway, eine 2B-Lok der Great Northern Railway, *Slieve Gullion* – im herrlichen blau-scharlachroten Kleid der GNR –, und eine 1C2-Tenderlok des Northern Counties Committee bilden ein ausgezeichnetes Trio, das sich in Größe und Leistungsvermögen zum Einsatz bei Touristenfahrten bestens eignet. Überdies sind die drei historisch gesehen am richtigen Platz und sehr fotogen.

Die übrige Welt

61-cm-Linie der South African Railways: Eine 1D1, Serie NG15 – im Einsatz auch beim «Apple Express» – mit einem Güterzug auf der Linie nach Avontuur.

21. Afrika

Afrika ist ein noch recht dampffreudiger Kontinent, vor allem im Osten und Süden. Die schwersten und stärksten Dampflokomotiven, die heute auf der ganzen Welt noch im Einsatz sind, sind die Beyer-Garratts der Baureihe 59 in Kenia. Immer noch in die Unruhen nach dem Ende der portugiesischen Herrschaft verstrickt sind die letzten noch fahrenden 2B1-Lokomotiven der Welt in Nampula, Mozambique, und diejenigen der Benguela Railway in Angola. Als Brennmaterial für die letzteren dient Eukalyptusholz aus den firmeneigenen Wäldern, die speziell um die Holzstationen der Linie angepflanzt werden.

Rhodesien

Echtes Dampfvergnügen bietet das angelsächsische Rhodesien. Es ist eines der wenigen Länder auf dem afrikanischen Kontinent, wo man die Erhaltung von Dampfeisenbahnen und Vergnügungsfahrten mit Dampflokomotiven als ernsthafte Angelegenheit betrachtet hat. Schuld daran sind die wohlwollende Haltung der Verwaltung der Rhodesian Railway im allgemeinen und das große Interesse von ein paar alten leitenden Angestellten im besonderen. Dies kommt in zwei Unternehmen zum Ausdruck: in der Gründung eines Eisenbahn-Museums in Bulawayo, wo das Rhodesian Railways Historical Committee gelegentlich auch Dampfexkursionen organisiert, und im Bau der Gwelo & District Light Railway ziemlich genau im Zentrum des Landes.

Das Museum in Bulawayo enthält eine Dokumentensammlung, Eisenbahnzubehör, Dampflokomotiven und Waggons. Die Organisatoren haben wirklich großartige Arbeit geleistet. Die erste Dampfsonderfahrt fand im September 1963 statt anläßlich der 60-Jahr-Feier der Eröffnung der Linie Gwelo–Selukwe. An der Spitze des Zuges fuhr eine 2C-Lokomo-

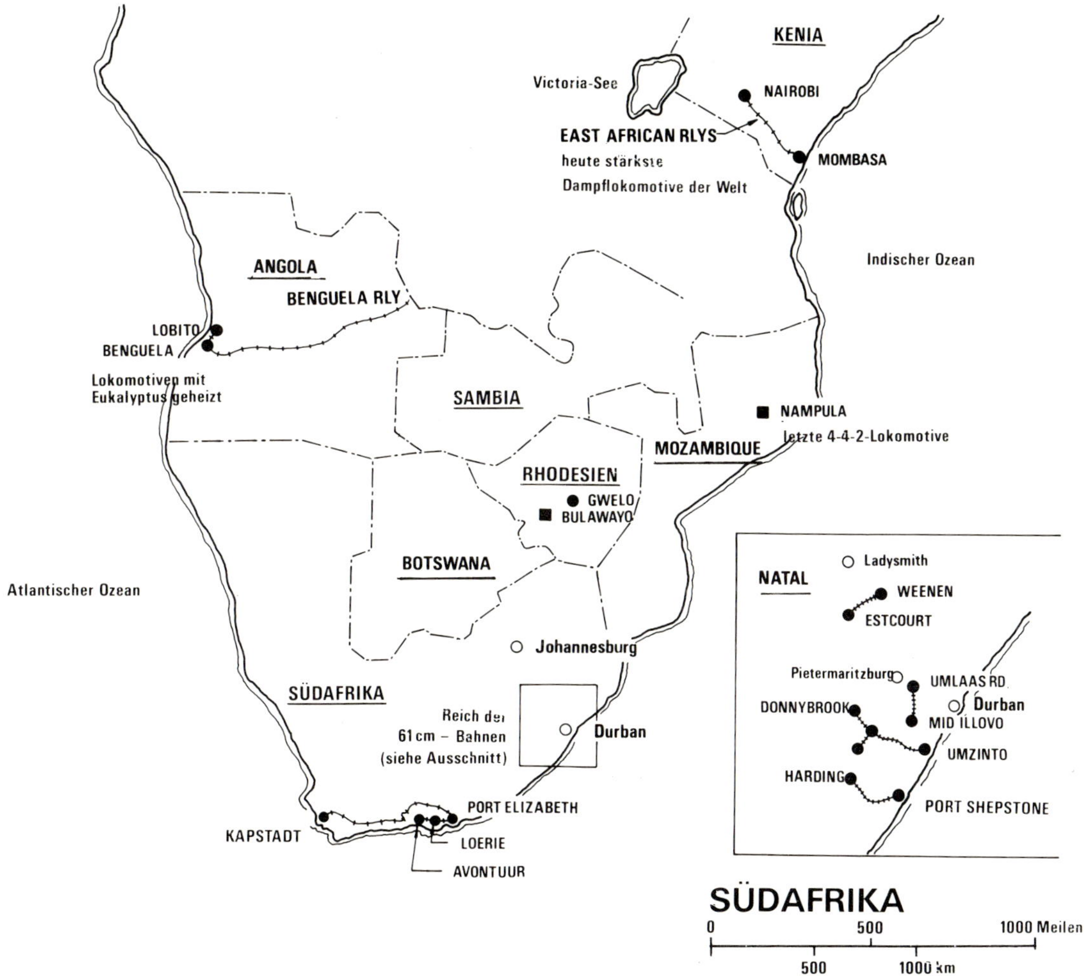

Benguela Railway: Die 2D1 + 1D2-Lokomotive, Nr. 304, in voller Fahrt. Sie verbrennt Holz von Eukalyptusbäumen, die eigens in Wäldern entlang der Bahnlinie angepflanzt werden.

Rhodesische Bahnen: Die 2D-Lok der Reihe 7, Nr. 43, mit dem «Diamond Jubilee»-Sonderzug kurz vor Selukwe.

tive der Klasse 7, die 1903 von der North British Locomotive Company gebaut worden war. Die sieben dazu passenden Wagen wurden alle vor dem Ersten Weltkrieg gebaut. Diese Fahrt war so erfolgreich, daß in den letzten Jahren weitere folgten, die bei der Bevölkerung sehr beliebt waren. Im Fahrpreis inbegriffen war ein herrlicher Tag auf den Schienen Rhodesiens und eine Mahlzeit. Im Speisewagen wurden überdies den ganzen Tag lang Tee, Kuchen und kalte Getränke serviert. Unter anderem kamen bei diesen Fahrten folgende Lokomotiven zum Einsatz: 2D1-Doppellokomotiven der 12er-Klasse und eher konventionelle (für Südafrika wenigstens) Garratts 2C2 + 2C2 und 1D1 + 1D1. Die glänzend schwarzen Lokomotiven mit ihren auf Hochglanz polierten Messingteilen und die braunen und cremefarbenen Wagen bieten einen großartigen Anblick auf ihrer Fahrt durch die weiten, mit Buschwerk bestandenen Ebenen Rhodesiens.

Maßgeblich beteiligt an der Organisation dieser Sonderfahrten, ja ihre eigentlichen Urheber waren Mitglieder der Gwelo & District Light Railway Society. Als in Rhodesien die Umstellung auf Dieselbetrieb einsetzte, beschlossen einige Eisenbahnfreunde in Gwelo, einer kleinen Stadt im Zentrum des Landes, eine Gesellschaft zur Erhaltung von Dampfeisenbahnen zu gründen. Der sichtbare Erfolg dieses Unternehmens war der Bau der Gwelo & District Light Railway, einer brandneuen 61-cm-Linie, die ganz in der Nähe des Hauptbahnhofs beginnt. Dieses Werk wurde ermöglicht durch die Hilfe der Rhodesian Railways und durch die Tatsache, daß sich in gut 30 km Entfernung, in Selukwe, eine der größten Chromminen der Welt befindet. Diese Mine verfügt über ein ausgedehntes 61-cm-Eisenbahnnetz, auf dem bis 1960 nur Dampflokomotiven eingesetzt wurden. Als dann die neuen, schmalspurigen Diesellokomotiven ankamen, scharten sich einige Eisenbahnfreunde in Gwelo zusammen und überredeten die Minengesellschaft, ihnen beim Kauf von zwei Dampflokomotiven entgegenzukommen. Überdies erhielten sie von den kurz zuvor stillgelegten Straßenbahnlinien bei den Victoria-Fällen Schienenmaterial vom Typ 40 Pfund pro Yard. Die Bahn wurde am Ostersonntag 1964 durch Sir Roy Welensky eröffnet, in seiner Eigenschaft als ehemali-

Rhodesische Bahnen: Die 2C2 + 2C2-Lok der Reihe 15A, Nr. 400, ist nicht mehr einsatzfähig.

Rhodesien: Die Lokomotivflotte der Gwelo & District Light Railway.

Südafrika: Eine Garrett 1C1 + 1C1-Lokomotive der Serie NGG 16 mit einem Lilliput-Zug zwischen Estcourt und Weenen.

Oben: Indien: Die B-Tenderlokomotive der Serie B, Nr. 786, der Darjeeling-Himalaya-Bahn im Festtagskleid für eine Sonderfahrt nach New Jalpaiguri.

Indien: Eine Standard-WP-2C-Lokomotive mit spezieller Bemalung. Sie wird beim «Taj Express» zwischen Delhi und Agra eingesetzt.

Australien: Die ehemalige 2D1-Lokomotive, Nr. Q33, der Western Australian Government Railways auf der heutigen Pichi Richi Pass Railway in Quorn.

61-cm-Linie der South African Railways: der Van Stadens-Viadukt auf der Route des «Apple Express». Eine 1C1 + 1C1-Garratt-Lokomotive mit einem gemischten Zug.

Gwelo & District Light Railway: Die B-Tenderlokomotive *Buckeye* ist startbereit.

ger Lokomotivführer und ehemaliger Premierminister Rhodesiens sicherlich der richtige Mann. Die Gesellschaft besitzt gegenwärtig zwei B-Tenderlokomotiven von den Chromminen; beide wurden von Orenstein & Koppel gebaut. Beide sind blau gestrichen. Die eine, *Margaret,* stammt aus dem Jahre 1912, die andere, *Buckeye,* ist ein Standardtyp aus dem Jahre 1932. Das Rollmaterial dieses großen Unternehmens besteht aus zwei Drehgestell-Personenwaggons, die von Mitgliedern der Gesellschaft gebaut worden sind. Die 3,2 km lange Linie beginnt beim Backsteingebäude der Station Nether Gwelo. Überdies gibt es Signale, einen Lokomotivschuppen und einen Teegarten ganz in der Nähe. Die Züge verkehren an Sonn- und allgemeinen Feiertagen das ganze Jahr hindurch.

Südafrika

Die South African Railways betreiben ein rund 400 km langes Eisenbahnnetz mit einer Spurweite von 61 cm. Es ist heute mit Abstand das längste System dieser Schmalspur auf der ganzen Welt. Und es befindet sich nicht etwa in einem schlechten Zustand: Ganz im Gegenteil, die hervorragend unterhaltenen Strekken werden tagtäglich von unzähligen schweren Zügen mit modernen Dampf- und Diesellokomotiven befahren.

Von allen 61-cm-Linien führt aber nur eine an Wochenenden Ausfahrten für Touristen durch, dafür aber die längste, die von Port Elizabeth nach Avon-

3401
3401

tuur führt. Bis der Dieselbetrieb 1972 überhand nahm, beherrschten 1D1-Lokomotiven der Reihe NG 15 und Garratts 1D1+1D1-Loks der Reihe NGG 16 diese Strecke. Diese Modelle sind ja für eine normale Linie schon recht groß, auf dieser Spurweite nehmen sie sich aber geradezu riesenhaft aus.

Drei der NG-15-Lokomotiven stehen in Port Elizabeth immer noch als Reserve zur Verfügung, und eine von ihnen wird denn auch für den «Apple Express» eingesetzt, welcher an gewissen Sonntagen mit Touristen über die 110 km lange Strecke nach Loerie fährt. Diese Tagesfahrten bieten dem Reisenden eine sehr interessante Landschaft, vor allem auf den letzten Kilometern kurz vor Loerie. Unterwegs überquert der Zug auch den höchsten Viadukt des Landes, die 76 m hohe Van-Stadens-Brücke. Der «Apple Express» ist der einzige reine Personenzug auf dieser Linie. Wohl führen gewisse Güterzüge Personenwagen mit, doch sind diese den schwarzen Afrikanern vorbehalten.

Auf den andern vier 61-cm-Linien in der Provinz Natal sind bisher noch nie andere Lokomotiven gefahren als die kleinen Beyer-Garratts NGG 13 und NGG 16. Die letzten dieser Modelle sind sogar erst 1968 gebaut worden. Die zwei größeren Linien von Port Shepstone und von Umzinto aus weisen einen ziemlich starken Zugverkehr auf. Obwohl sie schöne Gegenden durchqueren und – von der Küste ausgehend – über ein ziemlich großes Touristenpotential verfügen, organisiert keine der beiden Bahnen Vergnügungsfahrten. Auf den andern zwei Linien verkehren täglich gemischte Personen/Güterzüge. Sie führen von Estcourt (wo Winston Churchill 1901 gefangengenommen worden ist) nach Weenen und von Mid-Illovo nach Umlaas Road und stehen auch Weißen offen. Wer seinen persönlichen Tagesplan dem nicht eben günstigen Fahrplan dieser Bahnen anpassen kann, erlebt hinter faszinierenden Dampflokomotiven (z. B. Beyer-Garratt-Gelenklokomotiven) vergnügliche Tagesausflüge.

Während der immer dampfärmeren siebziger Jahre ist nur ein einziges der wenigen Länder mit noch aktiven Dampflinien bereit gewesen, diese auch offiziell als bedeutende Touristenattraktionen zu unterstützen. Die andern scheuen eher davor zurück, sich noch zum «Dampfroß» zu bekennen. Die South African Railways aber stehen dazu, und unter den vielen Prospekten, die in allen SA-Reisebüros in der ganzen Welt aufliegen, findet sich auch eine hübsche, farbige Broschüre mit dem Titel *Vanishing Steam*.

Da Südafrika über billige Kohle, aber nicht über eigenes Öl verfügt, war es ein natürliches Paradies, in dem Dampflokomotiven erhalten bleiben konnten. Große Aufträge für Dampflokomotiven kamen noch bis 1960 nach Europa, bis die Herstellerfirmen einfach keine mehr liefern konnten. China und Indien waren bis 1970 die einzigen Länder, die noch Dampflokomotiven bauten; aus Gründen, die allerdings nicht hieher gehören, lieferten sie jedoch nicht an die Südafrikanische Union. Also war man auf Diesel- und elektrische Lokomotiven angewiesen.

Ein Eisenbahnnetz, wo auch jetzt noch auf alle 8 Streckenkilometer eine funktionstüchtige Dampflokomotive kommt, ist aber nach wie vor ein wahres Dampfparadies. Und was es da noch alles zu sehen gibt, angefangen bei den stolzen 2D2-Lokomotiven über moderne Beyer-Garratt-2D1+1D2-Loks bis zu gut 50 Jahre alten Lokomotiven, die die SAR nun Industriekunden zu Rangierzwecken auf ihren Fabrikanlagen zur Verfügung gestellt hat.

Eine sehr beliebte Reise führt von Kapstadt der Südküste entlang nach Port Elizabeth. Obwohl die Strecke in der Luftlinie nur 640 km mißt, verbringen die Fahrgäste nicht nur eine, sondern zwei Nächte im Zug. Das ist aber nicht so schlimm, denn die Betten sind bequem, und der Zug fährt langsam, so daß man gut schlafen kann. Überdies sind auch die Mahlzeiten und der Wein im Speisewagen hervorragend und für europäische oder amerikanische Begriffe sehr preiswert. Diese Reise ist so eine Art Eisenbahn-Kreuzfahrt für den armen Mann. Für den Eisenbahnfreund von besonderem Interesse ist die Überquerung des Montague-Passes mit einer Garratt-Lokomotive; ein einmaliges Erlebnis, was das Panorama und die Dampflokomotive anbetrifft. Viele herrliche Kilometer legt man auch hinter einer normalen 2D1-Lok zurück – und selbst wenn die Fahrt 40 Stunden dauert, so kennt die Begeisterung doch keine Grenzen.

Man könnte ganze Bücher schreiben über das Thema: Dampfattraktionen der South African Railways. Dies ist auch geschehen, und so möchten wir den Leser auf die Bibliographie verweisen.

South African Railways: Die 2D2-Lokomotive der Reihe 25NC *Bethlehem* verläßt Barnea mit einem Bethlehem-Zug.

Umstehend: South African Railways: Die 2D1-Lokomotiven der Serie 15AR, Nrn. 1818 und 1849, mit dem Rosmead-Zug bei Bloubos im baumlosen Grasland Südafrikas.

22. Asien

Das Dampfvergnügen in Asien ist etwas problematisch. Nach den Kriterien, die wir für eine Aufnahme in dieses Buch festgelegt haben, kommen nur drei Unternehmen in Frage – und keines von ihnen liegt auf dem Festland. Indessen haben doch viele, auch größere Länder Asiens viel länger als andere Staaten am Dampfbetrieb festgehalten, manchmal aus freien Stücken, manchmal aber auch, weil sie keine andere Wahl hatten. So findet man in Indien und China die einzigen Dampfflotten der Welt mit noch jeweils rund 5000 Einheiten. Angesichts solcher Zahlen versteht man ohne weiteres, daß Museumsbahnen für diese Länder noch in weiter Zukunft liegen. Warum soll man auch einzelne Nebenlinien erhalten, wenn in Indien ein fast ausschließlich mit Dampfloks befahrenes Netz von 5300 km Länge an und für sich schon ein komplettes Museum mit den schönsten und besten Dampfeisenbahnen darstellt? Oder wenn in China *nach* 1972 noch *neue* Zweiglinien mit *neuen* Dampflokomotiven in Betrieb genommen worden sind? So betrachten wir halt die indischen und chinesischen Dampfeisenbahnen als Vergnügungsunternehmen. Dasselbe gilt auch für die Dampfbetriebe Indonesiens, die aus dem gleichen Grund hier erwähnt werden sollen. Die Regel, wonach Miniatur-Eisenbahnen in diesem Buch nicht berücksichtigt werden sollen, wird hier ebenfalls übertreten, indem wir gleich zu Beginn drei solche beschreiben.

Im Stadtpark der türkischen Großstadt Adana – in einem Land also, welches noch über eine verhältnismäßig kleine, aber moderne Flotte von Dampflokomotiven verfügt – findet sich eine absolut nicht miniaturhafte Miniatur-Eisenbahn. Dieses Kuriosum hat zwei Gründe: Erstens weist die Strecke die typische Schmalspurbreite von 61 cm auf, und zweitens machen hier planmäßig Lokführer Dienst, die sonst mit den

Oben: Indische Bahnen: Die schmalspurige C1-Lok der Serie W auf der Drehscheibe bei Nadiad.

Türkische Staatsbahnen: Die Lilliput-1D1-Lok, Nr. Kl 46002, *Mehmetcik* auf der Miniatur-Vergnügungsbahn in Ankara.

großen Maschinen der Türkischen Staatsbahnen fahren. Die Anlage besteht nur aus einer kleinen Rundstrecke. Die beiden Lokomotiven sind sehr schöne 1D1-Modelle im Verhältnis 1:2. Im übrigen weiß man nur von zwei andern Lokomotiven, die in der Türkei gebaut worden sind; die eine soll auf einer ähnlichen Miniatur-Eisenbahn in Izmir fahren, die andere ist eine normale Dampflok.

Die 381-mm-spurige Miniatur-Eisenbahn im Bal-Bharan-Park in Delhi wird ebenfalls von Berufseisenbahnern betrieben. Auch hier besteht die Anlage aus einem einfachen Oval. Die bullige 2C1-Lokomotive wurde von der bekannten deutschen Firma Krauß gebaut, die sie zur Feier der Unabhängigkeit Präsident Nehru schenkte. Zug und Gleis sind sehr stabil gebaut und in ausgezeichnetem Zustand. Wenn sie fährt, wird sie von den Parkbesuchern jeweils richtiggehend gestürmt.

Schade an den beiden Anlagen in Adana und Delhi ist vielleicht nur, daß die Lokomotiven wahrscheinlich alle zuerst in den großen Lokomotivhimmel kommen müssen – dem Paradies aller guten Lokomotiven –, bevor sie so eingesetzt werden, wie sie es eigentlich verdienen.

Etwas anders steht es um die 26-cm-spurige Miniatur-Eisenbahn in den Stadtgärten von Baroda. Sie ist rund 1,5 km lang und wird im Verhältnis zur Spurweite relativ schnell befahren. Die Lokomotive ist – zumindest für die älteren Eisenbahnfreunde – wahrlich ein verlorener Schatz, nämlich ein Modell einer Pacific der London & North Eastern Railway, die Charles Bullock 1938 für eine ehrgeizige, aber bald bankrotte öffentliche Miniatur-Eisenbahn in der Nähe von Camberley in Südengland gebaut hatte. Auch die schönen geschlossenen Wagen stammen von dort.

Der Herrscher von Baroda hat sich aber nicht mit einer kleinen Privatbahn in seinen Palastgärten begnügt, sondern hat auch für seine Untertanen ein großartiges Schmalspurbahnnetz bauen lassen. Dieses möchten wir als erstes von drei Beispielen beschreiben, die wir aus einem immensen Angebot ausgewählt haben. Fünf der königlichen Linien laufen ungefähr 32 km von Baroda entfernt im Knotenpunkt Dabhoi zusammen. Durch ganze Wälder von alten englischen Semaphor-Signalen hindurch machen sich von hier aus Dampfzüge (Spurweite 762 mm) in alle Richtungen auf den Weg.

Wie nicht anders zu erwarten war, gibt es in Dabhoi ein großes Depot für Schmalspur-Lokomotiven. Zufällig war auch einer der Autoren dieses Buches anwesend, als der Chefingenieur aus dem fernen Bombay der Anlage seinen ersten Besuch abstattete. Die Bahnangestellten in Dabhoi sind wirkliche Eisenbahnfreunde, denn sie begrüßten ihn mit einer phantastisch geschmückten 1C1-Lokomotive der 2B-Klasse der Indian Railways und benannten sie sogar nach ihm. An den Pufferenden waren Messingrosetten angebracht, am Rauchkasten hing eine gitterartig durchbrochene, auf Hochglanz polierte Messingscheibe, und am Kamin war die Silhouette eines Vogels angebracht. Der Führerstand glänzte, und ein glockenförmiges Anemometer auf einem der ebenfalls glänzenden Dampfdome spielte im Wind, als die bekränzten Besucher sich für die Fotografen aufstellten.

Im Schuppen standen alte, noch nicht standardisierte Überbleibsel aus der Vergangenheit; sie wurden nur

Delhi Bal Bharan Park: Eine Lilliput-2C1-Lokomotive auf der 372-mm-Schmalspurbahn im Vergnügungspark von Delhi.

Baroda Stadtgarten: Die von der Surrey Border & Camberley stammende 2C1-Miniaturlokomotive (Spurweite 26 cm) bietet wahres Dampfvergnügen.

gelegentlich eingesetzt, denn die Rangierlok der Station war eine 2C-Lok. Auffällig war, daß keine Diesellokomotiven da waren.
Dabhoi liegt vollständig abseits der Touristenrouten. Wer aber trotzdem den Weg dorthin findet, darf sich auf einen außerordentlichen Empfang freuen.
Obwohl die Indian Railways nichts gegen dampffreudige Organisationen und Gruppen haben, ihnen ja sogar ausgezeichnete Möglichkeiten anbieten, macht die indische Tourismusbehörde werbemäßig im Ausland gar keinen Gebrauch von der Tatsache, daß die IR mit an die 10000 Einheiten die größte Dampflokomotivflotte der Welt besitzen. Von den Schmalspurbahnen Indiens haben wir bereits gesprochen. Die Hauptlinien bestehen ungefähr je zur Hälfte aus Meterspur- und Breitspurstrecken (1676 mm). Auf beiden stehen die verschiedensten Klassen von Dampflokomotiven im Einsatz, angefangen von den 2C-Loks aus der Jahrhundertwende bis zu den modernen Standardtypen, von denen die letzten erst anfangs der siebziger Jahre gebaut worden sind. Indien begegnet der Energiekrise, indem es Dampflokomotiven überholt und wieder einsetzt, die sonst verschrottet worden wären.
Zum Vergnügen ausländischer Touristen fährt nur ein einziger Sonderzug: der «Taj Express», ein Erstklaßzug, der täglich in der Saison von Delhi nach Agra (370 km) fährt, wo die Reisenden den berühmten Taj Mahal besuchen können. Die 2C1-Lokomotiven der WP-Klasse dieses Zuges tragen die sehr harmonischen Farben Blau und Weiss und werden sehr saubergehalten.
Vielleicht eine Warnung für Leute, die nach Indien reisen wollen: Unerfahrene, auf eigene Faust reisende Leute können in Indien auf Schwierigkeiten stoßen. Wer zum erstenmal nach Indien fährt, tut dies mit Vorteil innerhalb einer Gruppe.
Als nächstes wäre die 61-cm-spurige Matheran Tramway zu besprechen. Sie fährt zu einem 762 m hoch in den Bergen gelegenen Ort gleichen Namens, rund zwei Stunden Fahrt mit der elektrischen Eisenbahn von Bombay entfernt. Man könnte sie treffend als Mini-Darjeeling-Bahn bezeichnen. Beide erfüllen dieselbe Aufgabe und erklimmen die Berghöhen nach dem gleichen Kurven- und Kehrschleifensystem. Genauer betrachtet gibt es aber doch einen Unterschied: Die Matheran kommt ohne Spiralen und Spitzkehren aus, weil sie außerordentlich gut mit Kurvenradien von 13 m fertig wird, welche schon bei Miniatur-Eisenbahnen als äußerst eng gelten. Bei der ersten dieser Kurven steht ein Schild mit der englischen Aufschrift: «Oops, what a curve!» (Huch, was für eine Kurve!)
Normalerweise stehen Diesellokomotiven im Einsatz, doch für Sonderzüge oder für besondere Arrange-

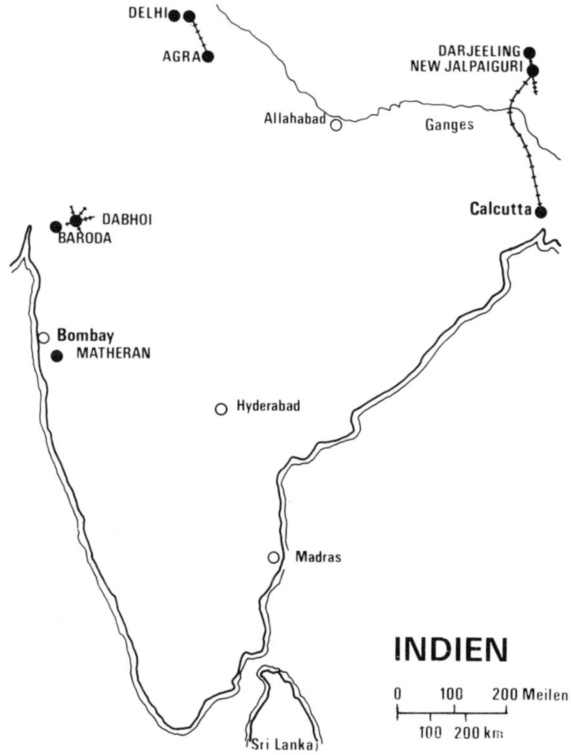

Indische Bahnen: Die 1C1-Lokomotive der Standard-Serie ZB, *Mohindra*, in königlicher Pracht nach der Taufzeremonie.

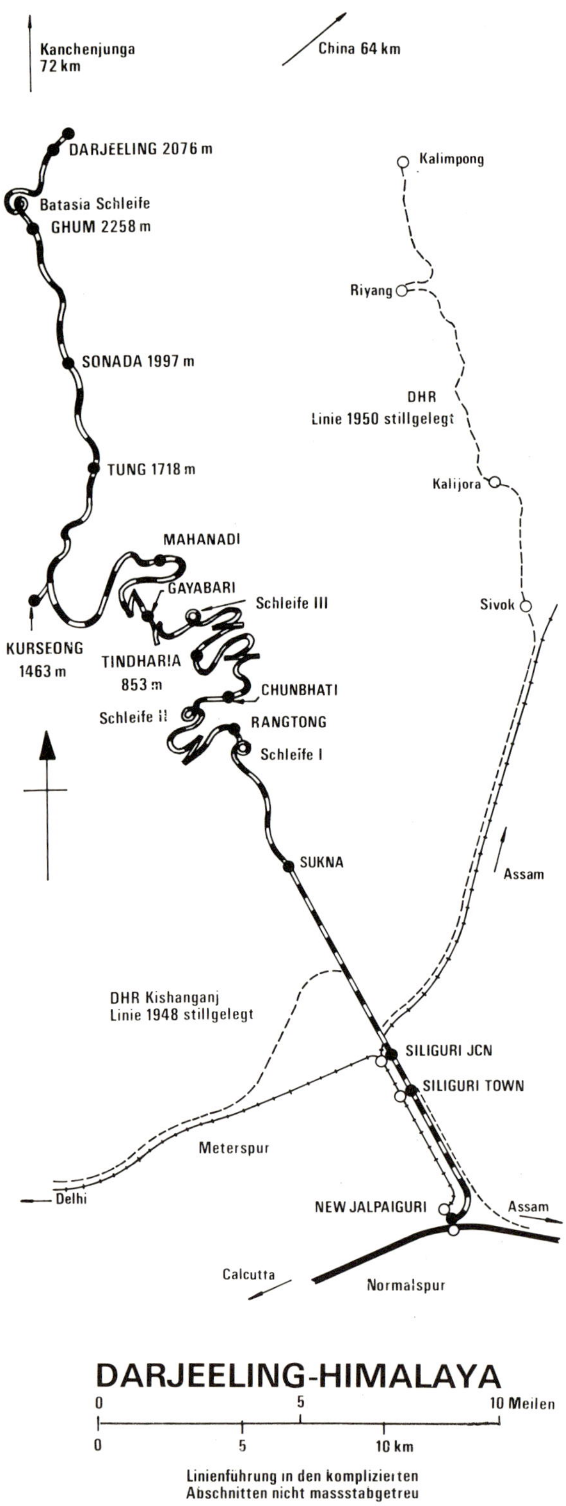

Oben: Matheran Tramway: Die C-Tenderlokomotive, Nr. 738, in Neral.

Darjeeling Mail: Die 2C1-Lok der Serie WP in Kishanganj.

ments holt man eine der vier Orenstein & Koppel-C-Lokomotiven, Baujahr 1905, aus dem Schuppen. Ihr Radstand ist flexibel, das heißt, daß die Triebachsen A und C drehbar sind und die Mittelachse genügend Seitenspiel hat. Sir Arthur Heywood wandte diese Idee bereits um 1870 bei 381-mm-Schmalspurlokomotiven an. Es ist ratsam, sich früh genug nach den verschiedenen Dampfeinsätzen zu erkundigen oder diese sogar lang im voraus zu arrangieren; es kann aber auch geschehen, daß der Stationsvorstand von einem Moment auf den andern so etwas organisiert, denn er soll auf eine diesbezügliche Frage einmal geantwortet haben: «Sie möchten eine Dampflokomotive? – Bitte schön, ich werde eine anspannen!»

«Die schönste der Welt!», «Die beste Bahn der Welt» usw. Der Leser hat in diesem Buch sicher schon oft solche Wendungen gelesen. Dampfeisenbahnen sind denn auch sehr verführerisch, und wenn man eben eine gute Bahn beschreibt, hält man sie in der momentanen Begeisterung einfach für die beste der Welt. Sei dem, wie ihm wolle, wer jemals mit der kleinen Himalaya-Bergbahn ins Paradies von Darjeeling gereist ist, wird nicht den leisesten Zweifel daran haben, daß alle Superlative uneingeschränkt dieser Bahn zustehen.

Die Reise beginnt eigentlich schon im Sealdah-Bahnhof von Kalkutta, wo um 19.30 Uhr der Kurs 43 Down, die Darjeeling Mail, abfährt. Es ist ein wahres Dampfvergnügen, wenn die große, breitspurige Pacific-Lokomotive funkenstiebend durch die Nacht, über die weiten Ganges-Ebenen donnert. 43 Down ist einer der wenigen Dampfschnellzüge auf der Welt, die noch einen Namen tragen. Um 8.30 Uhr am nächsten Morgen fährt der ziegelrote Zug fahrplanmäßig in New Jalpaiguri ein, in einer neueren Station, wo drei verschiedene Spuren zusammenlaufen. Neben den breit- und schmalspurigen Bahnsteigen gibt es auch meterspurige. Hier hat der Reisende Zeit für ein ausgezeichnetes englisches Frühstück, bevor er den kleinen blauen Darjeeling-Zug besteigen muß, dessen Kurs 1 Up um 9.15 Uhr abfährt.

Querschnitt und Länge der einzelnen Wagen von 1 Up sind nicht sehr groß. Der Zug hingegen ist ziemlich lang, doch ist das – wie wir noch sehen werden – eine Illusion. Ganz vorn und mitten in der Komposition drin stehen Exemplare einer der berühmtesten Lokomotivserien der Welt: Darjeeling-Himalayan-B-Loks der Serie B mit Seitentanks. Sie haben uneingeschränkt diese Strecke beherrscht, seit sie 1889 ihre kleineren Vorgänger der Serie A ablösten. Die A-Lokomotiven, welche zur Eröffnung der Linie im Jahre 1881 geliefert wurden, waren einfach überfordert. Anfänglich umfaßte die Flotte 34 B-Lokomotiven. Seit der Stillegung der DHR-Teetsa-Valley-Linie nach Kalimpong Road im Jahre 1950 genügten aber 25 für den Betrieb. Es gab einst aber auch eine kaum benützte, nicht sehr beliebte, aber doch großartige Beyer-Garratt, Baujahr 1910, und zwei Pacific-Lokomotiven, die heute auf einem Abstellgleis in New Jalpaiguri stehen. Sie waren 1914 angeschafft worden und sollten eine Zweiglinie in der Ebene befahren, die dann aber auf Meterspur umgebaut wurde. Hartnäckige Gerüchte wollen wissen, daß eine dieser Lokomotiven nach England kommen und auf einer Vergnügungslinie eingesetzt werden soll.

Von New Jalpaiguri aus fährt der 1 Up zuerst 8 km weit zur Rechten von Meterspurgleisen – auf dem Rangierbahnhof von Siliguri Junction kann man oft wahre Dampffeste erleben –, überquert dann die Hauptlinie nach Assam und dampft dann während 9,5 km durch fast ebenes Gelände entlang der Straße nach Sukna. Hier wird der Zug nun aufgeteilt, und zwar in mindestens 3 und höchstens 7 Teile mit je drei oder vier Wagen und je einer B-Lokomotive an der Spitze. Was während der nächsten sechs Stunden folgt, ist wohl die phantastischste Dampfreise, die man sich überhaupt vorstellen kann. Von Minute zu Minute wird die Luft kühler und reiner, die Aussicht und Landschaft wunderbarer. Der aufregendste Teil der Strecke kommt schon ganz am Anfang: Sämtliche Spitzkehren und drei der vier Kehrschleifen liegen im untern, ersten Abschnitt. Während der ganzen Fahrt sieht man unter und über sich andere Teilstücke der Bahn.

Das rhythmische, saubere Geräusch unserer kleinen Lokomotive, die mit weit offenen Ventilen bergaufwärts dampft, beweist, daß sie mechanisch in einwandfreiem Zustand ist. Anders würde sie ihre Aufgabe auch gar nicht schaffen. Zu dieser Zeit liegt in ihrem Bunker noch ein riesiger Berg guter, sauberer Assam-Kohle, und die fünfköpfige Mannschaft (Lokführer, Heizer und drei Männer, die Kohle schaufeln) schaut der Fahrt zuversichtlich entgegen. Und auch wenn es Schwierigkeiten geben sollte, hat man ja immer noch den schweren Holzbalken zum Aufgleisen auf der Lokomotive...

Über den Bau dieser Linie haben sich zwei Legenden gehalten: Erstens soll sie von George Percival Spooner (dem ältesten Sohn von Charles Spooner von der Festiniog Railway) geplant worden sein, der 1879 England aus etwas undurchsichtigen Gründen verlassen hatte, und zweitens sollen die Spitzkehren eine Idee der treuen Ehefrau des Baumeisters gewesen sein, die ebenfalls mit im Lager war.

Zur Mittagszeit erreicht der Zug Tindaria (45 km, 853 m ü.M.), und hier – über dem malariagefährdeten Gebiet – befinden sich die Werkstätten. Drei Lokomo-

Darjeeling-Himalaya: Ein Zug auf Bergfahrt in alten Tagen.

Oben rechts: Darjeeling-Himalaya: Hersteller- und Nummernschild der B-Tenderlokomotive, Nr. 803.

tiven der Serie B sind sogar hier gebaut worden, und hier werden auch alle Lokomotiven und Waggons gewartet. In Kurseong, der bedeutendsten Zwischenstation (56 km, 1463 m), fährt man rückwärts ein. Hier haben die Reisenden Zeit für ein spätes und eiliges Mittagessen von 13.50 bis 14.05 Uhr. Durch die engen, winkligen Gassen des Bazaars, also durch die City von Kurseong, geht die Fahrt dann wieder weiter. Im Vorbeifahren kann man sich fast vom Zug aus in den nach vorn offenen Läden selbst bedienen.
Das gleiche Bild präsentiert sich in mehreren andern Dörfern, durch die der Zug nun weiter bergaufwärts dampft. Dabei quert er einen riesigen Berghang, an dessen Fuß weit, weit unten die indischen Ebenen liegen. Um die einspringenden Rinnen und Wasserläufe zu umrunden, bedarf es der engsten Kurven der ganzen Linie mit Radien von nur 18 m – die DHR hält nicht viel von Brücken. Die Strecke führt mit der

Rechts: Darjeeling-Himalaya: Ein typischer Zug in der Nähe von Sonada. Bemerkenswert sind die engen Kurven und die Leute, die auf eine Gratisfahrt warten.

Umstehend: Darjeeling-Himalaya: Die B-T-Lok der Serie B, Nr. 795, mit einem Talkurs in der Batasia-Kehrschleife. An der Linie einige der berühmten Himalaya-Zedern.

China: Die «Diener-des-Volkes»-2C1-Lok, Nr. 1150, in Peking.

Oben rechts: China: Eine Kolonne brandneuer «Aufwärts»-1D1-Lokomotiven in Tangshan, im Juli 1976.

Rechts: Japan: Eine 1D1-Lok der Reihe D51 mit einem Güterzug in Hachioji bei Tokio.

Ganz rechts: Umekoji: Die Eröffnung dieses Dampfzentrums in Kyoto, Japan.

China: Die «Vorwärts»-1E1-Lokomotive, Nr. 1155, in Tientsin.

durchschnittlichen Steigung von 4 % weiter bis nach Ghoom, dem höchsten Punkt der Bahn (82 km, 2258 m).
Hinter dem Scheitelpunkt der Linie tritt nun endlich der Himalaya ins Blickfeld. Gegenüber dem Kanchenjunga (8586 m) – und der Grenze nach China – durchfährt der Zug die Batasia-Schleife, die großartigste und engste aller Kehrschleifen. Auf den letzten drei Kilometern führt nun die Linie zwischen Himalayazedern hindurch zu dem herrlichen, aus dem Jahre 1930 datierten Gebäude der Darjeeling Station, dem ehemaligen Stolz der DHR, dem heutigen Stolz der North-East Frontier Railway von Indien. Der Zug sollte fahrplanmäßig um 16.50 Uhr ankommen; wenn man also pünktlich ist, hat man in siebeneinhalb Stunden 88 km in der Horizontalen und beinahe 2,5 km in der Vertikalen zurückgelegt. Nun legt sich die Spannung allmählich, man nimmt das Nachtessen ein und geht zu Bett. Das Kohlenfeuer im Kamin des Schlafzimmers erinnert einen daran, mit welcher Kraft und Energie man nach Darjeeling gekommen ist.
Es wäre herrlich, wenn man schreiben könnte, daß das größte Dampfschauspiel der Welt uns immer erhalten bliebe; doch scheint dies nicht der Fall zu sein. Auf der Straße braucht man nach Darjeeling heute drei Stunden weniger als per Bahn; und die Lasten sind so klein, daß es sich nicht lohnt, Güterzüge einzusetzen. Es gibt also sehr gute finanzielle Argumente, die für, aber nur wenige andere, die gegen eine Schließung der Linie sprechen. Diese wenigen allerdings, die Gefühle, sind sehr stark, und vielleicht überwiegen sie.

Jenseits des Himalaya, der einzigen Gebirgskette, die noch nicht auf Schienen zu überqueren ist, liegt China, die größte Nation der Welt. China besitzt eine Flotte von Dampflokomotiven, von denen die meisten erst gebaut wurden, als alle andern Länder (mit Ausnahme von Indien) dies schon längst aufgegeben hatten. Neue Dampflokomotiven wurden sogar noch 1976 konstruiert, und möglicherweise geht der Bau in kleinerem Rahmen auch noch weiter. Im dampfreichen Nordosten des Landes sieht man alles mögliche: moderne «Vorwärts»-1E1-Loks, die mit Lasten von 3000 Tonnen Geschwindigkeiten von 80 km/h erreichen, «Diener des Volkes»-2C1-Personenzugloks und «Aufwärts»-1D1-Loks in gemischten und Personenzügen. Natürlich trifft man auch etwas ältere Modelle an, bestimmt jedoch keine antiken oder ausrangierten.
Nur ein Land hat annähernd die gleiche Dampfleidenschaft wie die Engländer und Amerikaner: Japan. So wohnten zum Beispiel 8000 Personen den Feierlichkeiten bei, als am 14. Dezember 1975 auf der nördlichen Insel Hokkaido der letzte Dampfzug der Japanese National Railways fuhr. Außerdem verschenkten die JNR 400 – ja, vierhundert! – Dampflokomotiven an Vereinigungen oder Organisationen, die an ihrer Erhaltung Interesse bekundeten. So wechselten 128 der D51-1D1-Loks – 11 Prozent des Gesamtbestandes – ihren Besitzer. Wenn bestimmte Merkmale – Linksverkehr (auf Schiene und Straße), die Spurweite von 1,067 m, hohe Bahnsteige und Semaphorsignale – eindeutig britischer Herkunft sind, so stammen die

Malaysia: Eine 2C1-Lok mit Schnarchventil der Standard-Reihe «0» in der Nähe von Singapur.

Amberawa: Die Adhäsions- und Zahnradlok Nr. B2503.

Rechts: Amberawa: Ein gecharterter Sonderzug auf der für den übrigen Verkehr gesperrten Zahnradstrecke.

japanischen Dampflokomotiven ebenso klar von amerikanischen Loks ab.
Schon 1967 plante man, das Rundhaus im Umekoji-Depot in Kyoto in ein lebendes Dampfmuseum umzugestalten, wo guterhaltene Exemplare der wichtigsten neuen Dampflokomotivtypen ausgestellt sind und auch in voller Fahrt bewundert werden können.
Heute stehen dort nicht nur eine, sondern zwei D51-Lokomotiven sowie je ein Exemplar ihrer Vorgängerinnen aus dem Jahre 1925 und der schmucklosen Kriegsversion aus dem Jahre 1943. Die kleineren Typen sind unter anderem durch fünf Pacific- und zwei 2C2-Lokomotiven vertreten. Das älteste Ausstellungsobjekt in Kyoto ist eine 1C-Lok aus dem Jahre 1914; der früheren Lokomotivgeschichte haben sich zwei ältere Museen in Tokio und Osaka angenommen.
In der Welt der lebenden Dampfmuseen ist das Rundhaus von Umekoji bestimmt einmalig; es hat viel Interessantes und Seltenes zu bieten.
Neuerdings scheinen die Japaner aber Schwierigkeiten zu haben. Hat man doch tatsächlich gehört, daß sie die Funktion der Dampfmaschinen demonstrieren wollen, indem sie die Dampfkessel nicht mehr mit Dampf, sondern mit Druckluft als traurigem Ersatz füllen! Es wäre außerordentlich schade, wenn man aus Umekoji nichts anderes mehr hören würde, denn sonst gibt es in Japan nicht mehr viele Dampfvergnügungen. Es sind nur drei andere Unternehmen bekannt, von denen zwei aber eher Attraktionen in Vergnügungsparks denn echte Eisenbahnen sind. Die dritte ist die elektrifizierte Oikawa-Bahn; sie hat vor kurzem begonnen, mit einer ehemaligen JNR-1C2-Tender- und einer 1C1-Tenderlokomotive gleicher Herkunft ab und zu Dampfausfahrten durchzuführen.
Es bleibt nur zu hoffen, daß die Japaner – unter dem Druck der Japanese Steam Samurai – die Probleme von Umekoji mit der gleichen Fähigkeit und Hartnäckigkeit angehen, die Japans Industrien auf vielen Gebieten zu den besten der Welt gemacht haben.
Im allgemeinen ist es zwar nicht angebracht, Gutes über die Kolonialzeit auszusagen. Ausnahmen gibt es höchstens im Zusammenhang mit dem Erbe der Transport- und Kommunikationsmittel, welche das alte Empire hinterlassen hat. Ein solches Erbe sind auch die Eisenbahnen von Malaya. Reisende, die in den glorreichen Vorkriegszeiten aus England kommend in Singapur eintrafen, machten sich auf einiges gefaßt, wenn sie per Eisenbahn ins Landesinnere reisen mußten. Doch sie erlebten eine etwas verwirrende, aber recht angenehme Überraschung beim Anblick ihres meterspurigen Zuges, der ebenso schön, geräumig und bequem war wie die besten Normalspureisenbahnen in Europa. Es war eine Eisenbahn mit Pacific-Lokomotiven – 90 Prozent der Flotte vom Typ 2C1 –, die meisten von ihnen mit einem Drehnocken-Schnarchventil-Getriebe. Diese Ausrüstung

war sehr fortschrittlich und ungewöhnlich und bedurfte einer zwar einfachen, aber sehr sorgfältigen Wartung. Weil sie dies nicht tun konnten, scheiterten unter sehr hohen Ausgaben viele besser bekannte Unternehmen, die dieses Getriebe ausprobieren wollten, nicht aber diese Kombination englischer und malaysischer Geschicklichkeit.

All dies zeugte von einer großen Liebe zu raffiniert gebauten Dampflokomotiven, aber auch von großer Geschicklichkeit, sie zu warten. Als dann die letzte von ihnen 1975 nicht mehr eingesetzt wurde, gelang es einer Gruppe – der Railway Historical and Preservation Society of Malaya – mit Unterstützung von offizieller Seite, zwei der in Glasgow gebauten 2C1-Lokomotiven zu restaurieren. Sie kamen bei Ausflügen wieder zum Einsatz, und zwar von Kuala Lumpur aus, dem Sitz der Malayan Railways. Dieses Unternehmen scheint betrieblich und kommerziell ein Erfolg gewesen zu sein.

Wer jemals die riesige Aufgabe auf sich genommen hat (und alle drei Autoren dieses Buches haben es getan), eine Dampflokomotive wieder betriebstüchtig zu machen, hat immer den gleichen Traum. Eines Tages sollte das Telefon klingeln, und eine amtliche Stimme am andern Ende sollte fragen: «Wir haben Probleme mit unsern Diesellokomotiven. Würden Sie uns bitte Ihre Dampflokomotive zur Verfügung stellen?» Nun, beide Pacific-Lokomotiven sind wieder offiziell im Dienst, und die Malayan Railways sind kein reines Dieselunternehmen mehr. Es mußte nur irgendwann einmal geschehen.

«Viel Vergnügen auf der Fahrt mit unserer Bergbahn» wünscht eine Broschüre der Indonesian State Railways. Sie bezieht sich auf die Zahnradbahn auf Java, in Amberawa, die heute für den normalen Verkehr gesperrt ist. Die Bahnverwaltung hält sie jedoch für Ausflüge mit Eisenbahnfreunden oder interessierten Touristen offen. Unter den vielen herrlichen Dampflokomotiven, die es auf dieser Insel noch gibt, ragt ein Typ ganz besonders hervor: die B1-Lok der Serie B25, die mit Holz gefeuert wird und sich zum Zahnrad- und zum Adhäsionsbetrieb eignet. Ein Exemplar steht als Denkmal auf einem Sockel in Amberawa, doch im kleinen Schuppen stehen noch mindestens zwei weitere, neben einer Mallet-B + B1 mit Wasserkasten und vielleicht einer Mallet-1C + C, die aber leider nicht mehr funktionstüchtig ist. Die Zahnradbahn fährt «auf Verlangen», das heißt nach Bezahlung eines Charterpreises. Dann aber steht der Fotosafari nichts mehr im Weg. Von Zeit zu Zeit unternimmt die B25 auch eine kurze Fahrt dem Seeufer entlang zur ersten Station in Richtung des ehemaligen Knotenpunktes Setjang; ein Erdrutsch verunmöglicht jedoch den Durchgangsverkehr. Die Landschaft im Distrikt Amberawa ist herrlich; dies sagt auch die Broschüre der PNKA: «Die malerische und faszinierende Landschaft macht einen

Ausflug noch reizvoller. Eine Fahrt mit der Zahnradbahn, übrigens der einzigen in Java, wird Ihnen zu einem unvergeßlichen Andenken an Ihren Besuch werden!»
Die Dampfeisenbahnen Indonesiens sind zwar bei weitem keine Vergnügungslinien, bieten aber dem Eisenbahnfreund sehr viel Schönes. Auf den meisten Hauptlinien stehen zwar Dieselloks im Einsatz, auf den Nebenlinien und vor Personenzügen verkehren jedoch zum größten Teil noch Dampflokomotiven. Und da gibt es alle Typen, von 1B-Loks aus dem Jahre 1885 bis zu großen Mallets, von C-Triebwagen bis zu riesigen Fünfkuppler-Tenderlokomotiven. Überdies fährt in Surabaya die letzte, fahrplanmäßig mit Dampf betriebene Vorortsbahn der Welt. Blaue B-Triebwagen von Beyer Peacock ziehen ihre Wagen durch die geschäftigen Straßen.
Dampfeisenbahnen aller Spurweiten und Varianten gibt es aber nicht nur auf Java, sondern auch auf Sumatra. Zum Rangieren auf den Bahnhöfen und als Zubringer zu den Palmbutter-Farmen dienen uralte, zwei- und dreifach gekuppelte Tenderlokomotiven. Auf Nebenlinien werden mit Holz geheizte 1B1- und 1C2-Lokomotiven eingesetzt. Und riesengroße, fünffach gekuppelte – in den sechziger Jahren in Deutschland und Japan gebaute – Zahnradlokomotiven mit Kohlefeuerung überqueren die dschungelbestandenen Bergketten. Sumatra ist ein Paradies für Eisenbahnfreunde.

Indonesien: Eine 2B-Lok der Serie B53 unterwegs zwischen Ponorogo und Madiun.

Oben links: Indonesien: Eine Mallet 1C + C der CC-Klasse verläßt Isibata.

Surabaya: Der Dampf-Triebwagen B1221 bei der Wasseraufnahme.

23. Australien, Neuseeland, Ozeanien

Australien ist für viele Dinge berühmt, von den Känguruhs bis zur Bondi Beach. Ebenfalls berühmt ist es aber für sein einmaliges, epochemachendes Wirrwarr von Eisenbahnspurweiten. Die fünf Bundesstaaten (und ein Territorium), die den Staatenbund bilden, einigten sich auf drei «Standard»-Spuren, und zwar so, daß nur zwei benachbarte Staaten über die gleiche Spurweite verfügten. Victoria und Südaustralien hatten beide eine Spurweite von 1,60 m, wobei Südaustralien sogar innerhalb des Staates noch eine zweite Spurweite (1,067 m) besaß. Das Chaos wird nun doch allmählich etwas bereinigt, indem Linien mit der Spurweite von Neu-Süd-Wales (1,435 m) wenigstens zu den bedeutendsten Städten gebaut werden. Und seit 1960 gibt es eine durchgehende Transkontinentalstrecke anstelle der alten, deren Spurweite dreimal gewechselt hat. Dies ist aber nach dem Ende der Dampfzeit geschehen, und so muß denn ein Überblick über Australiens Dampfeisenbahnen den traditionellen Spurweiten gerecht werden.

Nach Streckenlänge ist sicher die Spurweite von 1,067 m am häufigsten. Aber sowohl die Hauptlinien in Queensland und West-Australien als auch die einzelnen Abschnitte in der Mitte des Kontinents litten an einer Art von Minderwertigkeitskomplex wegen ihrer Schmalspur und konnten sich nie richtig entwickeln, obwohl es viele seltsame und interessante Bahnen in abgelegenen Gebieten gab. Die großen Eisenbahnen verfügten über breitere Spuren. Alle drei betreffenden Bundesstaaten – und auch das schmalspurige Tasmanien – erhielten eine ganze Reihe von Lokomotiven früherer Hauptlinien, die zu Spezialfahrten eingesetzt wurden. Süd-Australien hat dies nun allerdings aufgegeben, und in Neu-Süd-Wales erlitten diese Unternehmen aufgrund interner politischer Probleme (die heute glücklicherweise gelöst sind) etwelche Rückschläge.

Bunbury Tourist Bureau: Die von den Western Australian Government Railways stammende 1C-Lok der Reihe G, *Leschenault Lady,* auf der Busselton & Bunbury-Linie.

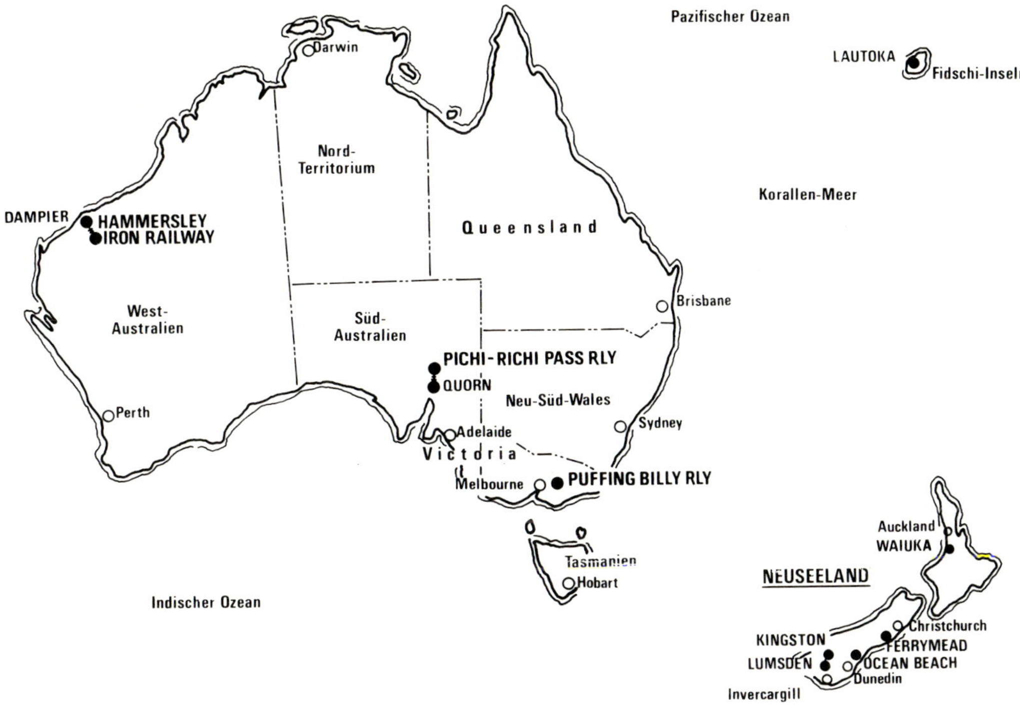

AUSTRALIEN & NEUSEELAND

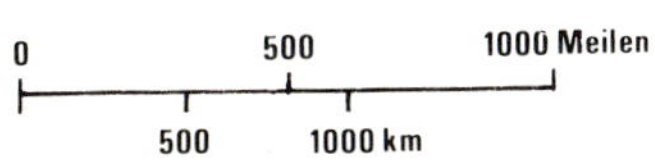

Die größte Dampfaktivität auf Hauptstrecken herrscht aber in Victoria. Auf ziemlich langen Linien-Abschnitten, die von Melbourne ausgehen, werden vor allem mit modernen 2C2-Lokomotiven der Reihe R regelmäßige Fahrten durchgeführt. Zur Flotte von Neu-Süd-Wales gehören auch zwei schwere 2C1-Lokomotiven, die eine Sonderfahrt quer durch den ganzen Kontinent nach Perth absolviert haben, zweifellos die längste je von einer erhaltenen Dampfeisenbahn durchfahrene Strecke. Die brandneue Hammersley Iron Railway im Nordwesten Australiens hat vor kurzem von England die berühmte 2C-Lokomotive *Pendennis Castle* erworben.

In Australien sind nur zwei größere Dampfeisenbahnen erhalten geblieben, und vom wirtschaftlichen Blickpunkt aus überrascht es keineswegs, daß beides Schmalspurlinien sind. Das jüngere der beiden Unternehmen befindet sich in Quorn, Süd-Australien. Es handelt sich um einen 24 km langen Abschnitt der Spurweite 1,067 m der Linie über den Pichi-Richi-Paß nach Alice Springs; dieses Teilstück war 1957 stillgelegt worden, als auf einer andern Route eine Normalspurlinie eröffnet wurde. 1974 wurde das Teilstück allerdings von einer Gesellschaft wieder eröffnet und mit zwei modernen 2D1-Lokomotiven der Reihe W befahren, die nach der Umstellung auf Dieselbetrieb von West-Australien gekauft wurden; sie gehörten zu den größten Lokomotiven mit starrem Rahmen der Spurweite 1,067 m im ganzen Land.

Die Pichi-Richi-Linie ist ziemlich abgelegen; das andere Unternehmen in Belgrave, einer Vorstadt von Melbourne, gehört zweifellos zu den am besten gelegenen erhaltenen Dampfeisenbahnen der Welt, was das Verkehrspotential anbetrifft. Um die Jahrhundertwende gelangten die damals durchgehend breitspurigen Victorian Railways zur Überzeugung, daß Nebenlinien auf den anfallenden Verkehr zugeschnitten werden können. Das Ergebnis waren vier Linien mit einer Spurweite von 762 mm. Eine von ihnen führte von Ferntree Gully (etwa 32 km östlich von Melbourne) durch die Dandenong Hills ins 30 km entfernte Gembrook. Sie wurde 1900 eröffnet und lief eine Zeitlang sehr gut: Der Transport von Holz und Kartoffeln machte einen großen Anteil aus, aber als sich die Vorstadtbezirke immer weiter ausdehnten und die Linie Melbourne–Ferntree Gully in den zwanziger Jahren elektrifiziert wurde, richtete das Unternehmen auf den ersten 6,5 km nach Belgrave einen intensiven Pendlerverkehr ein. Einen großen Fortschritt bedeuteten damals schon die automatischen Semaphorsignale und Flaman-Fahrtschreiber. Wenn man dabei noch an die Steigungen von 3,3 % und an die Dampflokomotiven denkt, war die Linie schon etwas Außergewöhnliches. In den dreißiger Jahren wurden jedoch Busse eingesetzt, und die Bahnfrequenzen gingen immer mehr zurück.

Die Gembrook-Linie wurde 1953 durch einen Erdrutsch endgültig stillgelegt. Sie war aber vor allem an

Victoria Railways: Eine erhaltene 2C2-Lok der Reihe R auf Sonderfahrt mit Eisenbahnfans im Jahre 1974.

Puffing Billy: Die schmalspurige 1C1-Tenderlok, Nr. 80, in alten Zeiten beim Tank in Menzies Creek.

Wochenenden bei der Bevölkerung von Melbourne sehr beliebt, und diese sah das Ende gar nicht gerne. Auch eine 180 m lange Petition konnte die zuständigen Behörden nicht von der Schließung abbringen. Die Melbourner Zeitung «Sun» brachte es jedoch fertig, die Victorian Railways für eine Reihe von «Abschiedsfahrten» auf dem erhaltenen Streckenteil nach Belgrave im Dezember 1954 zu gewinnen. Diese Sonderfahrten waren ein Bombenerfolg und mußten oft wiederholt werden.

Damals dämmerte der goldene Morgen für die Erhaltung der Dampfeisenbahnen: Die Talyllyn-Bahn begann eben große Fortschritte zu machen, und die Festiniog-Bahn war für ihren ersten Sommer bereit. Aber die australischen Eisenbahnfreunde standen nicht zurück, mobilisierten unter der Führung der «Puffing Billy Railway Preservation Society» alle Kräfte, griffen tief in ihre Taschen und trugen ihre Herzen auf der Zunge, um den VR eine Defizitgarantie von schätzungsweise £ 1700 für Wochenendfahrten während dreier weiterer Monate anbieten zu können. Die Kühnheit siegte: Das Defizit betrug schließlich nur £ 6. Deshalb wurden die Fahrten regelmäßig fortgesetzt.

Das nächste Problem tauchte auf, als die breitspurige elektrische Linie nach Belgrave verlängert werden sollte und einen Großteil der Schmalspuranlage zerstört hätte. Wiederum kam der «letzte» Tag: Am 23. Februar 1958 wurden nicht weniger als 5200 Pas-

Oben: Hammersley Iron Railway: Die GWR-2C-Lok *Pendennis Castle,* die kürzlich der HIR in West-Australien verkauft worden ist.

Puffing Billy: Der Zug auf dem Viadukt von Monbulk Creek.

sagiere befördert – damals zweifellos ein Weltrekord für eine erhaltene Dampflinie, der vielleicht sogar heute noch gültig ist. In der Folge mußte die Gesellschaft beweisen, daß sie in Sachen Geldauftreiben und Verhandlungen harte Arbeit leisten konnte, denn sie machte sich daran, die seit 1953 stillgelegte Linie hinter Belgrave zu restaurieren. Dank der Unterstützung der Armee – die um das Erdrutschgebiet ein neues Trassee mit einem Kurvenradius von 40 m baute – konnten am 28.7.1962 die 6,5 km vom neuen Bahnhof in Belgrave nach Menzies Creek und der Holzviadukt bei Monbulk Creek wieder eröffnet werden.
Die von den Victorian Railways (Rollmaterial) und der Gesellschaft (Verkauf von Fahrkarten, übrige Arbeiten) gemeinsam betriebene Puffing-Billy-Linie war äußerst erfolgreich. Im ersten Jahr wurden über 100000 Passagiere befördert, obwohl nur an Wochenenden und Feiertagen Fahrten durchgeführt wurden. Die Strecke wurde weiter verlängert, um 3,2 km nach Emerald im Jahre 1965 und weitere 3,2 km nach Lakeside im Jahre 1975. Die Linie weist einige tüchtige Steigungen auf (bis zu 3,3 %), fährt immer noch durch eine herrliche Waldgegend und hat die ideale Länge für eine Touristenbahn: lang genug, um interessant zu sein, aber nicht zu lang, um durch zumutbaren Einsatz von Freiwilligen instandgehalten zu werden. Die Region um Lakeside eignet sich hervorragend für Picknicks, und ganz in der Nähe liegt ein an und für sich schon lohnendes Reiseziel, der Nobelius Botanic Park. Hinzu kommt noch, daß Belgrave mit sehr guten elektrischen Zugverbindungen von Melbourne aus erreichbar ist, Puffing Billy also kommerziell gute Voraussetzungen hat. Heute werden jährlich rund 150000 Passagiere befördert; diese Zahlen bringen die PBR auf einen Platz unter den ersten drei oder vier Unternehmen auf der ganzen Welt.
Auch was das Material anbetrifft, ist die Lage sehr gut einzuschätzen. Beim Aufbau ihrer Flotte bestellte die VR klugerweise zwei gewöhnliche 1C1-Tenderlokomotiven bei Baldwin in Philadelphia und baute dann in ihren eigenen Werken in Newport weitere 15 Exemplare nach, um den Erfordernissen der vier Schmalspurlinien zu genügen. Vier von ihnen stehen heute von Belgrave aus im Einsatz, und eine fünfte, die als Ausstellungsobjekt vor einer Schule gedient hatte, wurde gerettet und wird nun überholt. Die übrigen wurden alle verschrottet, mit Ausnahme einer einzigen, die demontiert wurde, um Ersatzteile zu liefern. Die PBR verfügt auch über neun Ausflugswagen mit offener Seite, einen geschlossenen Wagen und zwei Bremswagen – alles Originalwagen – sowie vier Aussichtswagen der Mount Lyell Tramway in Tasmanien, die von der 1,067-m-Spur umgebaut worden sind.
Die Gesellschaft hat in Menzies Creek ein Museum mit vielen auserwählten Objekten eingerichtet: beispielsweise eine 2D1-Lok (Spurweite 1,067 m) der Silverton Tramway (trotz ihres Namens eine bedeutende Hauptlinie in Süd-Australien), eine Shay (Spurweite 762 mm) der Ali-Shan-Waldbahn in Taiwan, das überlebende Exemplar der beiden 1C+C1-Garratt-Loks (Spurweite 762 mm) der VR sowie eine Peckett Satteltanklok der West Melbourne Gasworks namens *Sir John Grice*. Englische Eisenbahnfans sind ob dieses Namens wohl etwas verwundert, denn «To grice» bedeutet im Dialekt von Lancashire «Lokomotivnummern sammeln».
Die Züge der PBR fahren an Samstagen und Sonntagen das ganze Jahr hindurch sowie an Feiertagen. Und in ihrem 77. Jahr darf die Linie vertrauensvoll in die Zukunft blicken.

Neuseeland ist ganz anders als Australien: abgelegener, eher eine Insel mit sehr abwechslungsreicher, oftmals unglaublich schöner Landschaft. Das Eisenbahnnetz wies anfänglich ein ähnliches Wirrwarr von Spurweiten auf; bis Ende der 1880er Jahre wurden jedoch die Linien der Provinz Canterbury (1,60 m) und jene von Otago und Auckland (1,435 m) umgebaut, und die Spurweite von 1,067 m wurde zur staatlichen Norm erklärt. Obwohl durch die beschränkte Ladekapazität stark behindert, litten die NZR wegen ihrer Spurweite aber nicht unter einem Minderwertigkeitskomplex. Zusammen mit Japan und Südafrika gehörten sie während des Dampfzeitalters sogar mit Sicherheit zu den drei besten 1,067-m-Systemen der Welt. Genau wie die beiden andern Länder entwickelte auch Neuseeland einen eigenen von England und Amerika beeinflußten Bau- und Betriebsstil. Das Ergebnis war sehr romantisch und äußerst eindrucksvoll. So gab es denn – zumindest während der letzten 20 Jahre des Dampfzeitalters – in Neuseeland relativ mehr organisierte Eisenbahnfreunde als in irgendeinem andern Land auf der ganzen Welt. Mehrere Dampflokomotiven, die auf Hauptlinien im Einsatz gestanden hatten, sind so in fahrtüchtigem Zustand erhalten worden. Es gibt aber auch noch vier Dampfeisenbahnen für Touristen, die wichtigste von ihnen wird mit beachtlichem kommerziellem Schwung und mit großer Initiative von den NZR selbst betrieben.
Die drei von Eisenbahnfans betriebenen Linien benutzen Teilstrecken von stillgelegten Nebenlinien der NZR, in Waiuku – etwa 50 km südlich von Auckland, in Ocean Beach – einem Vorort von Dunedin – und in Ferrymead – außerhalb von Christchurch. Die Dunedin-Linie wurde als erste eröffnet und spezialisiert sich auf kleine Industrie-Lokomotiven; die beiden andern

Neuseeland: Eine 2D1 der Reihe J und eine 2D2 der Reihe K mit einem Kinleith-Zug.

235

Fidschi-Inseln: Eine früher zum Zuckerrohr-Transport eingesetzte C-Lokomotive mit einem Kohlezug. Ein Exemplar wird noch unterhalten und zu Vergnügungsfahrten mit Inselbesuchern eingesetzt.

haben zum Teil viel größere Loks der NZR restauriert. Die Ferrymead-Linie ist insofern interessant, als sie einen 2,5 km langen Abschnitt der ersten Eisenbahnlinie des Landes benutzt, der vor ungefähr 80 Jahren stillgelegt wurde, nachdem Lyttelton anstelle von Ferrymead zum Hafen von Auckland geworden war.
Die Dampflinie der NZR führt auf der Süd-Insel von Lumsden nach Kingston, ungefähr in der Mitte zwischen Dunedin und Invercargill. Sie liegt somit in einer der schönsten Ferienregionen des Landes, und bis 1930 verkehrte täglich ein Personenzug – inoffiziell unter der Bezeichnung «Kingston Flyer» bekannt – zwischen der Hauptlinie in Gore und Kingston, wo Anschluß an die Dampfschifflinie der NZR bestand. Diese führte über den Lake Wakatipu nach Queenstown und andern Orten in dieser wilden Gegend am Ende der Southern Alps. Dann brachen härtere Zeiten an, und es wurden Busse eingesetzt. Ende der sechziger Jahre wurde die Kingston-Linie – die nur noch bis Invercargill führte – noch zweimal pro Woche von

einem Güterzug befahren; die Stillegung schien unvermeidlich. Doch da beschlossen die NZR überraschend, die Linie zu entwickeln und wieder in Schwung zu bringen. Da sonst praktisch im ganzen Land das Ende der Dampfzeit angebrochen war, bedeutete dies im Jahre 1970 sehr große Anstrengungen. Doch wurde gute Arbeit geleistet, und die Uhren konnten – auch für die Angestellten – in die Zeit vor 1914 zurückgestellt werden. 40 Jahre lang waren die Dampflokomotiven der NZR kaum gereinigt, geschweige denn neu gestrichen worden. Wenn sie die Werkstätten nach den Instandstellungsarbeiten verließen, wurden sie mit Bitumen übergossen, und daran wurde nichts mehr geändert, bis die Lokomotiven zur nächsten Reparatur in die Werkstatt zurückkamen. Nun wurden aber zwei 2C1-Lokomotiven der Serie Ab – ein Typ, von dem die NZR mit 152 Exemplaren am meisten besaßen – vollständig überholt. Sie tragen nun ein schwarzglänzendes Kleid, und ihre Messingteile sind auf Hochglanz poliert. Auch sechs ältere Holzwaggons wurden renoviert und erhielten ihr altes, grünes Kleid zurück. Einer dieser Waggons ist ein Luxuswagen aus dem Jahre 1919; in ihm wurden den hohen Regierungsbeamten und andern prominenten Gästen Mahlzeiten serviert, sogar während der Zeit von 1917 bis 1971, wo es für gewöhnliche Reisende keinen Speisewagendienst mehr gegeben hatte. Heute fährt der «Kingston Flyer» – wie er jetzt offiziell heißt – täglich zwischen Lumsden und Kingston hin und her, und zwar während des ganzen Sommers, der hier im Süden von Weihnachten bis Ostern dauert. Es wird für ihn tüchtig Werbung gemacht, und er erfreut sich einer großen Beliebtheit. Einer der zwei fahrplanmäßigen Züge ist etwas langsamer, da es ein gemischter Zug ist, der nicht nur Personen, sondern auch Güter befördert.

Der Pazifische Ozean bedeckt ungefähr einen Fünftel der Erdoberfläche und ist nur hie und da mit kleinen Inseln gespickt. Demgemäß hat es hier nie viele Eisenbahnen gegeben. Und dennoch dampfen selbst in diesem unendlich großen Teil des Erdballs ein paar Touristenbahnen. Die Fidschi-Inseln verfügten in alten Zeiten über ein ziemlich ausgedehntes 61-cm-Eisenbahnnetz – Gesamtlänge an die 640 km. Es war für die Zuckerrohrindustrie gebaut worden und war ziemlich berühmt, weil man darauf zum Nulltarif fahren konnte. Als Kompensation für die Bewohner, die ihr Land zum Gleisbau zur Verfügung gestellt hatten, organisierte die Colonial Sugar Refinig Company zweimal pro Woche Züge, die die ganzen 190 km der Hauptlinie von Lautoka aus abfuhren. Sie bestanden aus Gitterwagen und einer eleganten Hudswell-Clarke-2B-Lokomotive. Überraschenderweise existiert die Fidschi-Eisenbahn noch immer, obwohl sie inzwischen verstaatlicht und auf Dieselbetrieb umgestellt worden ist. Und obwohl die 2B-Lok in einem Park ausgestellt ist, werden unter riesigem Kostenaufwand in Lautoka noch mehrere Hudswell-Clarke-C-Lokomotiven mit rautenförmigem Kamin unterhalten. Sie sind nur noch gelegentlich in Betrieb, wenn ein Schiff mit einer Kreuzfahrt-Gesellschaft anlegt und eine Sonderfahrt durchführt, aber immerhin halten sie die Dampftradition noch aufrecht.

Auch auf Hawaii gab es einst eine Reihe von Eisenbahnen. Das größte Unternehmen mit einer Spurweite von 914 mm befand sich auf der Hauptinsel Oahu, mit Zentrum in Honolulu. Auch wenn es in erster Linie vom Zuckerrohrtransport lebte, war es doch eine Vollbluteisenbahn mit allem notwendigen Rollmaterial, mit Signalen und bequemen Personenzügen. Leider überlebte es den Frieden von 1945 nicht lange. 1970 wurde aber eine brandneue, knapp 10 km lange 914-mm-Linie auf der Insel Maui eingeweiht. Diese Touristenbahn, die Lahaina, Kaanapali & Pacific Railway, benutzt einen Abschnitt einer ehemaligen Zuckerrohrbahn und verbindet eine Ausflugsregion mit einem alten Walfänger-Hafen. In großem und ehrgeizigem Umfang aufgezogen, scheiterte das Unternehmen aber nach drei Jahren und mußte schließen. Es konnte den anfänglichen Investitionen einfach nicht gerecht werden. Doch trotz dieses Bankrotts überlebte die Eisenbahn selbst und wurde 1974 unter einem neuen Besitzer wieder eröffnet und ist nun vielleicht mit einem kleineren Kapital erfolgreicher. Diese Bahn ist gewiß sehr attraktiv. Sie besitzt zwei 1B1-Lokomotiven – umgebaute Modelle von Porter B-Tender-Industrieloks –, ist das ganze Jahr hindurch täglich geöffnet und hat auch eine 122 m lange Holzbrücke. Die LK&P ist wohl die einsamste und abgelegenste Eisenbahn der Welt, und man kann ihr für die Zukunft nur alles Gute wünschen.

24. Südamerika - ein Epilog

Mit den Anden besitzt Südamerika ein geographisches Merkmal, das seine Eisenbahnen zu den höchsten und härtesten der Welt werden ließ. Früher hatte die Central Railway von Peru keine Luftkonkurrenz zu befürchten, weil keine der Luftfahrtgesellschaften an der Pazifikküste über Flugzeuge verfügte, die solche Höhen wie die Bahn erreichen konnten, nämlich 4770 m. Die Dampflokomotiven haben sich auch sehr gut gehalten, weil nämlich die ersten Dieselloks – genau wie einige Passagiere – in dieser Höhe nicht genug Luft bekamen. Die Leistung der Dampfmaschinen erhöht sich hingegen aufgrund physikalischer Gesetzmäßigkeiten mit abnehmendem Luftdruck. Dank Kompressoren erreichten schließlich aber auch Diesellokomotiven solche Höhen, und so ist der Dampfbetrieb in den hohen Anden fast vollständig verschwunden. Im Tiefland hingegen gibt es noch einige Dampfeisenbahnen; auffallend ist jedoch, daß es darunter praktisch keine Vergnügungslinie gibt.

Im letzten Moment erfuhren wir jedoch noch von einer Touristenbahn hoch oben in den Bergen, in der Nähe von Córdoba in Argentinien. Die Informationen sind allerdings sehr spärlich. Es soll aber eine meterspurige, große, dreifach gekuppelte Tenderlokomotive geben, die Gitterrostwagen über eine Strecke zieht, die nach Angaben der Grundstückmakler herrliche Aussichten bieten soll. Der Zug heißt «Expreso del 900», der Ort Valle Hermoso.

Im Vorwort zu diesem Buch ist mit ehrfürchtig angehaltenem Atem die Rede von Rio Gallegos als letztem Wunschziel des Dampffreundes. Rio Gallegos liegt in Patagonien, unweit vom Kap Hoorn. Dort fährt die südlichste Eisenbahn der Welt – sofern die Amerikaner auf ihrem Stützpunkt am Südpol nicht ein paar Schienenbusse in Lagerhöhlen eingesetzt haben.

Die Eisenbahn in Rio Gallegos, die Red Ferro Industrial Rio Turbio, hat eine Spurweite von 762 mm und fährt ausschließlich mit Dampflokomotiven. Ihre

Rio Turbio: Das höchste Ziel eines Dampfeisenbahn-Fanatikers. Die 1E1-Lokomotive, Nr. 118, im Schuppen von Rio Gallegos.

Aufgabe ist der Kohlentransport aus Gruben, die 260 km im Landesinneren liegen. In seinem Buch *World of South American Steam* beschreibt Ken Mills eine hochsommerliche Fahrt auf dieser Linie: «Bitterkalte und stürmische Winde pfiffen durch... die zerbrochenen Fenster und schlecht schließenden Türen. Die einzige Quelle äußerst willkommener Wärme war ein rotglühender Kohlenofen, um den herum vier vor Kälte zitternde Fahrgäste auf harten Holzbänken zusammenkauerten.» Diese Fahrt dauerte neun Stunden! Ein Dampfvergnügen auf 52° südlicher Breite ist also etwas ganz anderes als auf 52° nördlicher Breite, ungefähr der Position der Festiniog Railway in England.

Seltsamerweise haben die beiden Linien doch etwas Gemeinsames, denn die Spurweite und ein Großteil des Baumaterials kamen von einer stillgelegten Linie, die einst Port Madryn und die walisische Kolonie in Patagonien miteinander verband. Denn die RFIRT wurde erst 1951 gebaut. Eine Anzahl von speziell konstruierten 1D1-Lokomotiven zieht 1700 Tonnen schwere und 1200 m lange Züge durch eine rauhe und unfreundliche Landschaft, und zwar ganz selbstverständlich und sogar wirtschaftlich.

Ein Grund dafür ist folgender: Brennkammern, mechanische Beschickung und der Verbrennungsvorgang erfuhren eine derart einmalige Veränderung, dass vielleicht sogar der Vormarsch der Diesellokomotiven in den Kohlenländern gestoppt worden wäre, wenn sie nur etwas früher gekommen wäre. Die Änderung war wirklich spektakulär: Es wurden von außen große Löcher in die Brennkammer gebohrt, so daß das Feuer von außen sichtbar wurde. Dies war eine Erfindung von Señor Porta, einem Ingenieur der Argentine Railways, der praktisch als einziger der heutigen Eisenbahningenieure der Welt den Mut hat, für die Dampflokomotive und ihre Weiterentwicklung einzutreten. Mut ist wirklich das richtige Wort, denn Joseph Stalin liquidierte Portas russischen Kollegen, weil dieser dasselbe getan hatte, und viele wurden frühzeitig pensioniert oder nach dem Sibirien ihres Landes strafversetzt. Vielleicht ist es ganz gut, dieses Buch mit einer etwas ernsthafteren Bemerkung abzuschließen, denn während Dampf für die meisten Leser doch Erholung und Vergnügen bedeutet, war er für viele andere Lebensunterhalt und Leidenschaft. Eine große Figur ragt aus der Vergangenheit heraus: der Mann, der die wirkungsvollsten und – im Verhältnis zu ihrer Größe – stärksten Dampflokomotiven der Welt gebaut hat. Es trifft sich deshalb gut, daß die Rio-Turbio-1E1-Lokomotive Nr. 108 den Namen dieses französischen Hohepriesters der Dampflokomotiven trägt: *André Chapelon.*

Anhang

Bahnen für Dampfenthusiasten in aller Welt

Erklärungen
Linien, deren Streckenlänge weniger als etwa 1,5 km beträgt, sind im allgemeinen nicht erwähnt; ebenfalls nicht erwähnt sind jene Unternehmen, die nur sehr selten Dampffahrten durchführen. Die Tabelle vermittelt folgende Angaben:

Kolonne L: Länge der Linie in Kilometern; wenn die Zahl in Klammern steht, ist die normalerweise mit Dampflokomotiven befahrene Strecke kürzer als die Gesamtlänge der Linie.

Kolonne S: Spurweite in mm; Normalspur (1435 mm) = n; Meterspur = m.

Kolonne D: Anzahl von Dampflokomotiven, die dieses Unternehmen besitzt; ausgeschlossen sind (wo dies möglich ist) statische Ausstellungsobjekte und Lokomotiven, die für längere Zeit wegen Renovation nicht in Betrieb sind.

Kolonne F: Ein Hinweis (und nicht mehr!) auf die Frequenz der Dampffahrten auf der betreffenden Linie; die Angaben beruhen auf den Zahlen der Hochsaison der letzten Jahre.

t = täglich (oder mindestens an fünf Tagen pro Woche)
w = an Wochenenden
s = an Sonntagen
z = nur an ein oder zwei Tagen pro Monat
u = in unregelmäßigen Abständen, aber doch hie und da
k = Frequenz der Dampffahrten unbestätigt

Unternehmen, die mit einem Stern bezeichnet sind*, kommen im Text nicht vor.

2. Linien im Nordosten der USA

Karten auf Seite 25	L	S	D	F
Mount Washington Railway, Mount Washington, New Hampshire 03589	7,2	n	10	t
White Mountain Central RR,* North Woodstock, New Hampshire 03262	1,6	n	1	t
Conway Scenic RR,* Conway, New Hampshire 03818	8,8	n	1	k
Wolfeboro RR,* Wolfeboro, New Hampshire 03894	19,3	n	1	k
Boothbay Railway Museum, * Boothbay, Maine 04537	2,4	610	2	w
Green Mountain RR (Steamtown Foundation), Bellows Falls, Vermont 05101	19,3	n	4	t
Edaville RR, South Carver, Massachusetts 02566	8,8	610	4	t

3. Linien im Osten der USA

Karten auf Seite 31, 38

Rail City Museum,* Sandy Creek, New York 13145	1,6	n	1	k
Arcade & Attica RR, 278 Main St., Arcade, New York 14009	12,0	n	2	w
Rome & Fort Bull RR, 5789 New London Rd, Rome, New York 13440	3,2	610	1	t
Cooperstown & Charlotte Valley Rly., 1 Railroad Ave., Coopertown, New York 13326	12,8	n	1	w
Valley Railroad, PO Box 172, Essex, Connecticut 06426	7,2	n	2	t
Carroll Park & Western RR, Carroll Park, Bloomsburg, Pennsylvania 17815	3,2	1219	2	k
Pioneer Coal Mine Tunnel RR,* 19th and Oak St., Pennsylvania 17921	2,4	1067	1	t
Wannamaker, Kempton & Southern Steam RR, Box 24, Kempton, Pennsylvania 19529	4,8	n	2	w
East Broad Top RR, Rockhill Furnace, Pennsylvania 17249	8,0	914	4	t
Strasburg RR, PO Box 96, Strasburg, Pennsylvania 17579	7,2	n	5	t
New Hope & Ivyland RR, 32 W. Bridge St., New Hope, Pennsylvania 18938	11,2	n	2	t
Black River & Western RR, PO Box 83, Ringoes, New Jersey 08551	6,4	n	1	w
Whippany Toonerville RR, PO Box 2206-R, Morristown, New Jersey 07960	7,2	n	1	w
Morris County Central RR, PO Box 179, Newfoundland, New Jersey 07435	8,0	n	2	t
Pine Creek RR, New Jersey Museum of Transportation, New Jersey 07727	1,6	914	3	w
Wilmington & Western RR, PO Box 1374, Wilmington, Delaware 19899	6,4	n	4	s
Ocean City Western RR,* Route 3 Box 98, Berlin, Maryland 21811	9,6	n	1	k
Cass Scenic RR, Cass, West Virginia 24927	17,7	n	5	t
Alleghany Central Scenic Rly., PO Box 141, Clifton Forge, Virginia 24422	24,1	n	2	w
Dry Gulch & Tombstone RR,* Star Route, Wytheville, Virginia 24382	1,6	n	2	k
Southwest Virginia Scenic RR,* PO Box 31, Hiltons, Virginia 24258	17,7	n	1	k

4. Dampflinien im Mittleren Westen und in den Südstaaten der USA

Karten auf Seite 41

	L	S	D	F
Black Hills Central RR, Hill City, South Dakota 57745	25,7	n	4	t
Laona Northern Railway, Laona, Wisconsin 54541	3,2	n	1	t
National Railroad Museum, Green Bay, Wisconsin 54301	1,6	n	2	u
Riverside & Great Northern RR, Box 164, Wisconsin Dells, Wisconsin 53965	3,2	381	1	t
Mid-Continent Railway Museum, Box 55, North Freedom, Wisconsin 53951	7,2	n	4	t
Kettle Moraine Scenic Steam Train, North Lake Wisconsin (Adresse: 2430 Rockway Lane East, Brookfield, Wisconsin 53005)	5,6	n	2	w
Milwaukee Zoo RR, Milwaukee, Wisconsin	2,4	381	2	t
Marquette & Huron Mountain RR, Presque Isle Station, Marquette, Michigan 49855	12,0	n	9	t
Pinconning & Blind River RR,* Fairview, Michigan	4,0	406	2	w
Reese Central RR,* 12445 Hack Rd., Reese, Michigan 48757	1,6	n	1	s
Huckleberry RR,* G-5055 Branch Road, Flint, Michigan 48506	8,0	914	3	t
Greenfield Village RR, Henry Ford Museum, Dearborn, Michigan 48121	2,4	n	2	t
Omaha Zoo RR, Omaha, Nebraska	4,0	762	2	t
Mid-West Central RR, Box 102, Mount Pleasant, Iowa 52641	1,6	914	3	u
Hawthorn Melody Farm Dairy RR,* Libertyville, Illinois	3,2	914	2	w
Illinois Railway Museum,* Box 431, Union, Illinois 60180	2,4	n	4	w
Brookfield Zoo, Chicago, Illinois	4,0	610	2	t
Monticello & Sangammon Valley Rly., Box 185, Monticello, Illinois 61856	2,4	n	2	w
Crab Orchard & Egyptian RR, 514N Market St., Marion, Illinois 62959	11,2	n	2	t
Flying Dutchman RR,* 2940 Mt. Clare Way, Michigan City, Indiana 46360	1,6	914+610	3	w
Little River RR,* Box 178, Angola, Indiana 46703	7,2	n	1	w
Whitewater Valley RR, Box 406, Connersville, Indiana 47331	4,0	n	1	w
Indiana Railway Museum, Box 258, Greensburg, Indiana 47240	7,2	n	1	w
Toledo, Lake Erie & Western RR, Box 7809, Grand Rapids, Toledo, Ohio 43606	17,7	n	2	w
Cedar Point & Lake Erie RR, Box 759, Sandusky, Ohio 44870	2,4	914	6	t
Cuyahoga Valley Line,* Park Center, 1250 Superior Ave., Cleveland, Ohio 44114	43,4	n	1	w
Ohio Railway Museum,* Box 171, Worthington, Ohio 43085	1,6	n	1	s
Hocking Valley Scenic Rly., 2366 Shrewsbury Rd, Columbus, Ohio 43221	12,0	n	1	w
Cumberland Falls RR,* Parkers Lake, Kentucky 42634	4,0	n	2	s
Scott & Bearskin Lake Rly., Scott, Arkansas 72142	6,4	n	4	w
Reader RR, Box 9, Reader, Malvern, Arkansas 72104	5,6	n	1	w
Tennessee Valley Railroad Museum,* Box 5263, Chattanooga, Tennessee 37406	2,4	n	5	s
Goldrush Junction RR,* Pigeon Forge, Tennessee 37862	8,0	914	2	t
Tweetsie RR, Box 177, Blowing Rock, North Carolina 28605	4,8	914	2	t
Bear Creek Scenic RR,* Robbinsville, North Carolina 28771	4,0	n	2	w
Stone Mountain Scenic RR,* Box 447, Stone Mountain, Georgia 30083	8,0	n	3	t

Florida

Karte auf Seite 60

	L	S	D	F
Disneyworld,* Orlando, Florida (zwei Linien)	9,6	914	5	t
Goldcoast RR,* 3398 SW 9th Ave., Fort Lauderdale, Florida 33315	3,2	n	2	s
Six Gun Territory,* Silver Springs, Florida	1,6	610	2	k

5. Das Gebiet der Rocky Mountains

Karten auf Seite 47, 48

Georgetown Loop RR, Box 721, Golden, Colorado 80401	3,2	914	3	t
Colorado Central Narrow Gauge Rly., Box 721, Golden, Colorado 80401	1,6	914	2	t
Colorado RR Museum, Box 10, Golden, Colorado 80401	0,8	914	1	u
High Country RR, Box 404, Heritage Square, Golden, Colorado 80401	2,4	610	1	t
Cripple Creek & Victor Narrow Gauge RR, Box 459, Cripple Creek, Colorado 80813	3,2	610	4	t
Silverton Train, Denver & Rio Grande Western Depot, Durango, Colorado 81301	72,4	914	3	t
Cumbres & Toltee Scenic RR, Box 789, Chama, New Mexico 87520	6,4	914	3	t

Westen USA

Karte auf Seite 61

Mid-way Shortline RR,* Heber City, Utah 84032	1,6	305	1	u
Heber Creeper, Box 69, Heber City, Utah 84032	29,7	n	3	t
Paradise & Pacific RR, Scottsdale, Phoenix, Arizona	1,6	381	3	w
Legend City RR,* Tempe Arizona Park, Phoenix, Arizona	1,6	914	1	k

6. Kalifornien und Pazifik-Küste
Karten auf Seite 61, 64

	L	S	D	F
Lake Whatcom Railway,* Wickersham Station, Sedro Woolley, Washington 98285	7,2	n	1	w
Puget Sound & Snoqualmie Valley RR, Box 3801, Seattle, Washington 98124	1,6	n	2	w
Point Defiance, Quinault and Klickitat Valley RR, Camp Six Logging Exhibit, Point Defiance Park, Tacoma, Washington 98407	2,4	n	1	w
Portland Zoo Railway, 4001 SW Canyon Rd, Portland, Oregon 97221	3,2	762	1	t
Oregon, Pacific & Eastern Rly., Box 565, Cottage Grove, Oregon 97424	27,3	n	2	w
Klamath & Hoppow Valley RR, Box 752, Klamath, California 95548	3,2	n	2	w
Alton & Pacific RR,* Box 477, Route 1, Fortuna, California 95540	5,2	610	1	w
California Western RR, Box 907, Fort Bragg, California 95437	64,3	n	2	t
Sonoma Gaslight & Western,* Sonoma, California	1,6	381	1	k
Castro Point Rly., Box 2465, San Leandro, California 94577	2,4	n	2	u
Redwood Valley RR, Tilden Park, Berkeley, California	2,4	381	1	w
Sierra Railroad, Drawer 515, Jamestown, California 95327	(66,0)	n	2	w
Wildcat RR,* Los Gatos, California	2,4	483	2	s
Roaring Camp & Big Trees Narrow Gauge RR, Box 338, Felton, California 95018	4,0	914	3	t
Yosemite Mountain & Sugar Pine RR, Fish Camp, California 93623	3,2	914	1	t
Ghost Town & Calico Rly., Knott's Berry Farm, 8039 Beach Boulevard, Buena Park, California 90620	2,8	914	3	t
Santa Fé & Disneyland RR, Disneyland, Anaheim, California	3,2	914	3	t
Poway Village & Rattlesnake Creek RR,* 14134 Midland Rd, Poway, California 92064	3,2	1067	1	s

7. Kanada
Karten auf Seite 25, 31, 47, 61

British Columbia Forest Museum,* Trans Canada Highway, RR No. 4, Duncan, Vancouver Island, British Columbia V9L 3W8	2,4	914	3	t
British Columbia Rly., 1131 West 1st St., North Vancouver, British Columbia V7P 1A7	64,3	n	1	t
Fort Steele Historic Park Rly.,* Fort Steele, Nelson, British Columbia	4,0	n	2	t
Prairie Dog Central Rly., Adr.: Vintage Locomotive Society, Inc., Box 1182, Winnipeg, Manitoba R3C 2Y4	17,7	n	1	s
Credit Valley Rly., Cheltenham, Ontario (Adr.: Ontario Rail Association, Box 64, Bramton, Ontario)	?	n	4	s
Pinafore Park Railroad,* St. Thomas (Adr.: 477 Charlotte St., London, Ontario N5W 4A5)	3,2	1067	2	w
Cape Breton Steam Rly., Box 84, Glace Bay, Nova Scotia	14,4	n	2	t

9. Frankreich

Karten auf Seite 81, 83, 84, 86, 87	L	S	D	F
Bagatelle Park,* Berck Plage, Pas de Calais	1,6	597	1	t
Chemin de Fer Froissy–Cappy–Dompierre, Bray-sur-Somme, Somme	11,2	597	7	s
Chemin de Fer de la Baie de la Somme, Noyelles, Somme	9,6	m	9	w
Musée des Transports, Pithiviers, Loire	4,0	597	16	s
Chemin de Fer d'Abreschwiller, Moselle	4,8	700	3	t
Train Folklorique Ottrott–Rosheim,* Ottrott, Bas-Rhin	8,0	n	2	s
Chemin de Fer Touristique Chinon–Richelieu, Richelieu, Indre-et-Loire	20,9	n	3	w
Chemin de Fer de la Loge des Gardes, Roanne, Loire	2,4	718	1	t
Chemin de Fer Chamonix–Montenvers, Chamonix, Haute-Savoie	6,4	m	3	u
Chemin de Fer Dunières–St-Agnève, Dunières, Ardèche	37,0	m	4	s
Chemin de Fer du Vivarais, Tournon, Ardèche	32,0	m	10	s

(Anmerkung: Im Französischen Eisenbahn-Museum sind 17 Lokomotiven ausgestellt, die aber nicht mehr in Betrieb sind. 30 weitere warten darauf, restauriert zu werden.)

10. Die Beneluxstaaten

Karte auf Seite 91

Holland				
Tramweg-Stichting, Hellevoetsluis, Zuid-Holland	2,4	1067	1	s
Nederlandse Smalspoorweg Stichting, Katwijk-aan-Zee, Zuid-Holland	(12,0)	710	5	Samstag
Goes–Borsele	11,2	n	3	t
Hoorn–Medemblik	19,3	n	6	t
Veluwsche Stroomtrein Maatschappij, Apeldoorn, Stationsplein 13A	20,9	n	6	t
Belgien				
Tramway Touristique de l'Aisne, Pont d'Erezée, Ardennes	(11,2)	m	4	t
Chemin de Fer à Vapeur des Tois Vallées (Nismes-Treignes), Mariembourg, bei Charleroi	4,8	n	7	w
Luxemburg				
Association des Musée et Tourisme Ferroviaires, Fond de Gras, bei Rodange	6,4	n	3	s

11. Westdeutschland (BRD)

Karte auf Seite 99

	L	S	D	F
Borkumer Kleinbahn, Insel Borkum	7,2	902	2	k
Museumseisenbahn Bruchhausen–Asendorf, Bruchhausen, Niedersachsen	8,0	m	3	w
Dampfeisenbahn Weserbergland:				
a) Wittläger Kreisbahn (Bohmte–Schwegermoor)	30,5			
b) Mindener Kreisbahn (Minden–Petershagen)	12,8	n	2	z
c) Rinteln–Stadthagen	24,1			
Dampf-Kleinbahn Mühlenstroth, Gütersloh, N.-Westfalen	4,0	597	4	w
Selfkantbahn, Gillrath, bei Aachen, Westfalen	8,0	m	2	s
Jagsttalbahn, Möckmühl, Baden-Württemberg	38,6	775	5	t
Schlosspark, Karlsruhe, Baden-Württemberg	1,6	597	1	s
Killesburgpark,* Stuttgart, Baden-Württemberg	1,6	381	2	s
Achern–Ottenhöfen	11,2	n	1	z
Haltingen–Kandern	12,8	n	1	z
Ammerseebahn,* Grafrath, Bayern	1,6	775	2	s
Chiemseebahn, Prien, Bayern	1,6	m	1	t
Tegernseebahn, Bayern	11,2	n	1	w

12. Österreich

Karte auf Seite 105

	L	S	D	F
Österreichische Bundesbahnen (ÖBB)				
a) Bregenzerwaldbahn, Bregenz, Vorarlberg	35,4	762	1	w
b) Steyrtalbahn, Garsten, Oberösterreich	24,1	762	6	t
c) Schneebergbahn, Puchberg, Niederösterreich	9,6	m	5	t
d) Schafbergbahn, St.Wolfgang, Oberösterreich	6,4	762	5	t
e) Mariazellerbahn,* St. Pölten, Niederösterreich	88,4	762	1	u
(Anmerkung: Fahrten mit von Dampflokomotiven gezogenen fahrplanmässigen Normalspur-Personenzügen werden wahrscheinlich auch 1977 durchgeführt.)				
Achenseebahn, Jenbach, Tirol	6,4	m	3	t
Zillertalbahn, Jenbach, Tirol	24,1	762	5	t
Prater-Lilliputbahn, Wien	1,6	381	2	s
Steiermärkische Landesbahn				
a) Murtalbahn (Unzmarkt–Mauterndorf)	77,0	762	6	t
b) Feistritztalbahn (Weiz–Birkfeld)	24,1	762	3	t
Gurktalbahn (Treibach–Pockstein), Kärnten	3,2	762	10	w

13. Die Schweiz

Karten auf Seite 111, 112

	L	S	D	F
Waldenburger-Bahn, Waldenburg, Baselland	16,0	787	1	z
Oensingen–Balsthal-Bahn, Oensingen, Solothurn	4,8	n	1	z
Feldschlößchen-Brauerei, Rheinfelden, Aargau	1,6	n	2	u
Sursee–Triengen-Bahn, Triengen, Luzern	9,6	n	2	u
Sihltal–Zürich–Uetliberg-Bahn,* Zürich	8,0	n	2	u
Mittel-Thurgau-Bahn,* Weinfelden, Thurgau	32,0	n	1	u
Bodensee–Toggenburg-Bahn,* Herisau, Appenzell Außerrhoden	37,0	n	2	u
Appenzellerbahn,* Herisau, Appenzell Außerrhoden	24,0	m	1	u
Sensetal-Bahn,* Laupen, Bern	20,9	n	9	z
Solothurn–Zollikofen–Bern-Bahn,* Solothurn	12,0	m	1	z
Vereinigte Bern–Worb-Bahnen,* Worb, Bern	12,0	m	1	z
Vitznau–Rigi-Bahn, Vitznau, Luzern (Zahnradbahn)	8,0	n	2	z
Chemin de Fer Touristique Blonay–Chamby, Chamby, Waadt	3,2	m	13	w
Montreux–Oberland-Bahn, Montreux, Waadt	32,0	m	*	u
Gruyère–Fribourg–Morat, Chemins de fer Fribourgeois, Fribourg	32,0	m	*	u
Schynige-Platte-Bahn, Berner-Oberland-Bahn, Interlaken, Bern	7,2	800	1	z
Brienz–Rothorn-Bahn, Brienz, Bern	7,2	800	7	t
Meiringen–Innertkirchen-Bahn,* Kraftwerke Oberhasli, Innertkirchen, Bern	4,8	m	2	u
Furka–Oberalp-Bahn, Brig, Wallis	(96,0)	m	1	u
Rhätische Bahn, Chur, Graubünden	(193,0)	m	3	u
Brig–Visp–Zermatt-Bahn, Brig, Wallis	20,9	m	1	u

(Anmerkung: 10 Dampflokomotiven sind im Verkehrshaus der Schweiz, in Luzern, ausgestellt. Das Museum hat keinen Eisenbahnanschluß.)

14. Skandinavien

Karte auf Seite 121

Dänemark

Bryrup Veteranjernbane,* Bryrup, Jütland	4,8	n	1	k
Handhest Veteranjernbane, Mariager, Jütland	16,0	n	5	s
Danske Jernbanklub, Maribo–Bandholm, Lolland	8,0	n	9	w
Aalholm Automobilmuseum,* Aalholm, Lolland	4,0	700	2	k

(Anmerkung: Das Depot/Museum Odense der Dänischen Staatsbahnen dient als Basis für sieben Dampflokomotiven, die ab und zu für Sonderfahrten eingesetzt werden. Überdies sind 11 weitere Dampflokomotiven ausgestellt, aber nicht mehr in Betrieb.)

	L	S	D	F
Finnland				
Museorautatie Forssa-Humppila, Forssa	22,5	762	s	w
(Anmerkung: Eine Reihe von Dampflokomotiven, mit Holz geheizt, Spurweite 1524 mm, werden in verschiedenen finnischen Depots als Reserve bereitgehalten und gelegentlich auf Hauptstrecken eingesetzt.)				
Norwegen				
Jernbanemuseet Hamar, Hamar, Hedmark	1,6	762	2	t
(In diesem Museum sind auch 11 auf Hauptlinien eingesetzte Dampflokomotiven ausgestellt.)				
Setesdalbanens Hobbyklubb, Grovane, Vest Agder	4,8	1067	4	w
Uskog Hölandsbanen, Sörumsand, Akerhus	3,2	762	2	t
Schweden				
Jädrås Järnvägernas Museiforening, Jädrås	6,4	890	4	w
Östra Södermanland Järnväg, Mariefred	3,2	597	8	w
Stora Lundby Järnvägs Museum, Anten	11,2	890	7	w
Ohs Bruks Järnväg, Ohs	16,0	597	3	w
Gotland Hesselby Järnväg, Gotland	1,6	890	2	k
(Anmerkung: Das bedeutendste Eisenbahn-Museum von Schweden befindet sich in Gävle. Dort sind 33 Dampflokomotiven ausgestellt.)				

16. Osteuropa

(Eisenbahnen außerhalb der DDR: siehe Karte auf Seite 133)

	L	S	D	F
Ostdeutschland (DDR)				
Pionierbahn,* Cottbus	2,4	597	2	k
Pionierbahn, Dresden	1,6	381	3	k
Traditionsbahn, Radebeul (nach Radeberg)	16,0	750	10+	t
(Anmerkung: In Ostdeutschland gibt es täglich viele öffentliche Dampfpersonenzüge – Normal- und Schmalspur; dasselbe gilt auch für Polen, wobei aber von den polnischen Unternehmen nach den angelegten Kriterien keines hier aufgeführt werden kann.)				
Tschechoslowakei				
Touristen-Waldbahn, Liptovsky Bradok (nach Lipovska Teplicka)	?	762	3	k
Ungarn				
Pionier Eisenbahn, Fertöboz, bei Sopron (Ödenburg), (nach Keszhtely)	5,6	597	4	w

Bulgarien	L	S	D	F
Bulgarische Staatsbahnen, Červen-Breg (nach Orehevo)	103,0	762	12	t

(im Rahmen des normalen Eisenbahnverkehrs)
(Anmerkung: In der Tschechoslowakei, in Ungarn, Bulgarien und in der europäischen Türkei gab es auch 1977 noch ein paar öffentliche Dampfzüge.)

17. Die großen kleinen Bahnen von Wales
Karte auf Seite 141

Festiniog Railway, Portmadoc, Gwynedd	17,7	597	7	t
Llanberis Lake Railway, Gilfach Ddu, Llanberis, Gwynedd	4,0	597	4	t
Snowdon Mountain Tramway, Llanberis, Gwynedd	6,4	699	7	t
Llangollen Railway,* (Adress: 28, Hallfield Close, Flint, Clwyd)	3,2	n	2	k
Fairbourne Miniature Railway, Beach Rd., Fairbourne, Gwynedd	3,2	381	3	t
Talyllyn Railway, Tywyn, Gwynedd	9,6	686	5	t
Bala Lake Railway, Llanuwchllyn, Bala, Gwynedd	4,8	597	2	t
Vale of Rheidol Light Railway, British Rail, Aberystwyth, Dyfed	19,3	597	3	t

18. Südengland
Karte auf Seite 153

Foxfield Light Railway, Foxfield Colliery, Dilhorne, Blythe Bridge, Stoke-on-Trent, Staffordshire	6,4	n	12	w
Midland Railway Project,* Butterley Station, Ripley, Derbyshire	5,6	n	12	k
Main Line Steam Trust, Loughborough Central Station, Loughborough, Leicestershire	6,4	n	11	w
Stapleford Miniature Railway,* Stapleford Park, Melton Mowbray, Leicestershire	2,4	260	4	s
North Norfolk Railway, Sheringham Station, Sheringham, Norfolk	6,4	n	8	t
Severn Valley Railway, Bewdley, Worcestershire	19,3	n	23	w
Chasewater Light Railway, Chasewater Pleasure Park, Brownhills, Staffordshire	4,8	n	6	s
Shackerstone Railway,* Shackerstone Station, Market Bosworth, Leicestershire	3,2	n	7	k
Nene Valley Railway,* Wansford Station, Old North Road, Wansford, Peterborough, Cambridgeshire	4,8	n	4	k
Bressingham Nursery Railway, Bressingham Hall, Diss, Norfolk	3,2	578	4	s
Bressingham Waveney Valley Railway, Bressingham Hall, Diss, Norfolk	4,0	381	2	s
Leighton Buzzard Light Railway, Mile Tree Road, Leighton Buzzard, Luton, Bedfordshire	6,4	610	7	s
Whipsnade & Umfolozi Railway, Whipsnade Zoo, bei Dunstable, Bedfordshire	4,0	762	4	t
Knebworth West Park & Wintergreen Railway, Knebworth House, bei Stevenage, Hertfordshire	2,4	597	6	w
West Somerset Railway Co., Minehead Station, Minehead, Devon	8,0	n	4	t
Mid-Hants Railway Co., Alresford Station, Alresford, Hampshire	8,0	n	4	k

	L	S	D	F
Sittingbourne & Kemsley Railway, c/o Bowaters Ltd, Sittingbourne, Kent	3,2	762	9	w
Kent & East Sussex Railway, Tenterden Town Station, Tenterden, Kent	6,4	n	17	w
Romney, Hythe & Dymchurch Railway, New Romney, Kent	19,3	381	10	t
Wight Locomotive Society, Haven Street Station, Ryde, Isle of Wight	2,4	n	4	s
Bluebell Railway, Sheffield Park Station, Uckfield, Sussex	8,0	n	16	t
Forest Miniature Railway,* Dobwalls, Liskeard, Cornwall	2,4	184	4	t
Dart Valley Railway, Buckfastleigh, Devon	11,2	n	9	t
Torbay Steam Railway, Paignton Park Station, Paignton, Devon	11,2			

19. Nordengland, Schottland, Isle of Man und Nordirland

Karte auf Seite 165

	L	S	D	F
North of England Open Air Museum, Beamish, Co. Durham	1,6	n	17	s
Isle of Man Victorian Steam Railway, PO Box 30, Station Buildings, Douglas, Isle of Man	9,6	914	15	t
Ravenglass & Eskdale Railway, Ravenglass Station, Ravenglass, Cumbria	9,6	381	4	t
Lakeside & Haverthwaite Railway, Haverthwaite Station, bei Newby Bridge, Ulverston, Lancashire	6,4	n	9	t
North York Moors Railway, Pickering Station, Pickering, North Yorkshire	29,0	n	12	t
Keighley & Worth Valley Light Railway, Haworth Station, Keighley, West Yorkshire	8,0	n	14	w
Middleton Railway, Garrett Road, Leeds 11	3,2	n	3	w
Lincolnshire Coast Light Railway,* North Sea Lane Station, Humberston, Grimsby, Lincolnshire	3,2	610	2	w
Strathspey Railway Co., Aviemore, Schottland	6,4	n	6	w
Lochty Private Railway, bei Ardeen, Fife, Schottland	2,4	n	2	s
Shane's Castle Light Railway, Shane's Castle, Co., Antrim, Nordirland	2,4	914	2	t

21. Afrika

Karte auf Seite 187

	L	S	D	F
Gwelo & District Light Railway, Gwelo, Rhodesien	3,2	610	2	s
South African Railways, «Apple Express», Port Elizabeth, Cape Province, Südafrika	69,0	610	5+	u

(In Rhodesien und Südafrika fahren noch täglich dampfbetriebene öffentliche Personenzüge.)

22. Asien

(Indien: siehe Karten auf Seite 201, 202)

	L	S	D	F
Ankara, Miniatur-Eisenbahn, Public Park, Ankara, Türkei	1,6	610	2	t
Changa Manga Forest Railway,* bei Lahore, Pakistan	(40,2)	610	4	u
Baroda, Miniatur-Eisenbahn, Baroda, Indien	2,4	260	1	w
Bal Bharan, Miniatur-Eisenbahn, Delhi, Indien	1,6	381	1	t
Malaysische Staatsbahnen, Kuala Lumpur, Malaysia	(50+)	m	2	u

(Anmerkung: Dampftraktion für Personenzüge ist in vielen Teilen Indiens noch an der Tagesordnung, in China und Indonesien sogar üblich. Es gibt auch dampfbetriebene Touristenbahnen in Japan, aber es sind darüber keine Einzelheiten bekannt.)

23. Australien, Neuseeland, Ozeanien

Karte auf Seite

Australien				
Hammersley Iron Railway, Dampier, West-Australien	(80,0+)	n	1	k
Pichi Richi Pass Railway, Quorn, Süd-Australien	24,0	1067	2	k
Puffing Billy Railway, Belgrave, bei Melbourne, Victoria	9,6	762	5	w
Neuseeland				
Waiuka	3,2	1067	1	k
Ferrymead Museum, Christchurch	2,4	1067	5	k
Ocean Beach Railway, Dunedin	3,2	1067	4	k
Kingston Flyer, Neuseeländische Staatsbahnen, Lumsden	61,0	1067	3	t
Fidschi-Inseln				
Fidschi-Staatsbahnen, Lautoka, Fidschi	(193,0)	610	2	u
Hawaii				
Lahina, Kaanapali & Pacific RR, Box 816, Hawaii 96761, USA	9,6	914	2	t

24. Südamerika

Expreso del 900, Valle del Hermoso, Córdoba, Argentinien — keine Einzelheiten bekannt

Bibliographie

Allen C.J., Switzerland's Amazing Railways, Nelson, London 1953.

Allen Sir Peter, On the Old Lines, Cleaver-Hume, London 1957.

Beebe L., Mixed Train Daily, Howell-North, Berkeley, California 1947.

Beebe L. und Clegg C., Narrow Gauge in the Rockies, Howell-North, Berkeley, California 1959.

Christian R. und Mills K., World of South American Steam, privat herausgegeben: 37 Plumstead Rd, Norwich, England, 1974.

Downs E.A., Speed Limit 20, Australian Railway Historical Society, Melbourne 1963.

Durrant A.E., The Steam Locomotives of Eastern Europe, David & Charles, Newton Abbot, England, 1966.

Durrant A.E., PNKA Power Parade, Continental Railway Circle, Harrow, England, 1972.

Hollingsworth J.B., Steam into the Seventies, New English Library, London 1975.

Mead E.T., Busted and Still Running, Stephen Green Press, Brattleboro, Vermont, USA, 1968.

Moody L.W., The Maine Two-footers, Howell-North, Berkeley, California 1959.

Morgan B., The End of the Line, Cleaver-Hume, London 1955.

Morgan D.P., Locomotive 4501, Kalmbach, Milwaukee, USA, 1968.

Nabarro Sir Gerald, Steam Nostalgia, Routledge & Kegan Paul, London 1972.

Snell J.B., Early Railways, Octopus Books, London 1972.

Talbot E., Steam from Kenya to the Cape, Continental Railway Circle, Harrow, England 1975.

Whitaker R.E.M. und Hiss A., All Aboard with E.M. Frimbo, André Deutsch, London 1975.

Whitehouse P.B., Round the World on the Narrow Gauge, Ian Allan, London 1966.

Wildish G., Preserved Locomotives, Bände I–IV, RPS Publications, Maidstone, Kent, England, 1976.

Jährlich erscheinende Publikationen

Steam Passenger Service Directory, Empire State Railway Museum, Middletown, New York 10940, USA.

Steam 19.., Association of Railway Preservation Societies, 34 Templegate Rd, Leeds, England.

Zeitschriften

Continental Railway Journal, Continental Railway Circle, 25 Woodcock Dell Avenue, Harrow, England (vierteljährlich).

Eisenbahn-Magazin, Römerstraße 9, Postfach 320 109, 4000 Düsseldorf 30 (monatlich).

Narrow Gauge News, Narrow Gauge Railway Society, 11 Frederick Rd, Stapleford, Notts, England (jeden zweiten Monat).

Narrow Gauge Times, 193 Main Road, Longfield, Dartford, Kent (vierteljährlich).

Railway Magazine, Dorset House, Stamford Street, London SE1 9LU (monatlich).

Railway World, Terminal House, Shepperton, TW17 6AS, England (monatlich).

Trains, 1027 N 7th St., Milwaukee, Wisconsin 58233, USA (monatlich).

La Vie du Rail, 11, Rue de Milan, Paris, Frankreich (wöchentlich).

World Steam, 124 Wendover Rd, Stoke Mandeville, Aylesbury, Bucks, England (monatlich).

Dank

Den Autoren ist es ein Anliegen, den vielen, die an diesem Buch mitgeholfen haben, ihren Dank auszudrücken, insbesondere all denen, die ihre Aufnahmen für die Reproduktion zur Verfügung stellten. Grosser Dank gebührt auch Dennis Allenden (†) für die Zeichnung der Detailkarten und Everil Lambert für die Länder- und Regionalkarten.

Index

Abreschwiller Waldbahn 89; *88*
Achenseebahn 107; *72, 107*
Achern–Ottenhöfen-Linie 100
Aisne, Tramway Touristique de l' 95
Albert 44
Albert Hall 179
Amberawa-Linie 10, 20, 212; *210, 211*
André Chapelon 223
Anten–Grafsnas-Linie 125
Apeldoorn–Dieren-Linie 95
«Apple Express» 195; *193*
Arcade & Attica RR 33; *33, 34–35*
Arrivetz, Jean 85
Association of Railway Preservation Societies 180
Attwood, Ellis D. 19, 24, 27
«Aufwärts»-Lokomotiven 209
Australien 20

Badenia 100
Baie-de-la-Somme-Bahn 89; *87 (Karte), 88*
Bala Lake Rly 142, 151; *150*
Baltimore & Ohio RR 19
Baroda-Miniatur-Eisenbahn 200; *200*
Bartholomew, George E. 27
Beebe, Lucius 46
Beeching, Lord 154
Belgische Staatsbahnen (SNCB) 95; *96–97*
Benguela Railway 186; *187*
Berkshire-Lokomotiven 76
Berninabahn 113
Bethlehem 194
Beyer-Garratt-Lokomotiven 186, 188, 195, 203
Big-Boy-Lokomotive 11, 74; *74–75*
Birmingham Railway Museum 177, 179; *178, 180–181*
Black Hills Central RR 40
Blackmore Vale 154
Black Prince 157; *179*
Black River & Western RR 36; *49*
Blonay–Chamby, Chemin de Fer Touristique 111, 112, 118; *112 (Karte)*
Blount, Nelson 19, 27, 28
Bluebell Railway 6, 7, 19, 152–154, 166; *8, 155, 170–171*
Bodiam 162
Boston & Maine RR 27
Bregenzerwaldbahn 109
Bressingham Hall Railway Centre 163; *162*
Bridgton & Harrison RR 18, 24, 27
Brienz–Rothorn-Bahn 117, 118; *117*
Brig–Visp–Zermatt-Bahn 116
Britain, National Coal Board of 9
British Columbia Railway 68; *70*
British Railways 20, 73, 140, 142, 145, 146, 147, 151, 152, 154, 168, 176, 177, 179, 180, 182
Brookfield Zoo, Chicago *44*
Bruchhausen–Vilsen–Asendorf, Museums-Eisenbahn 100; *101*
Buckeye 193
Budapest, Pionier-Bahn 136
Bug, The 157; *156*
Bulawayo-Eisenbahn-Museum 186
Bulgarische Staatsbahnen 135; *134*
Bullock, Charles 200
Bulmers Sidings, Hereford 179; *179*
Bunbury Tourist Bureau *215*
Burlington Northern RR 40
Burton Agnes Hall 179; *177, 178*

California Western RR 65; *66*
Calvados-Bahn 89
«Camelback»-Lokomotive 32
Canadian National Railways 33, 73, 76; *17, 70*
Canadian Pacific 28, 68, 73, 76, 77
Cape Breton Steam RR 73; *73*
Cappy–Froissy-Bahn 89
Carolwood & Pacific RR 60
Cass Scenic RR 37, 38, 39, 63; *38 (Karte), 52*
Catch-me-who-can 18
Cavan & Leitrim Rly 39
Cedar Point & Lake Erie RR 44; *44*
Červen–Breg–Orehovo-Linie 135
Chamonix–Montenvers, Zahnradbahn 89
Chasewater Railway 163
Chesapeake & Ohio RR 44
Chicago, Brookfield Zoo 45
Chicago, Burlington & Quincy RR 19, 40, 59; *17*
Chicago & North Western Rly 42
Chiemseebahn 100; *101*
Chinesische Staatsbahnen 209; *208*
Chinon–Richelieu-Bahn 83; *83*
Clan Line 181
Clinchfield RR 77
Clun Castle 179, 180; *178, 180–181*
Colorado Central RR 59; *58*
Colorado RR Museum 59, 63; *57*
Colorado & Southern RR 59
Columbia 44
Compagnie des Chemins de Fer Départementaux 83
Cookham Manor 179; *177, 178*
Cooperstown & Charlotte Valley RR 40
Corris Rly 142
Count Louis 151
County Donegal Rlys 174
Crab Orchard & Egyptian RR 44
Crampton-Lokomotive 83
Credit Valley Rly 73
Cumbres-Lokomotiven 59, 63
Cumbres & Toltee Scenic RR 55
Cyprus K Holiday 60

Dänische Staatsbahnen 122, 124; *124*
Darjeeling–Himalaya-Bahn 201, 203–209; *202 (Karte), 204, 205, 206–207*
Darjeeling Mail 203; *202*
Dart Valley Rly 154–157; *155*
«Daylight»-Lokomotive 76
Delhi Bal Baran, Miniatur-Eisenbahn 200; *200*
Denver & Rio Grande Western RR 19, 46, 53–55, 57, 63; *21, 48 (Karte), 50–51, 53, 56–57*
Deutsche Bundesbahn *102, 103*
Dinting, Dampfzentrum 179
Disney, Walt 60
Disneyworld, Florida 60
Dolgoch 143; *143*
Dresden, Pionier-Bahn 135
Dresden, Verkehrsmuseum 136
Duchess of Sutherland 163
Durrant, A.E. 135
«Diener-des-Volkes»-Lokomotiven 209

Earl, The 148
Earl Bathurst 179
Earl of Berkeley 154
East Broad Top RR 36; *37*
East Somerset Rly *179*
East Tennessee & Western North Carolina RR 46

Edaville RR 18, 24, 27, 28; *18, 25 (Karte), 26, 49*
Elidir 150
E. L. Ripley 60
Emsfors 126–127
Engerth-Lokomotiven 104
Eric Treacy 168; *168*
Erie RR 33
Erzbergbahn 104
Estcourt–Weenen-Linie 195; *190*
Eurovapor-Organisation 100, 109, 119
Evening Star 140, 180

Fairbourne Miniature Rly 141, 142, 151; *150*
Fairlie-Lokomotiven 145
Feldschlösschen 118
Feldschlösschen-Brauerei-Bahn 119, 120; *118*
Ferrymead Rly 220
Festiniog Rly 19, 32, 141, 142, 144–145, 147, 161, 217, 223; *9, 15, 139, 145*
Fidschi-Bahnen 221; *220*
Finnische Staatsbahnen *122*
Florida East Coast RR 39
Flying Scotsman 8, 19, 176, 177; *20, 177*
Fontenelles, Les 88
Franz Josef, Kaiser 132
Französische Staatsbahnen (SNCF) 11, 80, 82, 83, 84, 87; *82*
Frederik, König von Dänemark 122
Fred Gurley 62
Freedom Train *76*
Furka–Oberalp-Bahn 19, 112, 116; *116*

General-Lokomotiven 77
George Stephenson 168
Georgetown Loop RR 59
Ghost Town & Calico RR 63; *62*
Goes–Borsele-Linie 92; *94*
Golden Gate Live Steamers 63
Graham County RR 38
Grängesberg–Oxelösund-Bahn 122
Graz–Köflacher-Bahn 109; *109*
Great Central Rly 162
Great Northern Rly of Ireland 183
Great Southern Rly of Ireland 183
Great Western Rly 140, 142, 145, 147, 149, 151, 154, 157, 179, 180
Great Western Rly, USA 32
Great Western Society 177; *177*
Green Arrow 177; *177*
Green Goddess 157
Greenly, Henry 157, 168
Green Mountain RR 28; *29*
Green River 63
Grottes-de-Han-Bahn 95
Gruppo Romano Amici della Ferrovia (GRAF) 128
Gruyère–Morat–Fribourg-Bahn (Greyerz–Murten–Freiburg) 112
Guatemala 59
Guest, Trevor 151
Gurktalbahn 109
Gwelo & District Light Rly 186, 188; *189*
Györ–Sopron–Ebenfurti-Bahn 136

Haltingen–Kandern-Linie 100
Hammersley Iron Rly 216; *217*
Hardwicke 182; *172*
Heber Creeper RR 59
Heisler Lokomotiven 44, 63, 64
Helene 102
Henry Ford Museum 43
Hercules 156

Hero 28
Heywood, Sir Arthur 203
High Country RR 59
High Iron Inc. 76; *77*
Highland Rly 174
Hinderton Hall 179
Hochschneeberg-Bahn 8
Hocking Valley Scenic Rly 42, 43
Höland 123
Hölandsbahnen *123*
Hoorn–Medemblik-Linie 92; *92–93*
Howey, Captain J. E. P. 157
Humppila–Forssa-Linie 123

Illinois Central RR 44
Illinois Terminal RR 44
Indiana RR Museum 44
Indische Staatsbahnen 200; *191, 199, 201*
Indonesien 20; *212, 213*
Indonesische Staatsbahnen 10, 212–213
Ireland, Rly Preservation Society of 10, 183
Isle of Man Rly 173; *175*
Isle of Wight Rly 161–162
Italienische Staatsbahnen 8, 128–130; *129, 131, 169*

Jädrås–Tallås-Linie 125; *125*
Jagsttalbahn 102
Japanische Staatsbahnen 10, 209; *208*
Jersey Central RR 36
Jinty 159
Jugoslawische Staatsbahnen 11, 135; *134*

Kärntner Eisenbahnfreunde 109
Katwijk Rly 93; *94*
Keighley & Worth Valley Rly 164–166; *166, 172*
Kent & East Sussex Rly 158–161; *160*
Keszthely–Fertöboz-Bahn 136
Kettle Moraine Rly 42
King George V. 178, 179
«Kingston Flyer» 20, 220, 221
Kipling, Rudyard 16
Klamath & Hoppow Valley RR 64
Knebworth Park & Wintergreen Rly 163
Knott's Beerenfarm 63
Kolhapur 178
Kunigunde von Crutheim 102
Kyoto, Eisenbahn-Museum 211

Lacoss, Niles 28
Lahaina, Kaanapali & Pacific Rly 221
Lakeside & Haverthwaite Rly 168
Lake Superior & Ishpeming RR 42
Lancashire & Yorkshire Rly 166
Laona & Northern Rly 42
Laura 94
Lehigh Valley RR 36
Leighton Buzzard 162
Leschenault Lady 215
Limmat 110; *111*
Lincolnshire Coast Light Rly 174
Little Toot Lokomotiven 45, 59
Little Toot Rly 45
Livonia, Avon & Lakeville RR 33–36
Llanberis Lake Rly 142, 151; *150*
Lochty-Privatbahn 174
Loge des Gardes, Chemin de Fer de la 89; *88*
Lolland-Eisenbahn 124
London, Brighton & South Coast Rly 154
London, Midland & Scottish Rly 157, 168, 180
London & North Eastern Rly 19, 166, 180
London & North Western Rly 147, 177, 182
London & South Western Rly 154
Long, H. K. 32
Lumsden–Kingston-Linie 220
Luxemburg, Eisenbahn-Museum 97
Luzern, Verkehrshaus der Schweiz 111, 118

Madrid, Casa-de-Campo-Bahn 130
Maid Marian 151; *150*
Majorn 125
Malaysische Bahnen 8, 211; *210*
Mallet-Lokomotiven 65, 67, 85, 112, 113, 125, 130, 212, 213
Margaret 193
Maribo–Bandholm-Linie 124; *124*
Marquette & Huron Mountain RR 42; *43*
Marsh, Sylvester 28
Matheran-Tramway 201; *202*
Mayflower 177
Mead, Edgar T. 18
Mehmetcik 199
Merchant Navy Locomotive Preservation Society *181*
Merddyn Emrys 145
Meyer-Lokomotiven 136
Mid-Continent Rly Museum 42
Middleton Rly 164; *164*
Mid-Illovo–Umlaas-Road-Linie 195
Midland & Great Northern Rly 161
Mid-West Central RR 44
Milwaukee Road 44
Milwaukee Zoo RR 45
Minihic, Le 88
Mohindra 201
Monarch 148
Monson RR 24
Montague-Pass-Linie 195
Montenvers *79*
Monticello & Sangamon Valley RR 44
Montreux–Berner-Oberland-Bahn 111, 112
Morgan, Bryan 85
Morgan, Dave 76
Morristown & Erie RR 39
Mount Lyell Tramway, Tasmanien 218
Mount-Washington-Zahnradbahn 11, 18, 27; *23, 26–27*
Mountaineer 139
«Mudhen»-Lokomotive 63
Mühlenstroth, Dampf-Kleinbahn 102, 103

New South Wales Government Rlys 214
New York Central RR 43
New York, Chicago & St Louis RR 43
New York, New Haven & Hartford RR 36
New York, Susquehanna & Western RR 40
New Zealand Rly (Neuseeländische Bahnen) 20, 218; *219*
Niederländische Staatsbahnen 90; *94*
Nismes–Treignes-Bahn 95
Norfolk & Western RR 43
North Eastern Rly 166
North–East Frontier Rly of India 209
Northern Rock 173
North Norfolk Rly 158–161; *160–161*
North Star 140
North Yorkshire Moors Rly 166; *167, 168*
Norwegische Staatsbahnen 123–124; *122*

Ocean Beach Rly 220
Oensingen–Balsthal-Bahn 119, *118*
Ohs–Bruks Rly 125; *126–127*
Oikawa Rly 211
Old Peppersass 28; *23*
Oliver Cromwell 163
Omaha Zoo RR 45
O'Neill, Lord 174
Ontario Rail Association 73; *69*
Oregon Pacific & Eastern Rly 65, 67
Orient-Express 136–137; *137*
Ostdeutsche Staatsbahnen 11, 132, 135; *136, 137*
Oesterreich 8
Oesterreichische Bundesbahnen 104, 107; *105, 106*
Östra–Södermansland-Bahn 126; *127*

Paradise & Pacific RR 59, 60; *58*
Paris–Orléans-Bahn 82
Pegler, Alan 19, 141, 144
Pendennis Castle 177, 216; *217*
Pennsylvania RR 32, 33, 36
Pennsylvania, RR Museum of 33
Pichi-Richi-Linie 216; *192*
Pilatusbahn 117
Pine Creek RR 39; *39*
Pithiviers à Tours, Tramway 89; *88*
Pixie 162
Polnische Staatsbahnen 11, 132, 135
Ponferrada–Villablino-Linie 130; *131*
Pont-d'Erezée–Dochamps-Linie 95
Porta, Señor 223
Port Elizabeth–Avontuur-Linie 193–195
Portland Zoo RR 65
Portugiesische Staatsbahnen 11, 130, *7, 131*
Prairie Dog Central RR 73
Prince 144
Prince of Wales 146, 172
Princess 144
Princess Elizabeth 180
«Puffing Billy» Rly 20, 216–218; *216, 217*
Puget Sound & Snoqualmie Valley RR 67, 68; *67*
Pulverbachbahn 102

Quainton Rly Centre 179
Queensland Railways 214

Railway Correspondence and Travel Society 19
Railway Historical and Preservation Society of Malaya 212
Railway Preservation Society of Ireland *183*
Ravenglass & Eskdale Rly 168; *168, 173*
Reader RR 46
Reading RR 76
Red Cliff 63
Redwood Valley RR 63
Repton Lokomotive 73; *73*
Réseau du Vivarais 84–85, 87; *71, 84 (Karte), 85, 86 (Karte)*
Rhätische Bahn 19, 112, 113, 116, 118; *113, 114–115*
«Rheingold», Zug 100
Rhodesische Staatsbahnen 186, 188; *187, 188*
Rio-Gallegos-Linie 12, 222; *12–13, 223*
River Esk 168; *168*
River Irt 168
River Mite 173; *173*
Riverside & Great Northern RR 45
Roaring Camp & Big Trees RR 63; *62*
Romney, Hythe & Dymchurch Rly 157; *156*
Rotterdamer Dampftram 90, 93; *94*
Royal Hudson 68, 76; *70*
Royal Scot 163
Rumänische Staatsbahnen 135
Russische Pionier-Bahnen 135
Russische Staatsbahnen 11, 135; *135*
Rutland RR 28

Salzkammergut Lokalbahn 107, 109
Sandley Light Rly Equipment Co. 45
Sandy River & Rangeley Lakes RR 27
San Juan 55
Santa Fé & Disneyland RR 60–63; *62*
Schafbergbahn 107
Schneebergbahn 107; *106*
Schwedische Staatsbahnen 120, 125
Schweizerische Bundesbahnen 110; *111*
Schynige-Platte-Bahn 118
Scott & Bearskin Lake RR 45
Scottish Rly Preservation Society 179
Selfkantbahn 100
Setesdalbanen *119*
Severn Valley Rly 157–161; *158–159*
Shane's Castle Light Rly 174; *175*
Shay-Lokomotiven 37–38, 44, 63, 64, 67
Shepherd, David 179
Sian 150
Sierra RR 63, 64, 65; *64 (Karte), 65*
Silverton-Zug 46, 53, 54, 55, 57; *53, 54*
Silverton-Tramway 218
Sir John Grice 218
Sittingbourne & Kemsley Rly 163
Slieve Gullion 10, 183; *10*
Snowdon Mountain Rly 141, 142, 150; *149*
Sørumsund–Skulerud-Linie *122–123*
South African Rlys 193, 195; *185, 193, 194, 196–197*
South American Rlys 12
South Australian Rlys 214
South Eastern & Chatham Rly 154
Southern Pacific RR 65, 76
Southern Railway (Amerika) 19, 76; *76*
Southern Railway (England) 154, 180
Spanische Staatsbahnen (RENFE) 11, 130
Spooner, George Percival 203
«Sports Model», Lokomotive 54
Spreewald 101
Steamtown, Carnforth 177
Steamtown Museum, Vermont 11, 19, 28; *177*
Steirische Landesbahn 8; *108*
Steyermärkische Lokalbahn 109
Steyrtalbahn 104
Stillman, Guy 59
Stirling-(Einzelantrieb-)2A1-Lokomotive, Nr. 1 19
Stockton & Darlington Rly 173; *19*
Strasburg RR 30–32, 39; *32*
Strathspey Rly 174; *174–175*
Südafrika 20
«Super-Skunk» 65; *66*
«Super Chief», Zug 64
Surabaya, Dampftram *213*
Surrey, Sussex & Southampton Rly 39
Sursee–Triengen-Bahn 119
Sydney & Louisbourg Rly 73

«Taj Express» 201; *191*
Taliesin 145
Talyllyn Rly 19, 141, 142–144, 147, 176, 217; *18, 143*
Tegernseebahn 100
Texas & Pacific RR 76
Thailändische Staatsbahnen 10
Tip Top 26
Toledo, Lake Erie & Western RR 43
Torbay & Dartmouth Rly 154–157; *156*
Trevithick, Richard 18
Tschechoslowakische Staatsbahnen 132; *137*
Turbinen-Lokomotiven 122
Türkische Staatsbahnen 200; *199*
Tweetsie RR 45; *45*
Twining, Ernest 151
Tyrone 175

Umekoji *209*
Union Pacific RR 19, 74, 76; *74–75*
Union of South Africa 174
Utrecht, Eisenbahn-Museum 90, 94
Ungarische Staatsbahnen 132; *132, 133, 137*

Vale of Rheidol Rly 20, 140, 142, 145–147; *146, 147, 172*
Valle Hermoso Rly, Córdoba 222
Valley RR 36
Veveysans, Chemins de Fer Electriques 111
Vicinaux, Société Nationale des Chemins de Fer, Belgien 95
Victoria Rlys 214, 216, 218; *216*
Vintage Locomotive Society of Winnipeg 73
Vira 127
Virginia & Truckee RR *67*
Visp–Zermatt-Bahn *116*
Vitznau–Rigi-Bahn *117*
Vivarais *siehe* Réseau du Vivarais
«Vorwärts»-Lokomotiven 209

Waiuku Bahn 220
Waldenburger Bahn 119; *118*
Warsage–Trembleur-Linie 95
W. B. Thommem 118
Welensky, Sir Roy 188
Welshpool & Llanfair Rly 142, 149, 163; *148*
Weserbergland, Dampfeisenbahn 100
Western Australian Government Rlys 216
Westdeutsche Bahnen 11
West Side & Cherry Valley Rly 63
West Somerset Rly 162; *161*
Whippany Toonerville RR 40
Whipsnade & Umfolozi Rly 163
Whitaker, Rogers E. M. 6, 16
Whitewater Valley RR 44
Wien, Praterbahn 109, 130; *109*
Winston Churchill 157
Woodham, David 182

York National Railway Museum 33, 145, 177, 179, 182
Yosemite Mountain & Sugar Pine RR 64
Yvonne 94

Zambesi Sawmills Rly 8
Zentralbahn, peruanische 22
Zillertalbahn 107; *107*